U0334581

完全自学手册

新手学电脑 · 手机上网 完全自学手册

第2版

文杰书院　编著

机 械 工 业 出 版 社

本书是“完全自学手册”系列丛书的一个分册，以通俗易懂的语言、精挑细选的实用技巧、翔实生动的操作案例，全面介绍了电脑、手机上网及网络应用的知识和技术。主要内容包括电脑上网的基础知识、网上搜索与下载、使用网络联系亲友、畅玩网络游戏、网上生活知识与技巧、网上购物、智能手机上网等方面的知识。

本书结构清晰、图文并茂，以实战演练的方式介绍知识点，让读者一看就懂，一学就会，学有所成。本书面向初中级用户，适合零基础又想快速掌握电脑上网操作经验的读者，也适合广大电脑爱好者及各行各业人员作为自学手册使用，特别适合作为初中级电脑培训班的培训教材或者辅导书。

图书在版编目（CIP）数据

新手学电脑·手机上网完全自学手册/文杰书院编著. —2版. —北京：机械工业出版社，2016.4

完全自学手册

ISBN 978-7-111-53518-8

Ⅰ.①新…　Ⅱ.①文…　Ⅲ.①计算机技术-手册　②移动电话机-互联网络-手册　Ⅳ.①TP3-62　②TN929.53-62

中国版本图书馆CIP数据核字（2016）第076319号

机械工业出版社（北京市百万庄大街22号　邮政编码100037）
策划编辑：丁　诚　　责任编辑：丁　诚
责任校对：张艳霞　　责任印制：乔　宇
保定市中画美凯印刷有限公司印刷

2016年5月第2版·第1次印刷
184mm×260mm·19.5印张·477千字
0001-4000册
标准书号：ISBN 978-7-111-53518-8
定价：59.00元

凡购本书，如有缺页、倒页、脱页，由本社发行部调换

电话服务
服务咨询热线：（010）88361066
读者购书热线：（010）68326294
（010）88379203

网络服务
机工官网：www.cmpbook.com
机工官博：weibo.com/cmp1952
教育服务网：www.cmpedu.com
金书网：www.golden-book.com

前言

随着信息的全球化，电脑应用的领域也变得越来越广泛，电脑与手机上网已是现代人生活和工作中不可缺少的一部分，为了帮助初学者了解和掌握电脑和手机上网的使用方法，我们编写了本书。

本书从初学者学习的规律和角度出发，符合初学者的学习习惯，注重由浅入深、由易到难地讲解电脑上网方面的知识。包括以下5个方面的内容：

1. 初步了解 Internet

本书第1、2章介绍了电脑上网的基本知识与登录 Internet 的有关知识，包括认识 Internet、连接Internet、认识浏览器、访问网站与收藏网络资源等。

2. 网络搜索和下载

本书第3、4章介绍了搜索和下载网络资源的方法，包括使用各类搜索引擎搜索网络中的资料、使用下载软件下载网络资源和文件压缩与解压缩等。

3. 使用网络联系亲友

本书第5、6章，全面介绍了网络交流、收发电子邮件的方法，包括使用 QQ、YY 上网聊天及收发电子邮件等。

4. 网上生活

本书第7~12章，全面介绍了网络游戏、网络视听、论坛与博客和网上购物等有关知识，包括上网玩游戏、看电影、收听广播、写博客和微博、学英语、求职、租赁、浏览新闻、查询出行信息、使用人人网、网上购物等知识。

5. 手机上网

本书第13章，全面介绍了智能手机上网的相关知识，包括手机的基本应用、手机软件的管理、设置个性化的手机和常见的手机软件应用等知识及方法。

本书由文杰书院组织编写，参与本书编写工作的有李军、袁帅、王超、文雪、刘国云、李强、蔺丹、贾亮、安国英、冯臣、高桂华、贾丽艳、李统才、李伟、沈书慧、蔺影、宋艳辉、张艳玲、贾亚军、刘义、蔺寿江等。

我们真切希望读者在阅读本书之后，不但可以开阔视野，也可以增长实践操作技能，并从中学习和总结操作的经验和规律，达到灵活运用的水平。鉴于编者水平有限，书中纰漏和考虑不周之处在所难免，欢迎读者予以批评、指正，以便日后能为您编写更好的图书。

如果您在使用本书时遇到问题，可以访问网站 http://www.itbook.net.cn 或发邮件至 itmingjian@163.com 与我们交流和沟通。

编者

目录

第1章

步入互联网的世界

本章内容导读

本章主要介绍了互联网的基本知识，同时还讲解了连接Internet的相关操作，在本章的最后还针对实际的需求，讲解了一些上机操作方法。通过本章的学习，读者可以初步掌握互联网的知识，为进一步深入学习电脑、手机上网的知识奠定基础。

本章知识要点

- **第一次接触Internet**
- **上网可以做什么**
- **连接Internet**

Section

1.1 第一次接触 Internet

本节导读

随着社会的发展，人们对于信息资源的重视度越来越高，而 Internet 的普及满足了人们对于信息的大量需求，本节将详细介绍有关 Internet 的基本知识以及一些上网的常用术语。

1.1.1 什么是 Internet

Internet（因特网）是由全世界各国和各地区成千上万的局域网、城域网以及大规模的广域网互联而成的全球性网络。

Internet 是目前世界上最大的计算机互联网络。Internet 以 TCP/IP 协议联结各个国家、各个部门、各个机构的计算机网络；Internet 是一个集各国、各部门、各领域和各种信息资源为一体的供网上用户共享的开放数据资源网。需要注意的是互联网并不等同万维网，万维网只是一个由许多超文本相互链接而成的全球性系统，是互联网所能提供的服务之一。

1.1.2 上网的常用术语

在了解并使用计算机网络前，需要先掌握一些比较常用的上网术语，掌握这些术语后可以在使用网络的过程中更加游刃有余，下面将详细介绍一些上网的常用术语。

1. WWW

WWW（World Wide Web），中文名为万维网，实现了全球人们超大规模的相互沟通以及资源分享，是无数个网络站点和网页的集合，它们在一起构成了 Internet 最主要的部分。

2. HTTP

HTTP（Hyper Text Transfer Protocol），代表超文本传输协议，是互联网上应用最广的一种网络协议，用于从 WWW 服务器传输超文本到本地浏览器的传送协议，http://通知服务器显示网页。

3. FTP

File Transfer Protocol 简称 FTP，表示文件传输协议，FTP 的主要作用是让用户连接上一个远程计算机，查看远程计算机上的文件，把文件从远程计算机上复制到本地计算机上，或者把本地计算机上的文件传送到远程计算机上。

4. E－mail

E－mail 是 electronic mail 的英文缩写，中文意思是电子邮件，是一种利用电子手段提供

信息交换的通信方式，Internet 用户都可以进行电子邮件发送和接收。

5. IP

IP 是英文 Internet Protocol 的缩写，中文意思为网络互连协议，它是为计算机网络相互连接进行通信而设计的协议。在因特网中，它是能使连接到网上的所有计算机网络实现相互通信的一套规则，规定了计算机在因特网上进行通信时应当遵守的规则。任何厂家生产的计算机系统，只要遵守 IP 协议就可以与因特网互连互通。IP 地址具有唯一性。

6. 浏览器

浏览器是指可以显示网页服务器或系统文件的 HTML 文件内容，并让用户与这些文件进行交互的一种软件。它用来显示在万维网或局域网的文字、图像及其他信息。这些文字或图像，可以是连接其他网址的超链接，用户可迅速、轻易地浏览各种信息。大部分网页为 HTML 格式。

Section 1.2 上网可以做什么

本节导读

Internet 的普及为人们展现了一个丰富多彩的世界，Internet 开阔了人们的视野，丰富了人们的生活，上网可以进行哪些事情？ 在网上可以做些什么呢？ 本节将介绍上网可以进行的活动。

1.2.1 浏览新闻

除了通过传统的报纸、广播和电视等媒体获取各种新闻，用户还可以通过网络阅读或观看自己感兴趣的各类新闻，使用网络浏览新闻的优势是时效性强，且可根据个人喜好有选择性地浏览新闻，如图 1-1 所示。

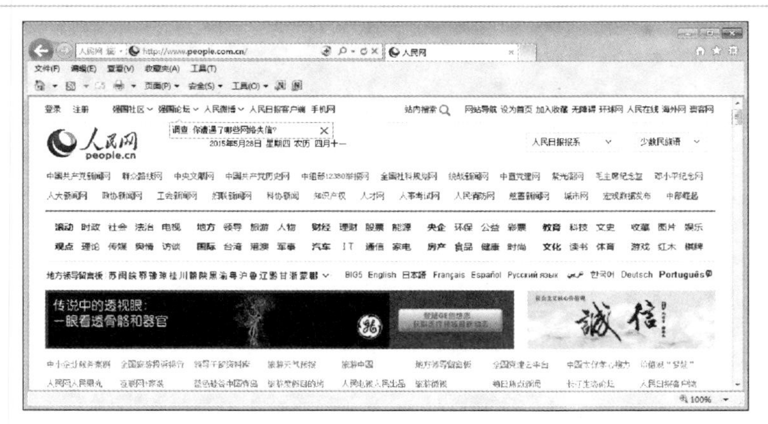

图 1-1

1.2.2 查询资料

随着网络技术的不断进步，知识共享已经越来越普及。通过各种搜索引擎可以很方便地搜索到自己需要的资料，常用的搜索引擎包括百度搜索引擎、有道搜索引擎和360搜索引擎等，如图1–2所示为使用百度搜索引擎查询资料。

图1–2

1.2.3 娱乐和游戏

上网看影视剧、玩网络游戏已经成为常见的娱乐方式，在工作和学习之余通过网络进行一些娱乐活动可以缓解压力。用户可以通过各大视频网站观看视频节目，还可以通过不同的网络游戏平台选择自己喜爱的游戏进行娱乐，如图1–3所示为QQ游戏大厅主界面。

图1–3

1.2.4 论坛与微博

网络论坛即大家常说的 BBS，通过论坛可以进入一个广阔的交流天地，与天南海北的志趣相投的网民交流信息，开阔自己的视野，丰富自己的思想。

另外，在网络上开通自己的微博，可以将自己在一段时间内的所见、所闻、所感，同更多有相同爱好的人进行分享，通过微博还可以结识各地方的朋友，如图 1–4 所示为新浪微博首页。

图 1–4

1.2.5 网络聊天

传统意义上的聊天是面对面进行聊天，或者通过电话等通信工具进行聊天，随着网络的普及，使用网络上的聊天工具和朋友进行交流已经被很多人接受并得到广泛的应用。比较常用的聊天工具包括 QQ、YY 以及各种聊天室等，使用网络聊天可以不受地域、时间限制，随时进行聊天，如图 1–5 所示为使用 QQ 聊天。

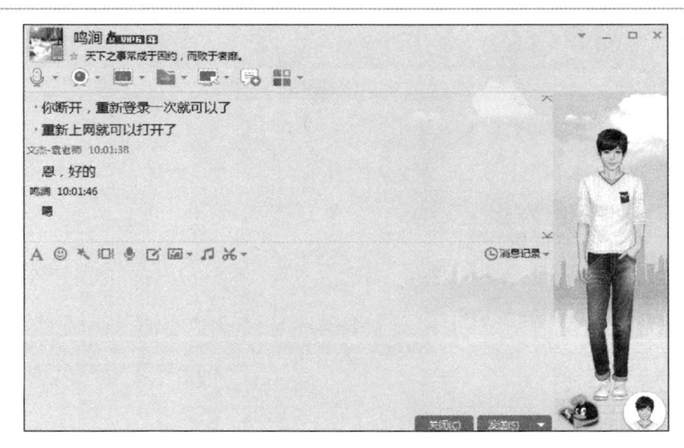

图 1–5

1.2.6 收发电子邮件

通过电子邮件，用户可以以极低的价格和极快的速度与任何地方的 Internet 用户取得联系，电子邮件的内容可以包括文字、图像、音频和视频等信息，它为用户的生活和工作带来了极大的便利，如图 1-6 所示。

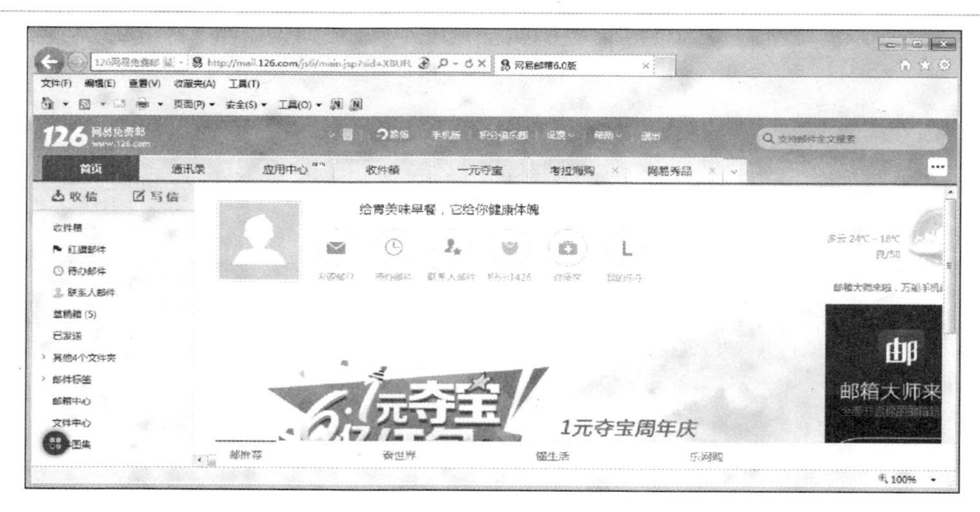

图 1-6

1.2.7 网上求职

网上求职与现实中的求职相比具有很大优势，通过网络求职可以不受地域和时间的限制，求职者可以通过网络快速准确地获得招聘信息，如图 1-7 所示。

图 1-7

1.2.8 网上购物

通过网上购物可以轻松购买到各种物美价廉的商品，只要拥有一张支持网上支付功能的银行卡即可实现足不出户购买商品，不仅节省了时间也扩大了商品购买的范围，如图 1-8 所示为淘宝网首页。

图 1-8

1.2.9 下载资源

网络上的共享资源非常丰富，很多网站提供了资源下载的服务，用户可以通过网络搜索到音乐、电影、学习资料、图片、软件和素材等资源并下载，如图 1-9 所示为一家电影下载网站首页。

图 1-9

Section

1.3 连接 Internet

本节导读

在登录 Internet 之前，首先要保证计算机能够上网，本节将介绍连接 Internet 的准备工作，包括网卡的安装，宽带连接的建立等。

1.3.1 安装网卡及驱动程序

网卡是计算机中标准硬件配置之一，一般台式机和笔记本电脑都已内置网卡及无线网卡，下面介绍安装网卡及其驱动程序的相关知识。

1. 安装网卡

安装网卡前，需要在关机状态下打开机箱，然后将所用网卡紧紧地插到主板上面的 PCI 插槽上，使用螺丝刀固定好，即可将网卡安装到电脑上。如图 1-10 所示。

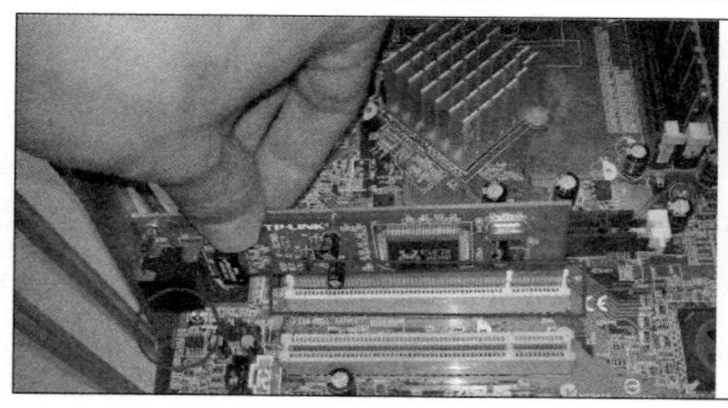

图 1-10

2. 安装更新网卡驱动

一般新装或重装 Windows 系统之后，需要安装网卡驱动程序，下面将介绍如何安装更新网卡驱动。

图 1-11

01 选择【控制面板】选项

No1 单击 Windows 7 界面左下角的【开始】按钮。

No2 选择【控制面板】选项，如图 1-11 所示。

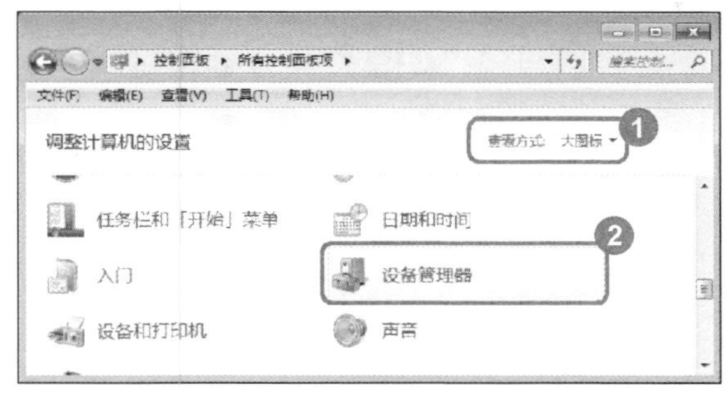

图 1-12

02 选择【设备管理器】选项

No1 打开【控制面板】窗口，在【查看方式】区域中，选择【大图标】选项。

No2 选择【设备管理器】选项，如图 1-12 所示。

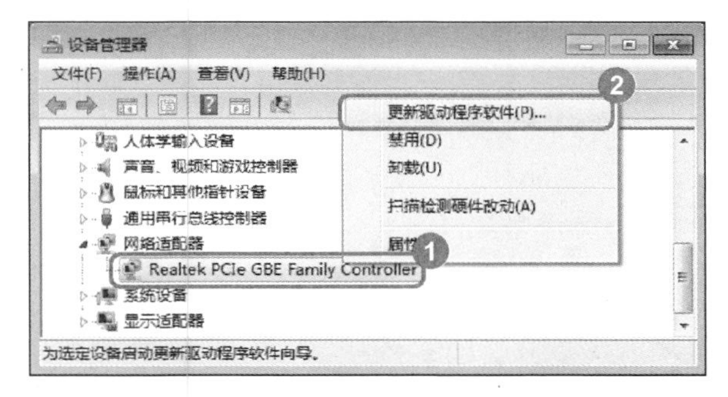

图 1-13

03 选择【更新驱动程序软件】菜单项

No1 打开【设备管理器】窗口，找到【网络适配器】选项，并使用鼠标右键单击该选项中的下拉选项。

No2 在弹出的快捷菜单中选择【更新驱动程序软件】菜单项，如图 1-13 所示。

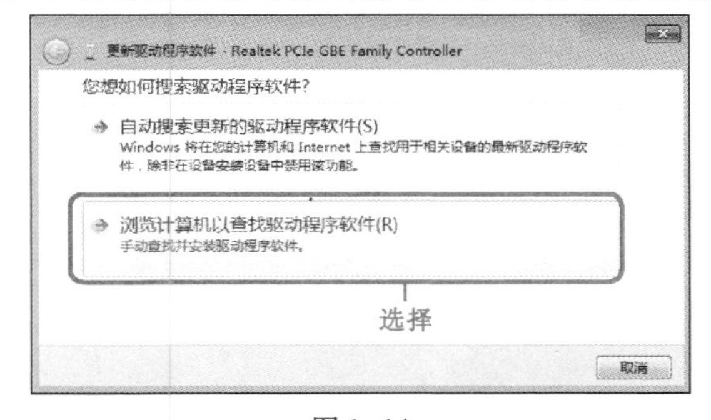

图 1-14

04 选择【浏览计算机以查找驱动程序软件】选项

打开【更新驱动程序软件】对话框，在【您想如何搜索驱动程序软件?】区域下方，选择【浏览计算机以查找驱动程序软件】选项。如图 1-14 所示。

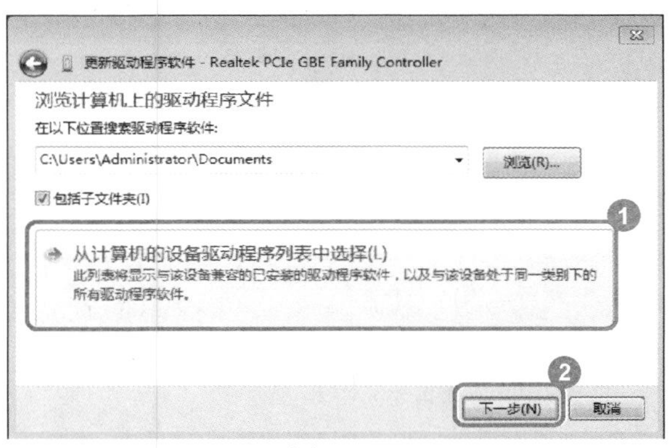

图 1-15

05 选择【从计算机的设备驱动程序列表中选择】选项

No1 进入下一界面，在【浏览计算机上的驱动程序文件】区域下方，选择【从计算机的设备驱动程序列表中选择】选项。

No2 单击【下一步】按钮 下一步(N)，如图 1-15 所示。

图 1-16

06 选择准备进行安装的驱动程序

No1 进入下一界面，在【选择网络适配器】区域下方，选择用户准备进行安装的驱动程序。

No2 单击【下一步】按钮 下一步(N)，如图 1-16 所示。

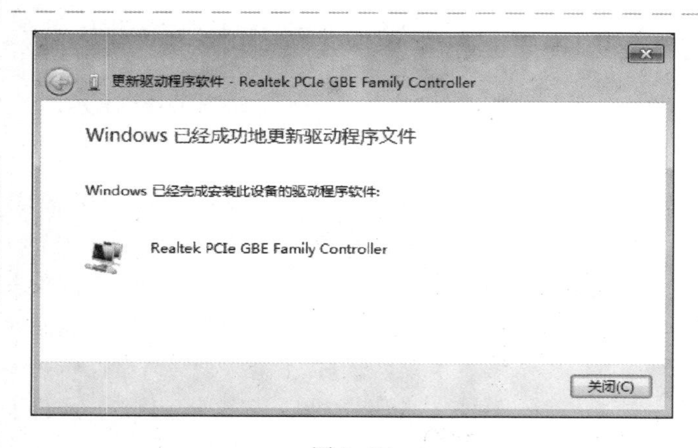

图 1-17

07 完成安装更新网卡驱动的操作

在线等待一段时间后，系统会自动完成安装驱动程序，进入【Windows 已经成功地更新驱动程序文件】界面后，会提示用户完成安装此设备的驱动程序软件，这样即可完成安装更新网卡驱动的操作，如图 1-17 所示。

1.3.2 安装 ADSL Modem

网卡安装结束后，还需要安装 ADSL Modem，才能保证网络连接正常使用，下面介绍安装 ADSL Modem 的操作。

ADSL Modem 后部有三个接口，分别为：

- POWER 接口为电源适配接口，电源适配器将 220V 交流电转变为直流电源供给 ADSL 使用。
- LAN 接口是以太接口，该接口通过网线连接计算机网卡等设备。
- LINE 接口是电话接口，ADSL 通过该接口连接电话线，从而与终端设备建立联系。

将 ADSL 各个接口连接后，接通电源即可完成 ADSL Modem 的安装和连接操作，如

图 1-18所示为 ADSL Modem。

图 1-18

1.3.3 创建网络连接

将 ADSL Modem 安装好，并且与计算机主机上的网卡连接好后，即可通过【网络和共享中心】窗口创建一个连接，下面介绍建立网络连接的操作方法。

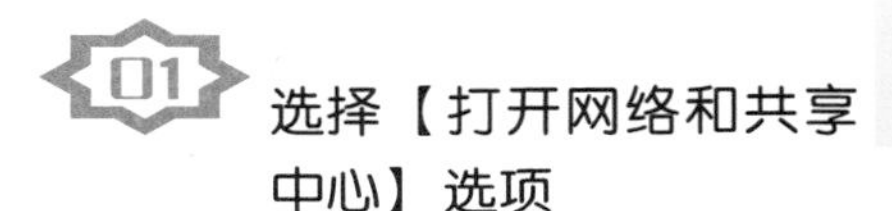

01 选择【打开网络和共享中心】选项

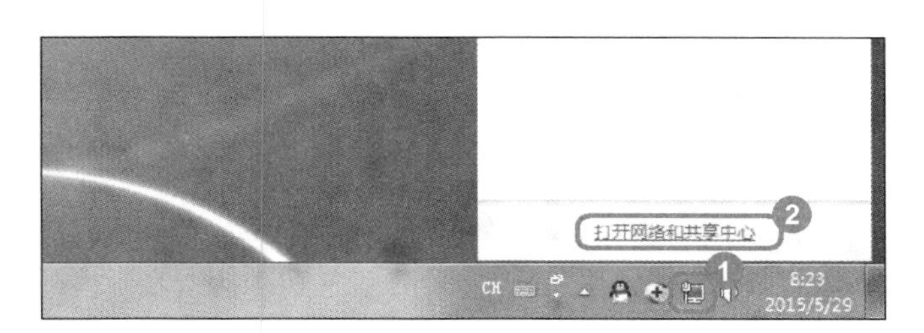

图 1-19

№1 单击 Windows 7 操作系统右下角的【宽带连接】按钮。

№2 在展开的列表框中，选择【打开网络和共享中心】选项，如图 1-19 所示。

02 选择【设置新的连接或网络】链接项

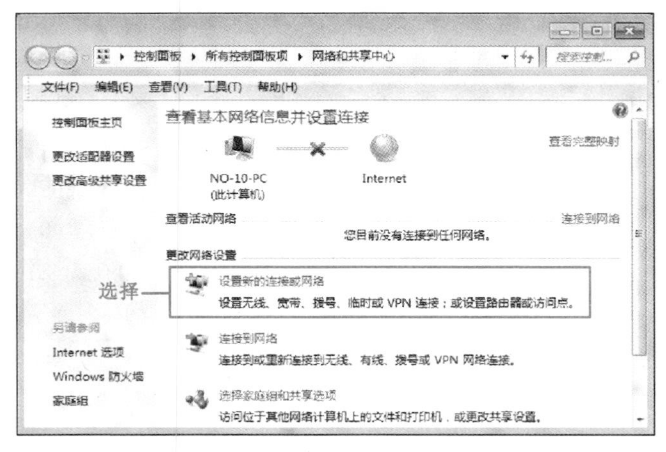

图 1-20

打开【网络和共享中心】窗口，在【更改网络设置】区域中，选择【设置新的连接或网络】链接项，如图 1-20 所示。

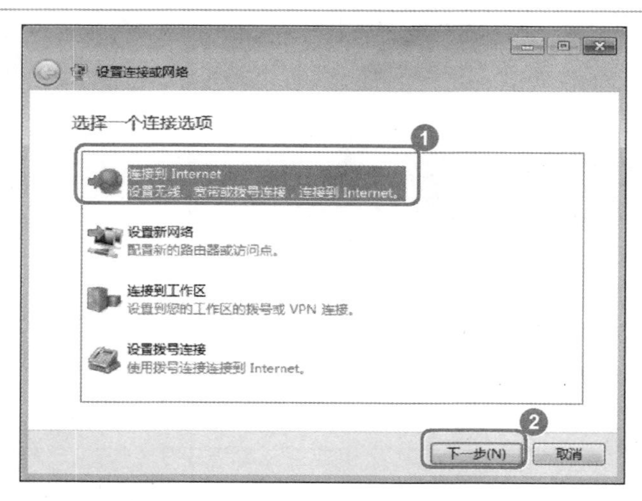

图 1–21

03 选择【连接到 Internet】链接项

No1 打开【设置连接或网络】窗口，在【选择一个连接选项】区域中，选择【连接到 Internet】链接项。

No2 单击【下一步】按钮 下一步(N)，如图 1–21 所示。

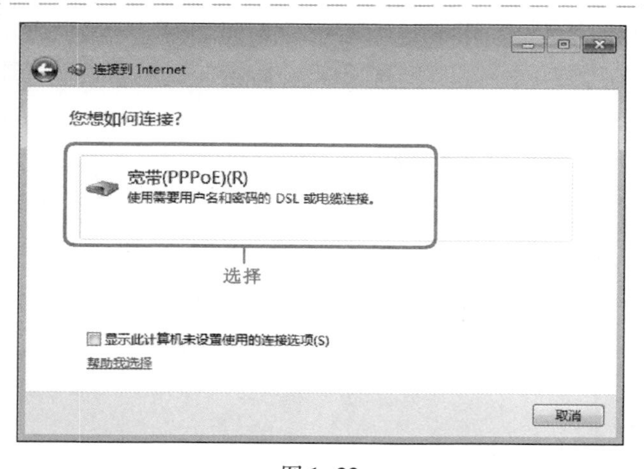

图 1–22

04 选择【宽带(PPPoE)(R)】链接项

打开【连接到 Internet】窗口，在【您想如何连接】界面，选择【宽带(PPPoE)（R)】链接项，如图 1–22 所示。

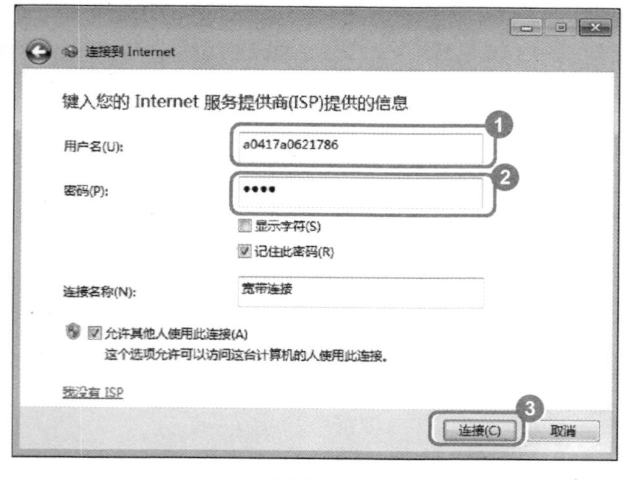

图 1–23

05 进入下一界面，输入用户名和密码

No1 进入【键入您的 Internet 服务提供商（ISP）提供的信息】工作界面，在【用户名】文本框中输入用户名。

No2 在【密码】文本框中输入密码。

No3 单击【连接】按钮 连接(C)，如图 1–23 所示。

图 1-24

06 进入【正在测试 Internet 连接...】工作界面

进入【正在测试 Internet 连接...】工作界面，如图 1-24 所示。

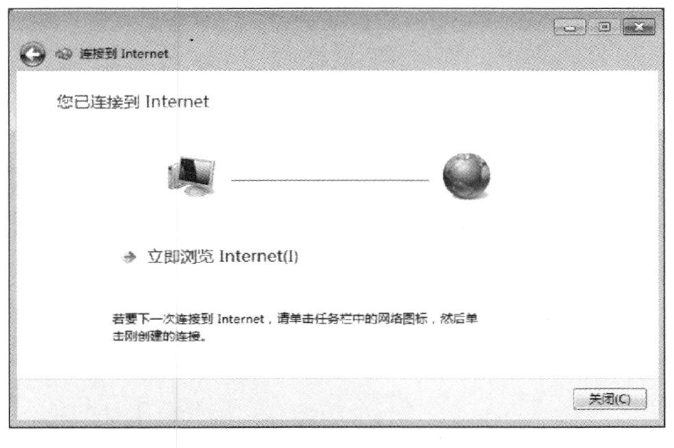

图 1-25

07 完成创建 ADSL 连接的操作

最后系统会进入到【您已连接到 Internet】工作界面，此时电脑已经连接到网络中，用户可以单击【立即浏览 Internet】链接项进行网上冲浪了，如图 1-25 所示。

1.3.4 连接上网

下面将详细介绍在 Windows 7 操作系统中，使用 ADSL 连接上网的操作方法。

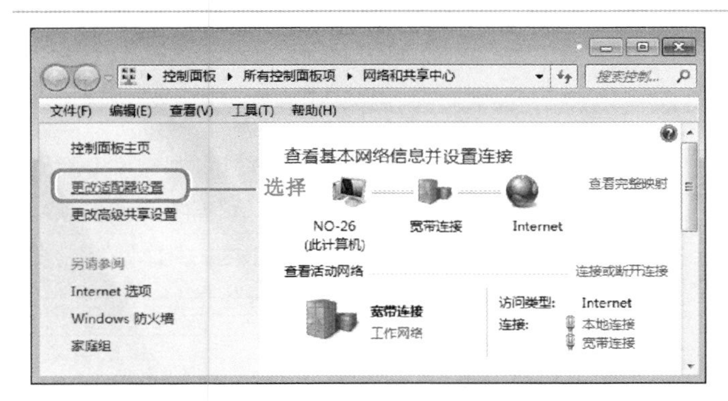

图 1-26

01 单击【更改适配器设置】链接项

打开【网络和共享中心】窗口，单击该窗口左侧的【更改适配器设置】链接项，如图 1-26 所示。

图 1-27

02 双击【宽带连接】链接项

打开【网络连接】窗口，双击【宽带连接】链接项，如图 1-27 所示。

图 1-28

03 弹出对话框，输入用户名和密码

No1 弹出【连接 宽带连接】对话框，在【用户名】文本框中输入宽带上网的账号。

No2 在【密码】文本框中输入密码。

No3 单击【连接】按钮，如图 1-28 所示。

举一反三

用户也可以选择【为下面用户保存用户名和密码】复选框，从而使下次连接时，不必再输入密码。

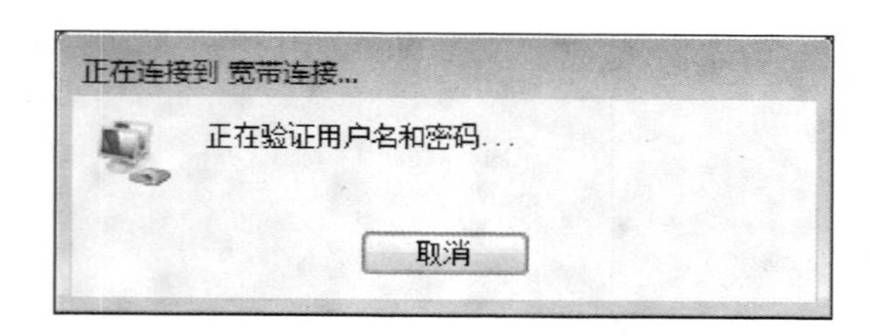

图 1-29

04 正在验证用户名和密码

弹出【正在连接到 宽带连接...】对话框，提示用户“正在验证用户名和密码”信息，如图 1-29 所示。

图 1-30

05 完成使用 ADSL 连接上网

通过以上操作步骤即可完成使用 ADSL 连接上网的操作，如图 1-30 所示。

知识精讲

通常情况下，将 ADSL Modem 与网卡连接后即可实现上网，但是如果使用非标准的 ADSL 调制解调器，如 USB 接口的调制解调器则需要安装专用的驱动程序。

Section 1.4 实践案例与上机操作

本节导读

通过本章的学习，读者可以初步掌握电脑上网方面的相关知识，下面通过几个实践案例进行上机实例操作，以达到巩固学习、拓展提高的目的。

1.4.1 查看连接状态

网络连接上以后，可以通过查看网络状态了解当前连接状态，下面介绍查看连接状态的操作方法。

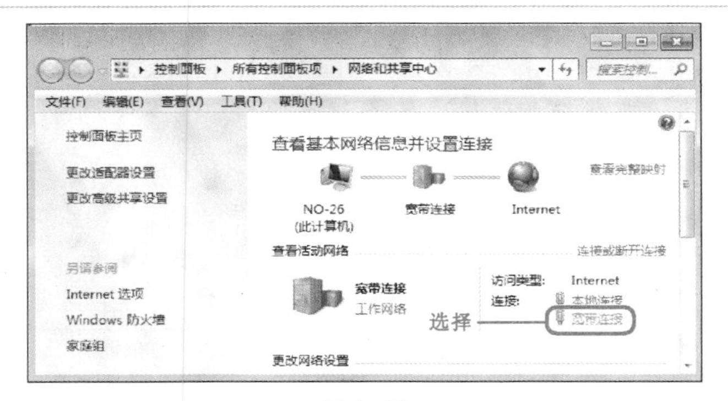

图 1-31

01 选择【宽带连接】链接项

打开【网络和共享中心】窗口，在【查看活动网络】区域下方，选择【宽带连接】链接项，如图 1-31 所示。

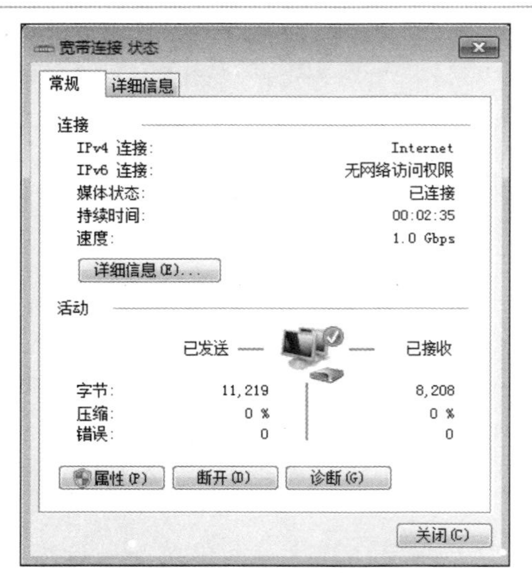

图 1–32

02 弹出对话框，查看宽带连接常规状态

弹出【宽带连接 状态】对话框，选择【常规】选项卡，用户可以在此页面中查看关于连接、活动等参数状态，如图1–32所示。

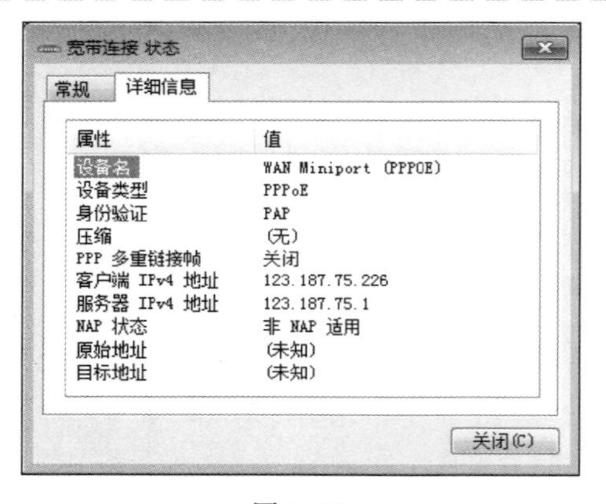

图 1–33

03 查看连接状态的详细信息

在【宽带连接 状态】对话框中，选择【详细信息】选项卡，用户可以在此页面中查看详细的链接属性和值等相关内容，如图1–33所示。

教你一招

查看宽带连接属性

在【宽带连接 状态】对话框中，单击【属性】按钮 属性(P) ，系统会弹出【宽带连接 属性】对话框，在该对话框中，用户可以选择【常规】【选项】【安全】【网络】和【共享】选项卡，从而进行查看相关属性内容，并对该连接进行相关的设置。

1.4.2 断开网络连接

如果使用计时收费的连接方式，当网络处于空闲状态时可以将网络连接断开，节省上网费用，下面介绍断开网络连接的操作方法。

使用上一小节介绍的方法，打开【宽带连接 状态】对话框，然后选择【常规】选项卡，单击【断开】按钮 断开(D) 即可断开该网络连接，如图 1–34 所示。

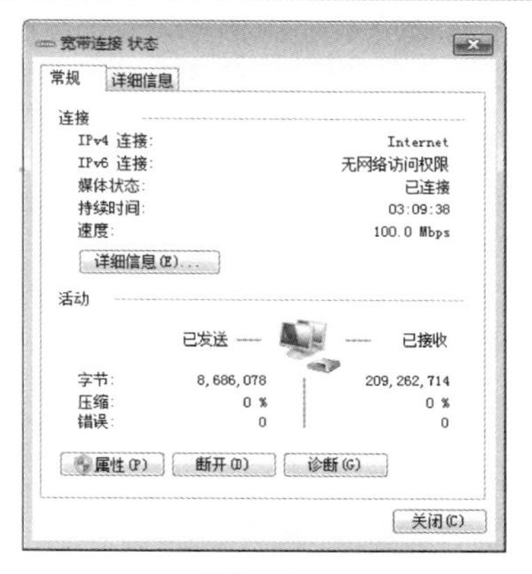

图 1–34

1.4.3 使用向导设置路由器上网

现在大多数的无线路由器都支持设置向导功能，那么对于网络新手来说，使用这个功能，可以较为快速地组建无线网络。下面将详细介绍其操作方法。

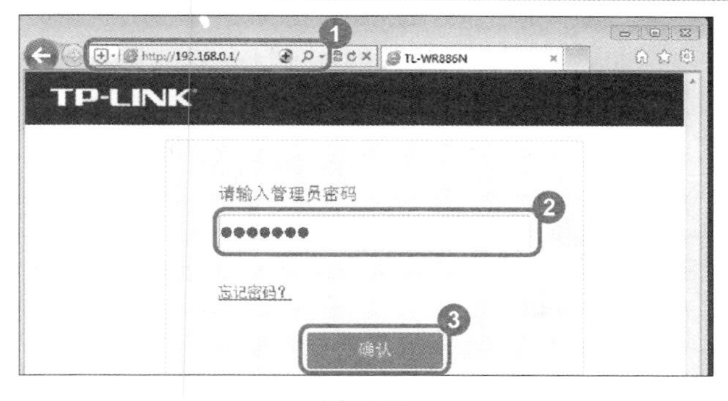

图 1–35

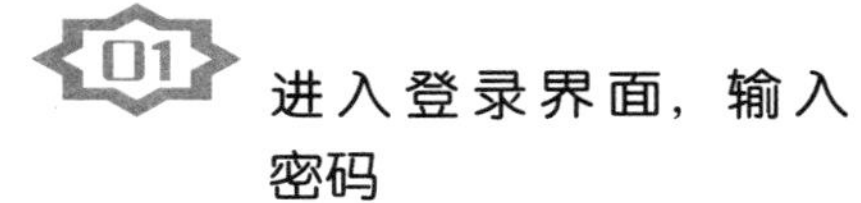

01 进入登录界面，输入密码

No1 打开浏览器，在地址栏中输入路由器地址，并按下键盘上的〈Enter〉键。

No2 进入登录页面，输入路由器密码。

No3 单击【确认】按钮 确认，如图 1–35 所示。

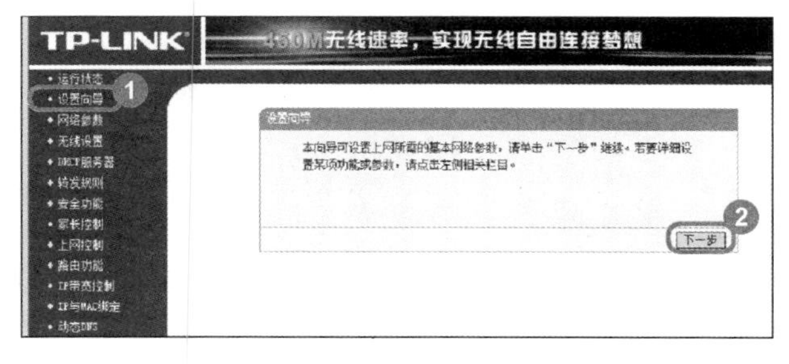

图 1–36

02 选择【设置向导】选项卡

No1 进入到路由器设置界面，选择【设置向导】选项卡。

No2 单击【下一步】按钮 下一步，如图 1–36 所示。

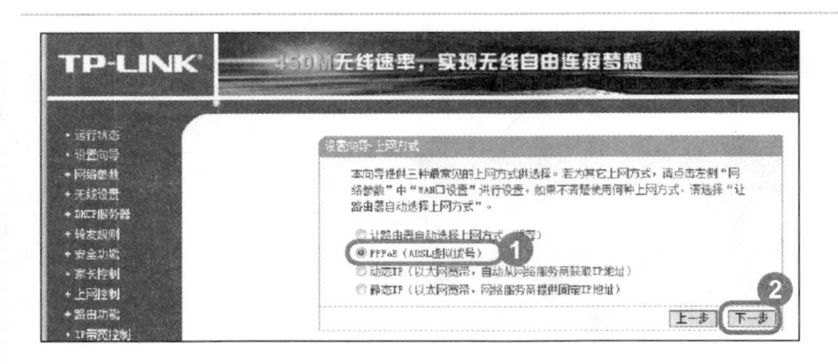

图 1-37

03 设置上网方式

No1 进入【设置向导－上网方式】界面，选择【PPPoE（ADSL 虚拟拨号）】单选项。

No2 单击【下一步】按钮 下一步，如图 1-37 所示。

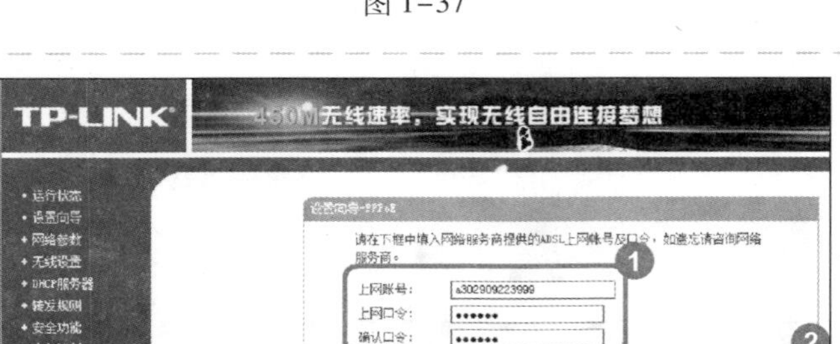

图 1-38

04 设置上网账号和口令

No1 进入【设置向导 PPPoE】界面，输入上网账号、上网口令和确认口令。

No2 单击【下一步】按钮 下一步，如图 1-38 所示。

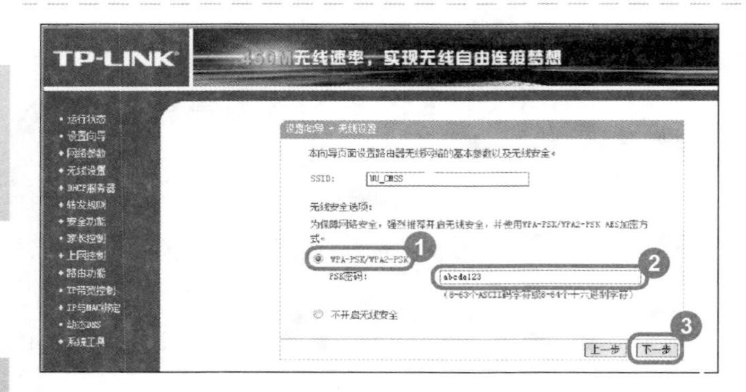

图 1-39

05 设置无线密码

No1 进入【设置向导－无线设置】界面，选择【WPA－PSK/WPA2 － PSK】单选项。

No2 在【PSK 密码】文本框中，输入无线密码。

No3 单击【下一步】按钮 下一步，如图 1-39 所示。

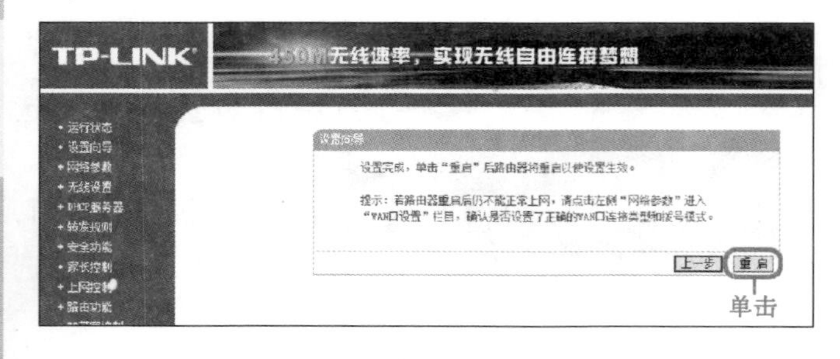

图 1-40

06 完成设置路由器上网

进入到下一界面，提示设置完成，单击【重启】按钮 重启，即可完成设置路由器上网，如图 1-40 所示。

第 2 章

第一次登录Internet

本章内容导读

本章主要介绍了使用浏览器登录 Internet 的知识，同时还讲解了如何浏览网上信息、收藏网络资源、设置 IE 浏览器和使用收藏夹的相关操作，在本章的最后还针对实际的需求，讲解了一些上机操作方法。通过本章的学习，读者可以掌握使用 IE 浏览器上网的知识，为进一步深入学习电脑、手机上网的知识奠定基础。

本章知识要点

- 认识 IE 浏览器
- 如何浏览网上信息
- 设置 IE 浏览器
- 收藏夹的使用

Section

2.1 认识 IE 浏览器

本节导读

Internet Explorer，简称 IE，是使用最为广泛的上网浏览器之一，学习使用 IE 浏览器之前要先掌握 IE 浏览器的基本知识，为上网浏览打下基础，本节将介绍 IE 浏览器的基本知识及一些操作方法。

2.1.1 什么是 IE 浏览器

IE 浏览器是微软公司推出的一款网页浏览器，是目前使用最广泛的浏览器之一，IE 浏览器是 Windows 操作系统的一个组成部分，被捆绑在不同版本的 Windows 操作系统中。

2.1.2 启动与退出 IE 浏览器

在使用 IE 浏览器浏览网页之前，需要先启动 IE 浏览器，启动 IE 浏览器的方法比较多，而且比较简单，下面将分别详细介绍几种启动 IE 浏览器的方法。

1. 通过【开始】菜单启动

在 Windows 7 操作系统桌面左下角单击【开始】按钮，然后选择【所有程序】→【Internet Explorer】菜单项，即可启动 IE 浏览器，如图 2-1 所示。

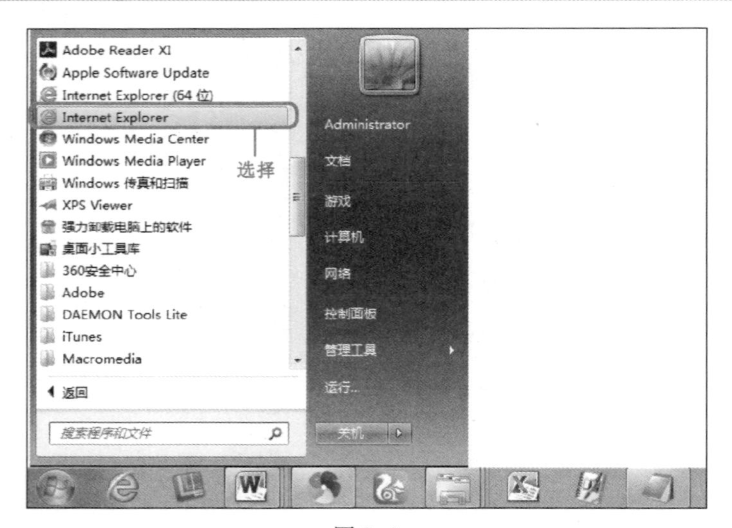

图 2-1

2. 通过快速启动栏启动

在 Windows 7 的操作系统中，在快速启动栏中，单击【IE 浏览器】图标，即可启动 IE 浏览器，如图 2-2 所示。

图 2-2

3. 使用快捷方式启动

在 Windows 操作系统桌面上双击【Internet Explorer】快捷方式，也可打开 IE 浏览器，如图 2-3 所示。

图 2-3

2.1.3 IE 浏览器的工作界面

启动 IE 浏览器后，用户即可进入 IE 浏览器的主界面，下面将以 IE 10 浏览器的工作界面为例，详细介绍 IE 浏览器的工作界面。IE 浏览器主要由地址搜索一体栏、选项卡、滚动条、网页浏览区等部分组成，如图 2-4 所示。

图 2-4

➢ 地址搜索一体栏：在其中可以直接输入网站地址或搜索信息。
➢ 选项卡：每浏览一个网页都会在 IE 浏览器的地址搜索一体栏右侧出现一个提示网页名称的选项卡，单击【选项卡】右侧的【关闭】按钮，即可关闭选项卡。
➢ 网页浏览区：网页浏览区是 IE 浏览器工作界面最大的显示区域，用于显示当前网页内容。
➢ 滚动条：滚动条包括垂直滚动条和水平滚动条，使用鼠标单击并拖动垂直或水平滚动条，可以浏览全部的网页。

Section

2.2 如何浏览网上信息

本节导读

使用 IE 浏览器浏览网页时，打开网页的方法比较多，在应用过程中根据实际情况选择打开网页的方法，本节将介绍几种常用的打开网页的方法。

2.2.1 输入网址打开网页

在地址栏中输入网址打开网页是比较常用的打开网页方法，下面介绍在地址栏中输入网址打开网页的操作方法。

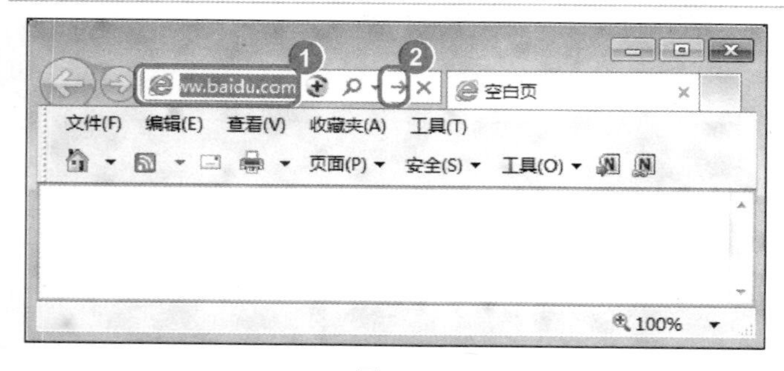

图 2-5

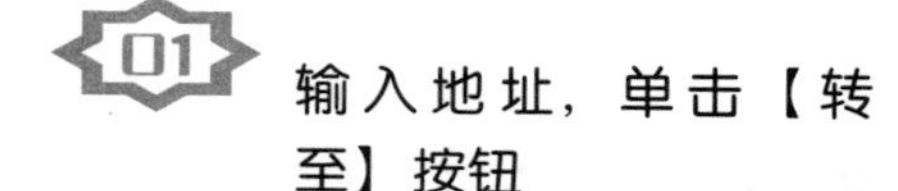

01 输入地址，单击【转至】按钮

№1 在 IE 浏览器的地址栏中输入网站地址，如输入“www. baidu. com”。

№2 单击 IE 浏览器地址栏右侧的【转至】按钮→，如图 2-5 所示。

图 2-6

02 完成通过输入网址打开网页

进行以上操作后，IE 浏览器即链接到目标网页，如图 2-6 所示。

知识精讲

启动浏览器，在地址栏中输入网站地址后，用户也可以按下键盘上的〈Enter〉键进入该网页。

2.2.2　使用超级链接打开网页

打开一个网页后，在网页中有许多超链接，这些超链接可以实现网页之间的转换，超链接的目标对象可以是文本也可以是图片，下面介绍使用超链接打开网页的相关知识。

1. 超链接的种类

一般情况下，超链接的目标文本分为文本超链接和图片超链接，当鼠标指针放在超链接上后，鼠标指针会由↖形变为☝形，如图 2-7 与图 2-8 所示分别为文本超链接和图片超链接。

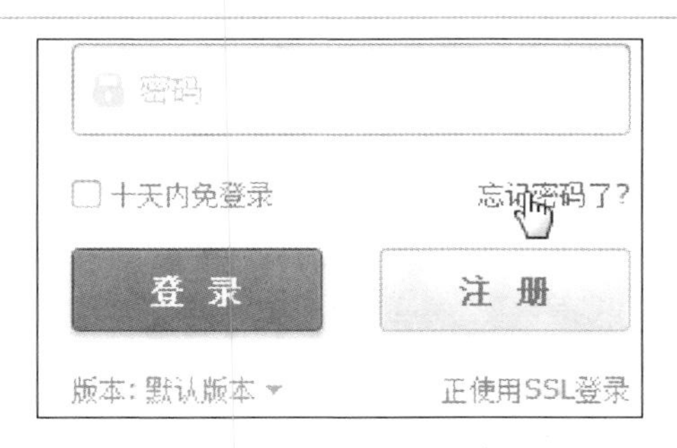

图 2-7

图 2-8

2. 通过超链接打开网页

了解完超链接的类型后，接下来练习在网页上通过超链接打开其他网页，下面详细介绍使用超链接打开网页的方法。

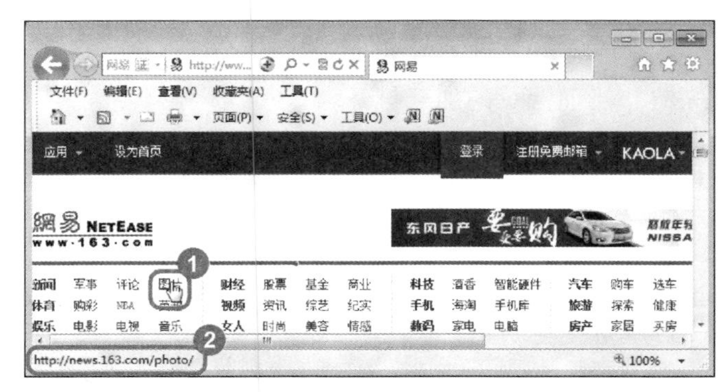

图 2-9

01 定位到超链接上，并单击它

No1 将鼠标定位到准备打开的超链接上，当鼠标指针变为☝形，单击该超链接。

No2 在 IE 浏览器的状态栏中显示该链接的网址，如图 2-9 所示。

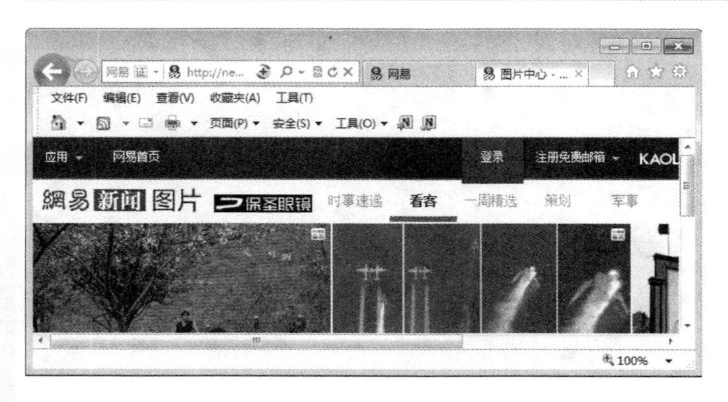

图 2-10

02 完成通过超链接打开网页的操作

这样即可完成通过超链接打开网页的操作，如图 2-10 所示。

2.2.3 通过工具栏浏览网页

当浏览网页时，可以通过 IE 浏览器工具栏中的 5 个按钮实现网页的快速切换、停止加载网页和刷新网页等操作。这 5 个按钮分别为【后退】按钮、【前进】按钮、【停止】按钮×、【刷新】按钮和【主页】按钮，如图 2-11 所示。

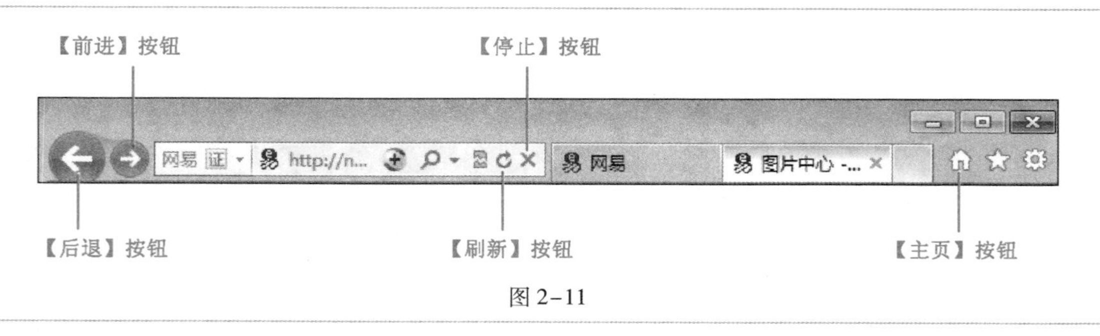

图 2-11

- 【后退】按钮：单击此按钮时，可以返回到当前浏览网页的前一个网页。
- 【前进】按钮：当单击该按钮时，则返回到后退前的网页。
- 【停止】按钮×：该按钮主要用来终止当前网页的加载打开。
- 【刷新】按钮：单击该按钮可以重新从 Internet 上载入当前的网页。
- 【主页】按钮：单击该按钮可以快速打开 IE 浏览器默认的启动首页。

知识精讲

用户可以将自己经常浏览的网页设置成浏览器主页，单击【主页】按钮，即可快速地打开这个网页了。

Section

2.3 设置 IE 浏览器

本节导读

在使用 IE 浏览器时，可以对 IE 浏览器进行相关的设置，设置后，以后使用过程中将更加得心应手。设置 IE 浏览器包括设置 IE 浏览器的默认主页、删除浏览历史记录、改变网页的显示字体和设置 IE 浏览器的安全级别等操作，本节将介绍设置 IE 浏览器的相关操作。

2.3.1 设置 IE 浏览器的默认主页

将常用的网站地址设置为 IE 浏览器的默认主页，当启动 IE 浏览器时默认主页也随之被打开，下面将介绍设置 IE 浏览器默认主页的操作方法。

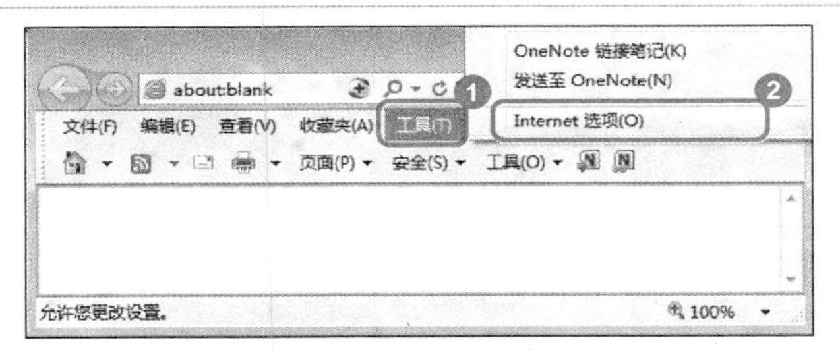

图 2-12

01 选择【Internet 选项】菜单项

No1 启动 IE 浏览器，选择【工具】菜单。

No2 在弹出的下拉菜单中选择【Internet 选项】菜单项，如图 2-12 所示。

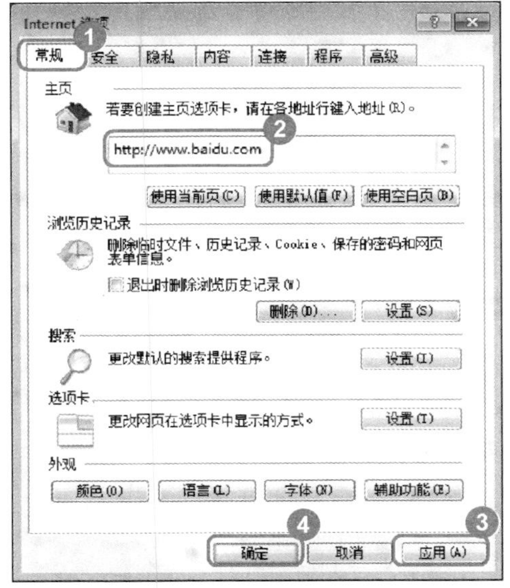

图 2-13

02 弹出对话框，设置默认主页信息

No1 弹出【Internet 选项】对话框，选择【常规】选项卡。

No2 在【主页】区域下方的【地址】文本框中输入准备设为默认主页的网站地址，如输入“http://www.baidu.com”。

No3 单击【应用】按钮 应用(A) 。

No4 单击【确定】按钮 确定 ，即可完成设置 IE 浏览器的默认主页，如图 2-13 所示。

知识精讲

随着网络的快速发展，网页的功能越来越全面，在很多网页导航兰中都有【设为主页】或【设为首页】超链接项，用户可以直接单击这样的超链接项，即可快速完成设置IE浏览器主页的操作。

2.3.2 删除浏览历史记录

浏览器默认会保存一段时间以内浏览过的网页地址，定期清理这些历史记录可以保证IE浏览器的上网安全和隐私保护，下面介绍清除浏览历史记录的操作。

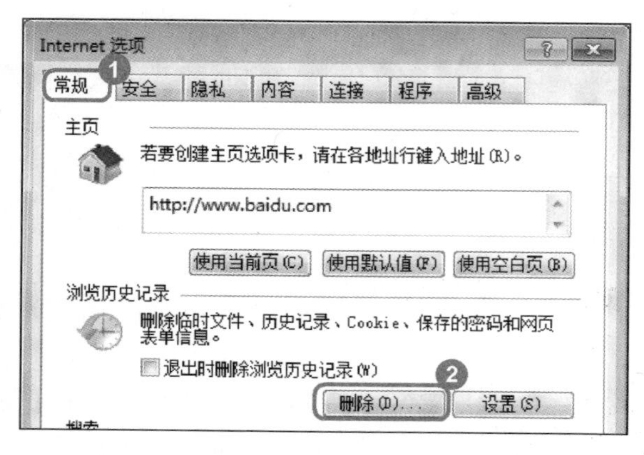

图 2-14

01 打开对话框，设置相关保存选项

No1 使用上一节介绍的方法，打开【Internet 选项】对话框，选择【常规】选项卡。

No2 在【浏览历史记录】区域中，单击【删除】按钮 删除(D) ，如图 2-14 所示。

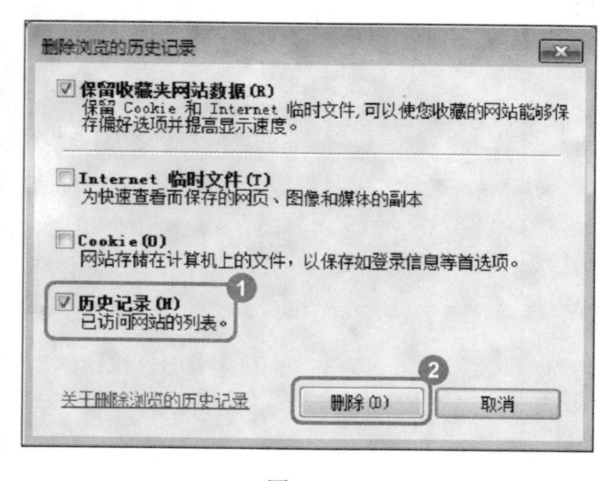

图 2-15

02 弹出对话框，选择【历史记录】复选框

No1 弹出【删除浏览的历史记录】对话框，选择【历史记录】复选框。

No2 单击该对话框右下角的【删除】按钮 删除(D) ，如图 2-15 所示。

图 2-16

03 完成删除浏览历史记录的操作

返回到浏览器的主界面，在下方会弹出一个对话框，显示“Internet Explorer 已完成删除所选的浏览历史记录。”信息，这样就完成了删除浏览历史记录的操作，如图 2-16 所示。

Section 2.4 收藏夹的使用

本节导读

在浏览网页时经常会遇到非常有用或者非常有趣的网页，在这种情况下可以将该网页进行收藏。本节将介绍使用 IE 浏览器中收藏夹的相关操作。

2.4.1 将喜欢的网页添加至收藏夹

如果用户经常使用某些网页时，可以将其收藏在 IE 浏览器中。下面以收藏“网易首页”为例，详细介绍收藏网页的操作方法。

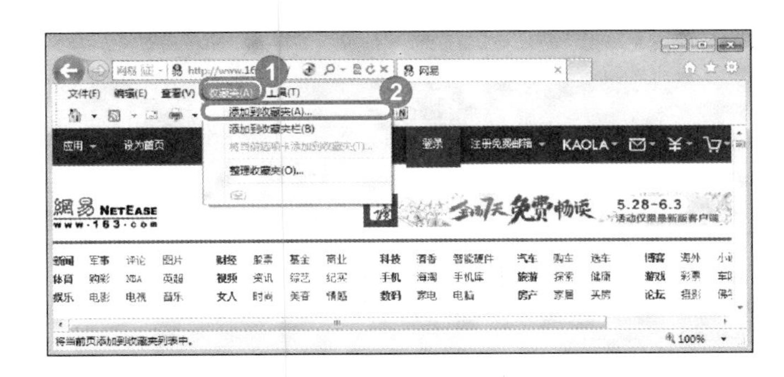

图 2-17

01 选择【添加到收藏夹】菜单项

No1 打开准备收藏的网页，选择【收藏】菜单。

No2 在弹出的下拉菜单中选择【添加到收藏夹】菜单项，如图 2-17 所示。

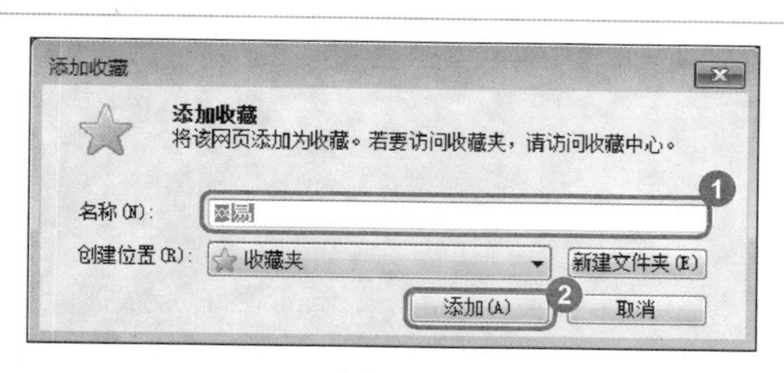

图 2-18

02 弹出对话框，单击【添加】按钮

No1 弹出【添加收藏】对话框，在名称文本框中，输入准备添加收藏网页的名称，如“网易”。

No2 单击【添加】按钮 添加(A)...，即完成将网页添加至收藏夹的操作，如图 2-18 所示。

2.4.2 打开收藏夹中的网页

将网页保存到收藏夹后，用户可以随时在收藏夹中打开该网页，方便用户快速浏览该网页，下面介绍使用收藏夹打开网页的操作方法。

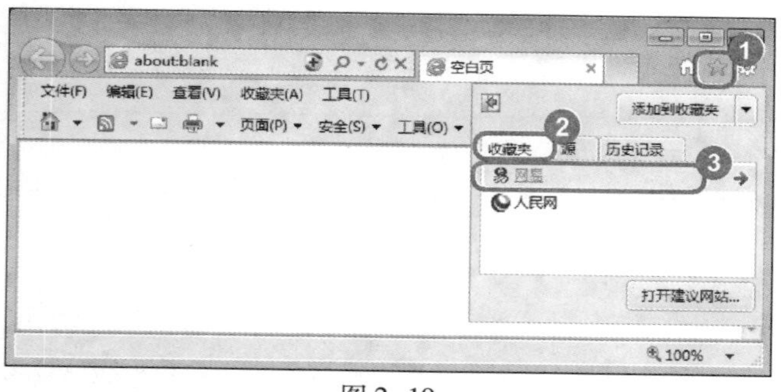

图 2-19

01 单击工具栏中的【收藏夹】按钮

No1 单击工具栏中的【收藏夹】按钮☆。

No2 选择【收藏夹】选项卡。

No3 单击准备打开的网页超链接，如图 2-19 所示。

图 2-20

02 完成打开收藏夹中的网页的操作

可以看到已经打开刚刚选择的网页，如图 2-20 所示。

2.4.3 删除收藏夹中的网页

收藏夹中收藏的网页比较多的情况下，可以将已经没有用处的网页删除，使查看收藏夹更加方便，下面介绍删除收藏夹中的网页的方法。

图 2-21

01 选择【整理收藏夹】菜单项

No1 启动浏览器，选择【收藏】菜单。

No2 在弹出的下拉菜单中选择【整理收藏夹】菜单项，如图 2-21 所示。

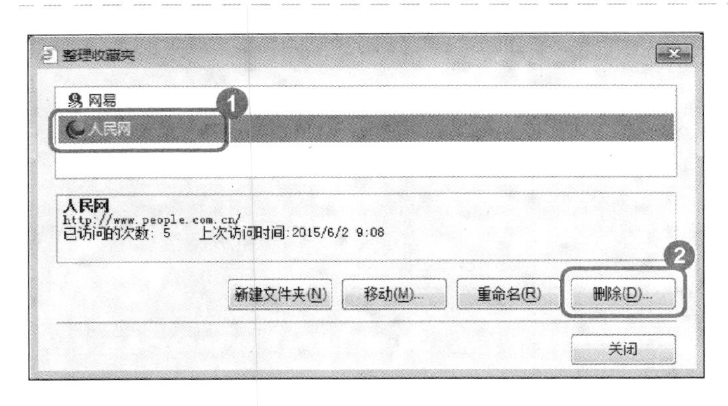

图 2-22

02 选择收藏夹中准备删除的网页

No1 弹出【整理收藏夹】对话框，选择收藏夹中准备进行删除的网页。

No2 选择完成后，单击【删除】按钮 删除(D)，如图 2-22 所示。

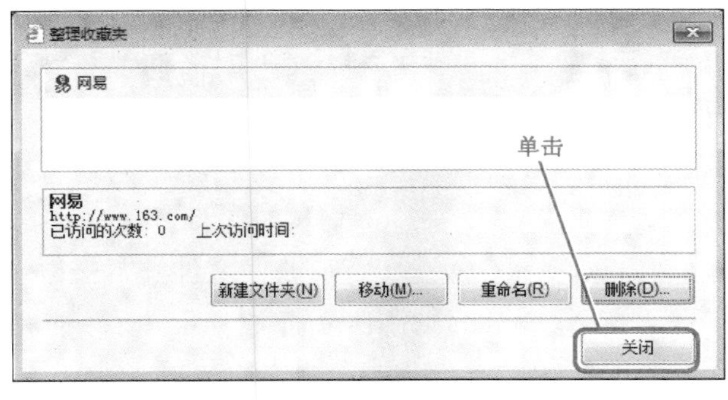

图 2-23

03 完成删除收藏夹中的网页的操作

完成以上操作后，可以看到已经将选择的网页删除，单击【关闭】按钮 关闭 即可完成删除收藏夹中的网页的操作，如图 2-23 所示。

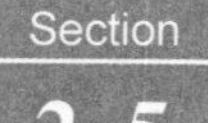

2.5 实践案例与上机操作

本节导读

通过本章的学习，用户可以掌握 IE 浏览器和上网方面的基础知识。下面通过几个实践案例进行上机实例操作，以达到巩固学习、拓展提高的目

2.5.1 清除 IE 临时文件

在浏览网页的过程中，常常会产生大量的临时文件，由于这些文件会占用大量存储空间，因此需要时常对 IE 浏览器上的临时文件进行删除。IE 临时文件包括网页中的文字，图片和声音等内容，下面介绍清除 IE 临时文件的操作。

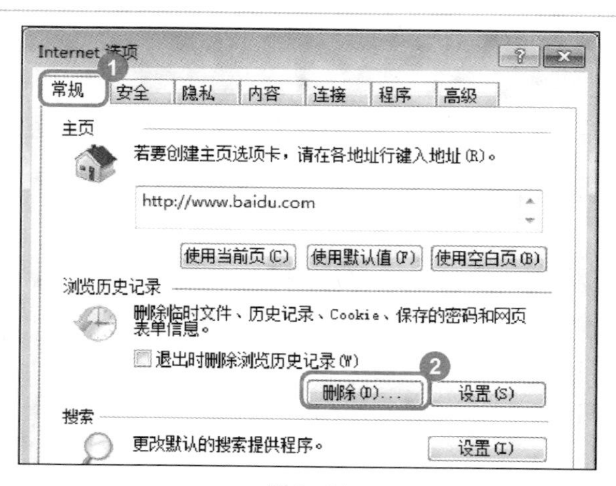

图 2-24

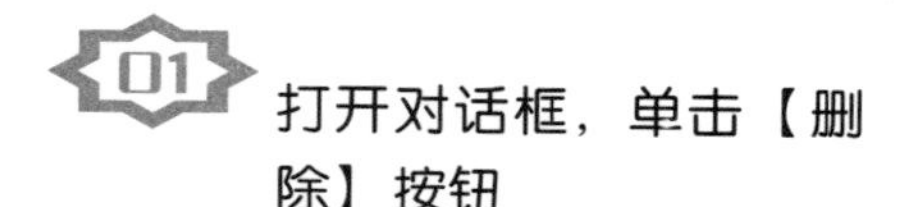

01 打开对话框，单击【删除】按钮

No1 打开【Internet 选项】对话框，选择【常规】选项卡。

No2 在【浏览历史记录】区域中，单击【删除】按钮 删除(D)，如图 2-24 所示。

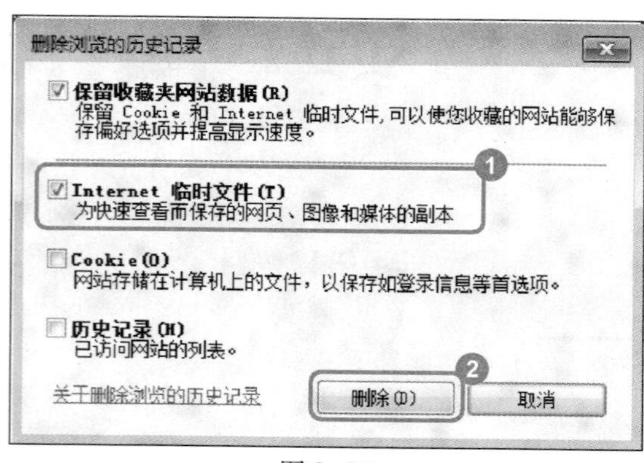

图 2-25

02 弹出对话框，选择【历史记录】复选框

No1 弹出【删除浏览的历史记录】对话框，选择【Internet 临时文件】复选框。

No2 单击该对话框右下角的【删除】按钮 删除(D)，如图 2-25 所示。

图 2-26

03 完成清除 IE 临时文件的操作

返回到浏览器的主界面，在下方会弹出一个对话框，显示“Internet Explorer 已完成删除所选的浏览历史记录。”信息，这样就完成了清除 IE 临时文件的操作，如图 2-26 所示。

2.5.2 消除网页上的乱码

IE 浏览器编码时按照各个国家使用的习惯，把浏览器分成了很多对应的编码，浏览不同网页时常会出现乱码，下面介绍消除乱码的操作方法。

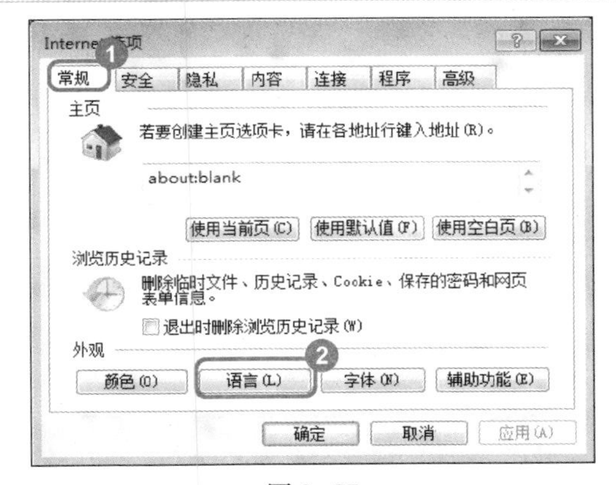

图 2-27

01 打开对话框，单击【语言】按钮

No1 使用上面介绍过的方法，打开【Internet 选项】对话框，选择【常规】选项卡。

No2 在【外观】区域中，单击【语言】按钮 语言(L)，如图 2-27 所示。

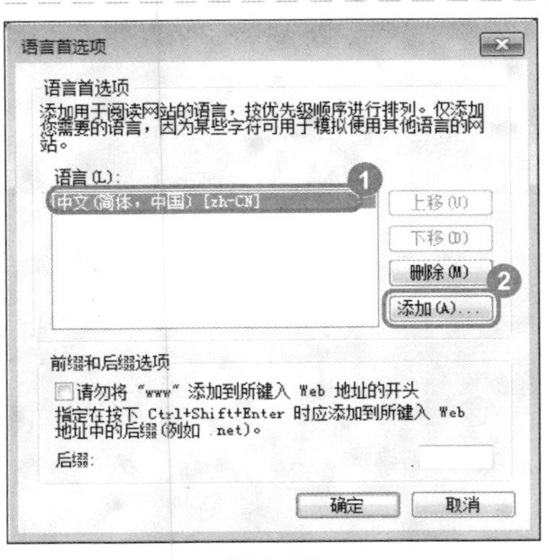

图 2-28

02 弹出对话框，单击【添加】按钮

No1 弹出【语言首选项】对话框，在【语言】列表框中显示当前使用的语言。

No2 单击右侧的【添加】按钮 添加(A)...，如图 2-28 所示。

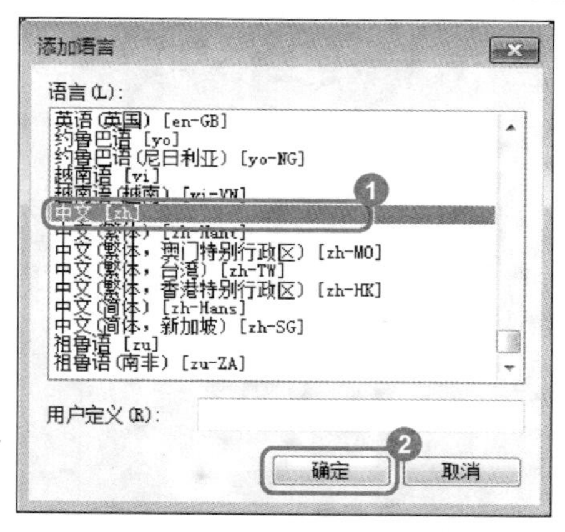

图 2-29

03 选择准备使用的语言

No1 弹出【添加语言】对话框，在【语言】列表框中显示 Windows 支持的所有的语言，选择准备使用的语言。

No2 单击【确定】按钮，如图 2-29 所示。

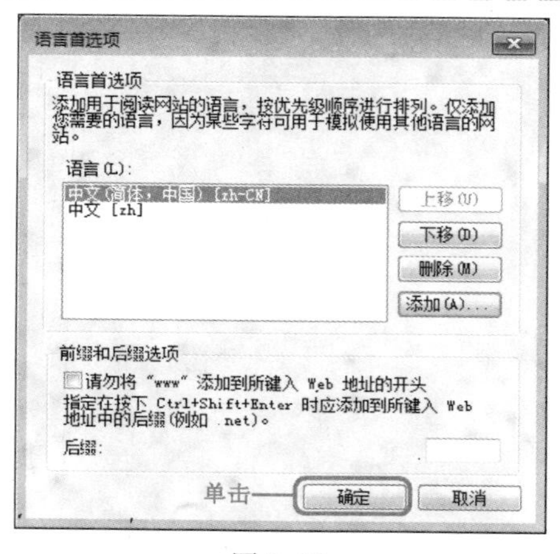

图 2-30

04 完成消除网页上的乱码的操作

返回到【语言首选项】对话框，在【语言】列表框中，可以看到刚刚添加的语言，单击【确定】按钮即可完成消除网页上的乱码的操作，如图 2-30 所示。

2.5.3 在新选项卡中打开网页

在 IE 浏览器中，用户可以启用选项卡浏览功能，这样可以在新选项卡中打开超链接指向的网页，下面介绍在新选项卡中打开网页的方法。

图 2-31

01 选【在新选项卡中打开】菜单项

No1 在 IE 浏览器中，将鼠标指针移动至准备打开的网页超链接项处，如“新浪”，并右键单击该超链接项。

No2 在弹出的快捷菜单中，选择【在新选项卡中打开】菜单项，如图 2-31 所示。

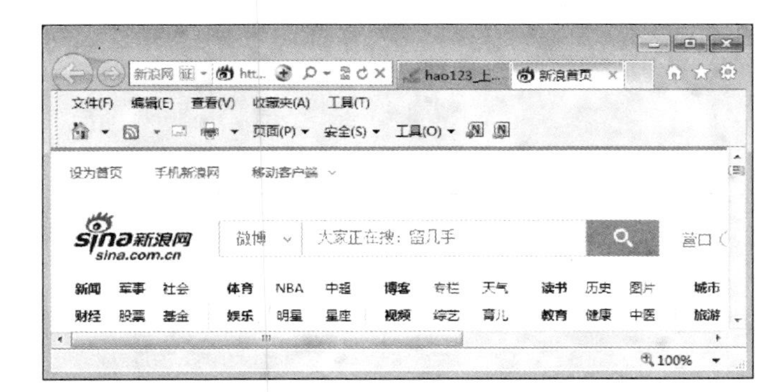
图 2-32

02 完成在新选项卡中打开网页

此时，IE 浏览器会自动在新选项卡中跳转到新浪首页网页界面，通过以上方法即可完成在新选项卡中打开网页的操作，如图 2-32 所示。

教你一招

在新建选项卡中打开网页

在 IE 浏览器窗口中，单击【新选项卡】按钮，切换至新建的选项卡窗口后，在地址栏中，输入要打开的网页网址，即可完成在新建选项卡中打开网页的操作。

第3章

在互联网上搜索资源

本章内容导读

本章主要介绍在互联网上搜索资源的知识，还讲解了一些常用的搜索引擎的使用方法，在本章的最后还针对实际的需求，讲解了一些上机操作方法。通过本章的学习，读者可以掌握在互联网上搜索资源的知识，为进一步深入学习电脑、手机上网的相关知识奠定基础。

本章知识要点

- 学会使用搜索引擎
- 使用百度搜索引擎

Section

3.1 学会使用搜索引擎

Internet 上有很丰富的资源，学会在 Internet 上进行搜索，可以获得很大的益处。本节将详细介绍使用搜索引擎的相关知识及操作方法。

搜索引擎是指根据一定的策略、运用特定的计算机程序从互联网上搜集信息，在对信息进行组织和处理后，将用户检索的相关信息展示给用户的系统。

目前应用较为广泛的搜索引擎包括百度搜索、有道搜索、搜狗搜索、微软必应和360综合搜索等，下面将介绍几个常用搜索引擎的知识。

1. 百度搜索

百度搜索引擎创建于2000年，它提供网页搜索、MP3搜索、图片搜索、新闻搜索、百度贴吧、百度知道、搜索风云榜、硬盘搜索、百度百科等产品和服务。此外，为满足更多用户的需要，百度搜索还将搜索服务进行进一步的细化，提供了地图搜索、地区搜索和黄页搜索等。

百度引擎由四部分组成：蜘蛛程序、监控程序、索引程序和检索程序，百度门户网站将用户查询的内容和一些相关参数传递给百度搜索引擎服务器上，后台程序进行工作并将检索结果返回网站，百度搜索的网站地址为“www.baidu.com”，如图3-1所示为百度网站首页。

图3-1

2. 有道搜索

有道搜索是网易公司提供的搜索服务，在网易结束与谷歌的合作后，网易公司自行研发的有道搜索成为其搜索服务的核心。作为网易自主研发的全新中文搜索引擎，有道搜索致力于为互联网用户提供更快更好的中文搜索服务。它于2006年底推出测试版，2007年7月正式成为网易旗下搜索引擎so.163.com的内核，并于2007年12月11日推出正式版。目前有道搜索已推出的产品包括网页搜索、图片搜索、热闻、在线词典、桌面词典、工具栏和有道阅读等。有道搜索引擎的网址为“www.youdao.com”，其网站首页如图3-2所示。

图3-2

3. 搜狗搜索

搜狗搜索引擎是搜狐公司推出的第三代互动式搜索引擎，搜狗搜索引擎将使用户体验到一流的全球互联网搜索结果。搜狗搜索引擎的网站网址为“www.sogou.com”，其网站首页如图3-3所示。

图3-3

4. 微软必应

必应（Bing）是微软公司于2009年5月28日推出的全新搜索引擎服务，用以取代Live Search的全新搜索引擎服务。必应集成了多个独特功能，包括每日首页美图，与Windows 8.1深度融合的超级搜索功能，以及崭新的搜索结果导航模式等。必应搜索的网址为“cn.bing.com”，其网站首页如图3-4所示。

图 3-4

5. 360 综合搜索（好搜）

360 综合搜索，属于元搜索引擎，是通过一个统一的用户界面帮助用户在多个搜索引擎中选择和利用合适的（甚至是同时利用若干个）搜索引擎来实现检索操作，是对分布在网络上的多种检索工具的全局控制机制。而 360 搜索 +，属于全文搜索引擎，是基于机器学习技术的第三代搜索引擎，具备“自学习、自进化”能力和发现用户最需要的搜索结果。其网站网址为“www. haosou. com”，网站首页如图 3-5 所示。

图 3-5

知识精讲

搜索引擎的组成

搜索引擎一般由搜索器、索引器、检索器和用户接口四个部分组成，搜索器的功能是在互联网中漫游，发现和搜集信息；索引器用于解搜索器所搜索到的信息，从中抽取出索引项；检索器用于根据用户的查询在索引库中快速检索文档，进行相关度评价，对将要输出的结果排序，并能按用户的查询需求合理反馈信息；用户接口用于接纳用户查询、显示查询结果、提供个性化查询项。

Section 3.2 使用百度搜索引擎

本节导读

百度搜索引擎是目前最大的中文搜索引擎，致力于向用户提供“简单，可依赖”的信息获取方式。旗下有众多优秀的产品，包括网页搜索、垂直搜索、百度快照、百度百科、百科知道和百度贴吧等，本节将介绍使用百度搜索引擎的相关知识。

3.2.1 在网上搜索资料信息

使用百度搜索引擎，用户可以快速搜索各类网页信息，下面以搜索养鱼知识为例，介绍在网上搜索资料的操作方法。

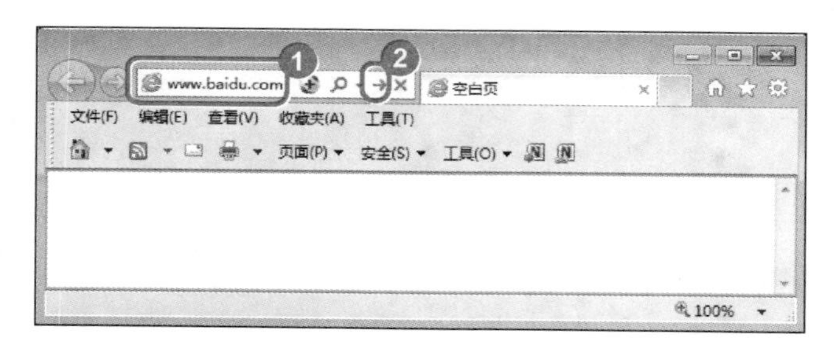

图 3-6

01 输入网址，单击【转至】按钮

No1 启动 IE 浏览器，在地址栏中输入百度首页的网址“www. baidu. com”。

No2 单击【转至】按钮→，如图 3-6 所示。

图 3-7

02 输入准备搜索的关键词

No1 打开百度网站首页，在搜索文本框中输入准备搜索的关键词，如“养鱼知识”。

No2 单击【百度一下】按钮 百度一下，如图 3-7 所示。

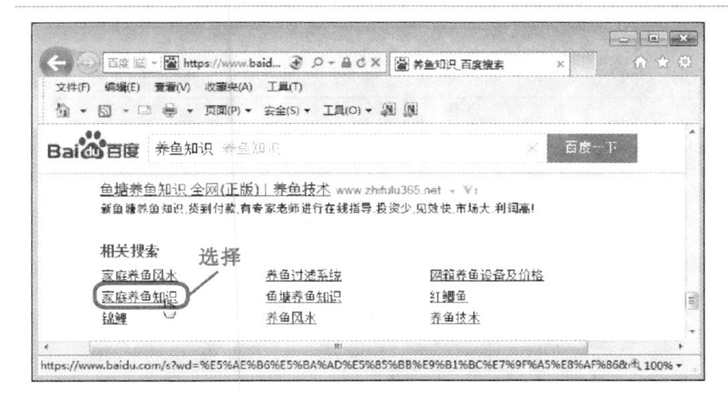

图 3-8

03 单击相关搜索中的超链接项

网页窗口中显示出搜索结果，用户可在其中选择相关网页查看其内容，如果准备更加精确的查找，可以单击相关搜索中的超链接，如选择“家庭养鱼知识”，如图 3-8 所示。

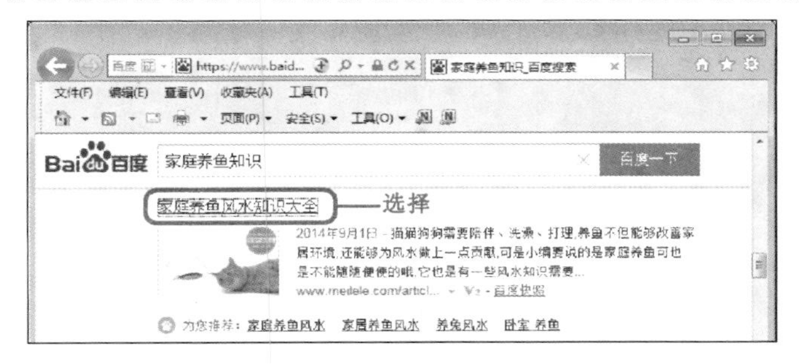

图 3-9

04 单击符合条件的超链接项

此时，可以在网页中查看符合搜索条件的搜索内容，对符合条件的搜索内容，用户可以单击该搜索内容的超链接，如图 3-9 所示。

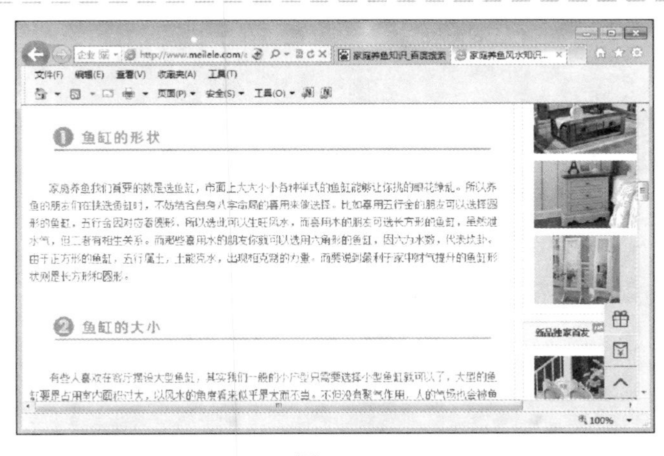

图 3-10

05 完成在网上搜索资料信息

进入选择搜索结果所在的网页，网页窗口中显示出准备查看的家庭养鱼知识的内容。通过以上步骤即完成了使用百度搜索引擎在网上搜索资料信息的操作，如图 3-10 所示。

教你一招

使用高级搜索使搜索更加精确

打开百度首页，单击【设置】超链接，在弹出列表框中选择【高级搜索】选项，进入【高级搜索】页面，在【高级搜索】页面中，按照要求填入搜索的详细信息，可以更加精准地搜索到相关网页。

3.2.2 搜索图片

网络上有很多精美的图片，用户可以使用百度搜索引擎搜索这些图片，下面将详细介绍使用百度搜索引擎搜索图片的操作方法。

图 3-11

01 输入关键词

№1 打开百度首页网页，在搜索文本框中输入准备进行搜索的关键词，如“大海”。

№2 单击【百度一下】按钮 ，如图 3-11 所示。

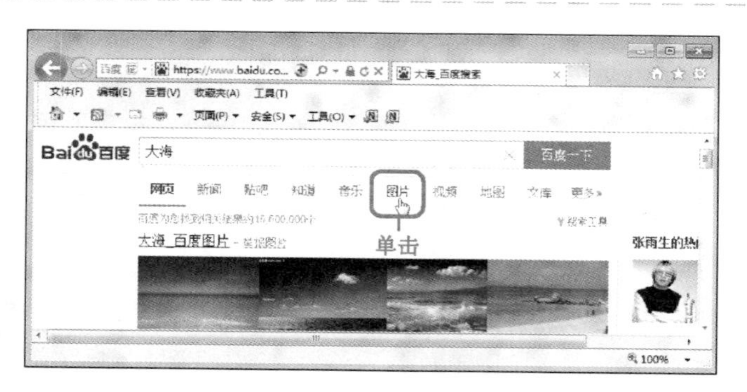

图 3-12

02 单击【图片】链接项

系统会默认进行网页搜索，并显示搜索结果，单击【搜索】文本框下方的【图片】链接项，如图 3-12 所示。

图 3-13

03 单击准备进行查看的图片

此时系统会进入图片搜索页面，在网页窗口中显示搜索结果，用户可在其中单击准备进行查看图片的缩略图超链接，如图 3-13 所示。

图 3-14

04 完成搜索图片的操作

进入详细查看的页面，窗口中显示出查看的图片，通过以上步骤即可完成使用百度搜索引擎搜索图片的操作，如图 3-14 所示。

3.2.3 搜索百度百科知识

百度百科提供了一个互联网用户均能平等浏览、创造和完善内容的平台，用户可以在百度百科上找到符合自己要求的全面、准确和客观的定义性信息。此外互联网用户还可以自己创建符合百度百科规则，且尚未收录的内容，或者对已有的此条进行编辑和完善补充，下面介绍搜索百度百科知识的操作方法。

图 3-15

01 选择【更多产品】链接项

No1 打开百度首页网页，在右上方的项目菜单中单击【更多产品】链接项。

No2 在弹出的下拉列表框中选择【全部产品】链接项，如图 3-15 所示。

图 3-16

02 选择【百科】链接项

进入【产品大全】页面，在【社区服务】区域下方，选择【百科】链接项，如图 3-16 所示。

图 3-17

03 输入准备搜索的百科知识

№1 进入百度百科页面，在搜索文本框中输入准备搜索的百科知识，如输入“饕餮”。

№2 单击【进入词条】按钮 进入词条，如图 3-17 所示。

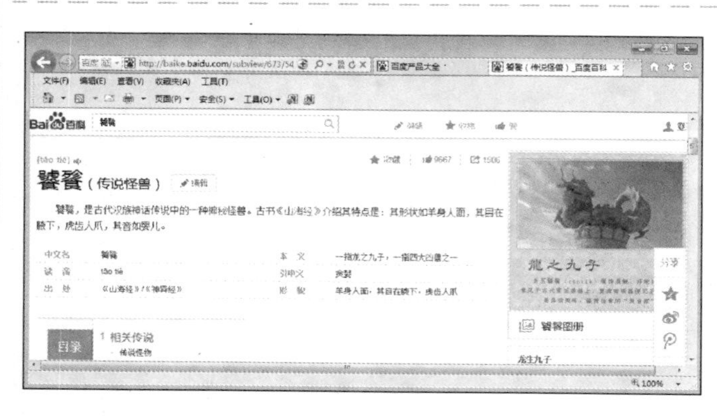

图 3-18

04 完成搜索百度百科知识的操作

进入所搜索的词条页面，在网页窗口中显示有关“饕餮”词条的详细信息。通过以上步骤即可完成搜索百度百科知识的操作，如图 3-18 所示。

3.2.4 查找地图

百度地图搜索是百度搜索引擎提供的一项网络地图搜索服务，在百度地图里，用户可以查询街道、商场、楼盘的地理位置，下面将详细介绍其操作方法。

图 3-19

01 单击【地图】链接项

打开百度首页，在右上方的项目菜单中单击【地图】链接项，如图 3-19 所示。

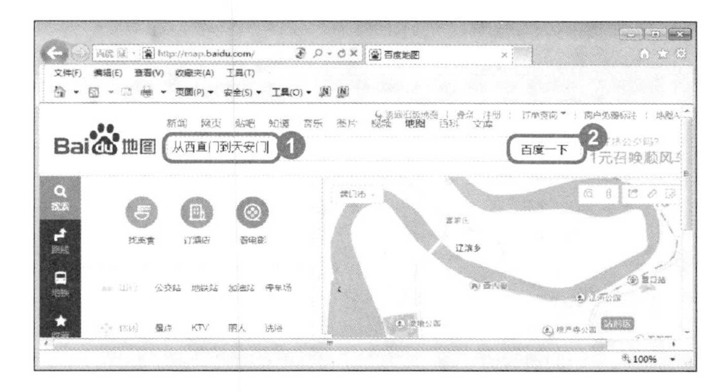

图 3-20

02 在搜索文本框中输入出行路线

No1 进入百度地图页面，以北京市为例，用户可以直接以“从…到…”的格式把出发地和目的地输入到【搜索】文本框中，如输入“从西直门到天安门”。

No2 单击【百度一下】按钮 百度一下，如图 3-20 所示。

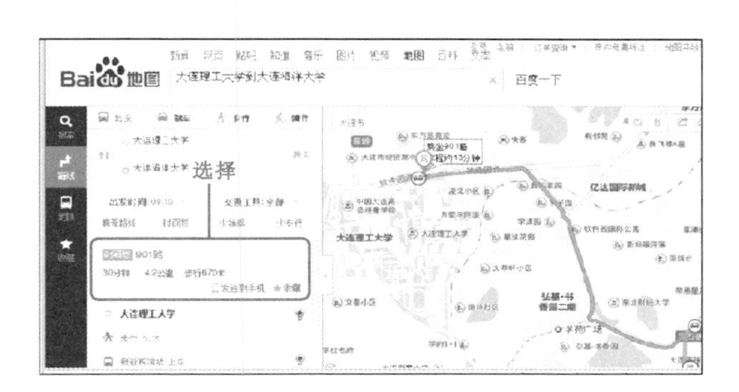

图 3-21

03 选择准备使用的路线方案

在网页窗口中显示“从西直门到天安门”的出行路线，在路线列表中选择准备使用的路线方案，如选择“乘坐 901 路公交线”超链接项，如图 3-21 所示。

图 3-22

03 单击地图右上角的【全屏】按钮

在网页窗口的地图中，显示用户所选择的出行路线，如果准备进行详细查看，用户可以单击地图右上角的【全屏】按钮，如图 3-22 所示。

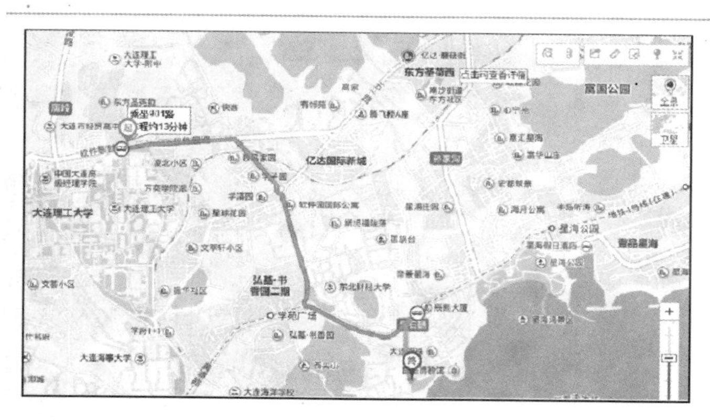

图 3-23

04 完成查找地图的操作

此时，所查找的地图将会以全屏的方式进行显示，通过以上步骤即可完成使用百度地图查找地图的操作，如图 3-23 所示。

3.2.5 查询手机号码归属地

如果遇到陌生人来电，或者分辨不清来电是否为诈骗电话，使用百度搜索引擎可以很快查出该号码是否为广告或者不安全的手机号，下面将介绍其操作方法。

图 3-24

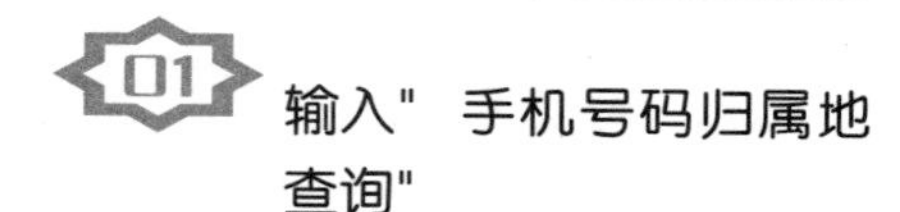

01 输入" 手机号码归属地查询"

No1 打开百度首页网页，在【搜索】文本框中输入“手机号码归属地查询”。

No2 单击【百度一下】按钮 百度一下 ，如图 3-24 所示。

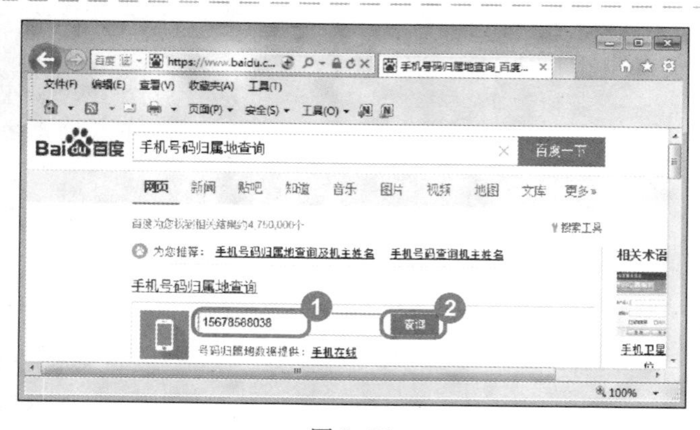

图 3-25

02 输入准备进行查询的手机号码

No1 系统会自动搜索到一个小工具用于查询手机号码归属地，在文本框中输入准备进行查询的手机号码。

No2 单击【查询】按钮 查询 ，如图 3-25 所示。

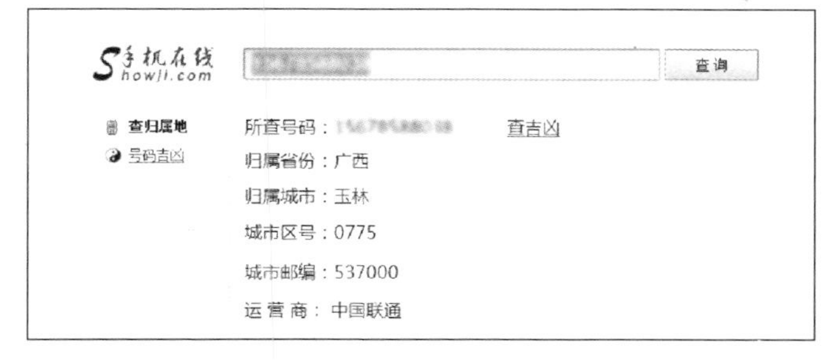

图 3-26

03 显示刚刚输入的手机号码归属地

系统会打开一个网页，在该网页中显示刚刚输入的手机号码归属地，并且还显示该地区的区号和邮编等详细信息，如图 3-26 所示。

图 3-27

04 查询陌生手机号码的安全度

在百度首页中，用户还可以直接将准备查询的手机号码输入到【搜索】文本框中，然后单击【百度一下】按钮 百度一下 即可查询出该号码是否曾被登记为诈骗或者广告号码，如图 3-27 所示。

教你一招

查看图片详情

在图片预览区域单击该图片名称的超链接即可打开该图片原来所在的网页，此外，在该区域单击查看原图超链接可以打开载有该预览图原图的网页，并可查看该图片的实际大小。

Section

3.3 实践案例与上机操作

本节导读

通过本章的学习，用户可以掌握在互联网上搜索资源方面的知识，下面通过几个实践案例进行上机实例操作，以达到巩固学习、拓展提高的目的。

3.3.1 使用搜狗搜索引擎搜索音乐

使用搜狗搜索引擎可以非常方便地搜索到用户想要收听的各种音乐，下面以搜索歌曲“北京欢迎你”为例，介绍搜索音乐的相关操作方法。

图 3-28

01 单击【音乐】链接项

打开搜狗搜索引擎的网站首页，在导航链接中，单击【音乐】链接项，如图 3-28 所示。

图 3-29

02 输入准备搜索的音乐名称

No1 打开【搜狗音乐】页面，在文本框中输入准备搜索的音乐名称。

No2 单击【搜狗搜索】按钮 搜狗搜索，如图 3-29 所示。

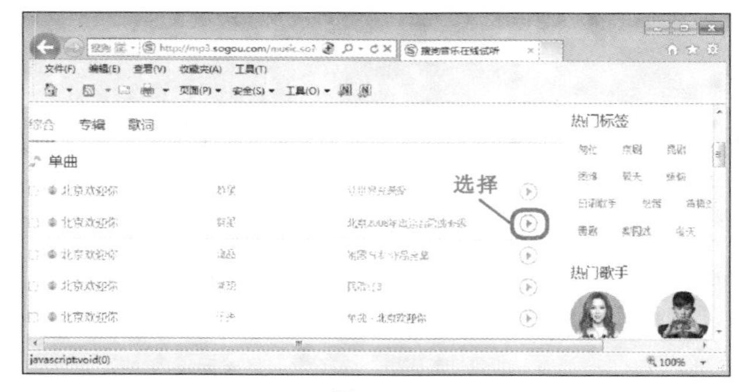

图 3-30

03 选择准备收听的歌曲链接项

进入搜索结果列表页面，网页中会显示“北京欢迎你”歌曲列表，在其中单击准备收听的歌曲超链接项中的【播放】按钮⊙，如图 3-30 所示。

图 3-31

04 完成使用搜狗搜索引擎搜索音乐

进入歌曲试听页面，自动播放用户刚刚选择的歌曲，通过上述步骤即可完成使用搜狗搜索引擎搜索音乐的操作，如图 3-31 所示。

3.3.2 使用微软必应下载美图壁纸

使用微软必应搜索引擎，可以轻松地从首页美图中下载一些漂亮的壁纸，下面将详细介绍使用微软必应下载美图壁纸的操作方法。

图 3-32

01 单击【上一页】【下一页】按钮

打开必应搜索引擎的网站首页，在页面的右下角处会有一排功能按钮，用户单击【上一页】按钮或者【下一页】按钮即可快速切换首页美图，如图 3-32 所示。

图 3-33

02 单击功能按钮中的【下载】按钮

当看到自己喜欢的图片时，用户就可以把它下载下来了，单击功能按钮中的【下载】按钮，如图 3-33 所示。

图 3-34

03 选择【另存为】选项

No1 此时，在浏览器的下方会弹出一个对话框，单击【保存】下拉按钮。

No2 在弹出的列表框中，选择【另存为】选项，如图 3-34 所示。

图 3-35

04 弹出对话框，设置相关保存选项

No1 系统会弹出【另存为】对话框，选择准备保存的目标位置。

No2 在【文件名】文本框中输入准备使用的名称。

No3 单击【保存】按钮，如图 3-35 所示。

图 3-36

05 单击【查看下载】按钮

当完成下载后，在浏览器下方会弹出一个对话框，提示用户已经下载完成，单击【查看下载】按钮，如图 3-36 所示。

图 3-37

06 完成使用微软必应下载美图壁纸

系统会打开刚刚下载完成的图片，用户可以进行查看，这样即可完成使用微软必应下载美图壁纸的操作，如图 3-37 所示。

3.3.3 设置百度搜索

在使用百度搜索引擎时，还可以通过设置百度搜索来调整一些搜索选项，如搜索提示、搜索语言范围、搜索结果显示条数和通栏浏览模式等相关设置。下面将介绍设置百度搜索的

操作方法。

图 3-38

01 选择【搜索设置】选项

No1 打开百度搜索网站首页，单击导航栏中的【设置】链接项。

No2 在弹出的列表框中，选择【搜索设置】选项，如图 3-38 所示。

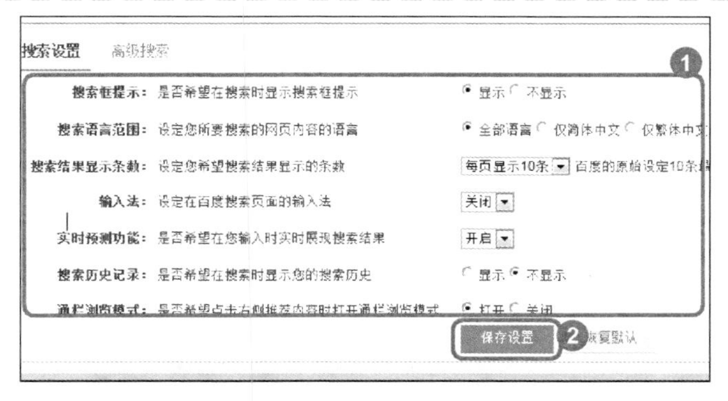
图 3-39

02 设置详细的搜索选项

No1 打开【搜索设置】页面，用户可以在该页面中设置搜索提示、搜索语言范围、搜索结果显示条数和通栏浏览模式等。

No2 完成相关设置的选择后，单击【保存设置】按钮 保存设置 ，如图 3-39 所示。

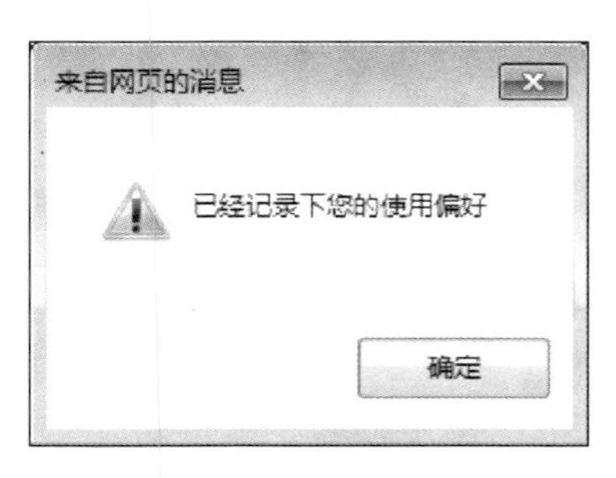

图 3-40

03 完成设置百度搜索的操作

系统会弹出【来自网页的消息】对话框，提示用户“已经记录下您的使用偏好”，这样即可完成设置百度搜索的操作，如图 3-40 所示。

第4章
下载网上资源

本章内容导读

本章主要介绍如何下载网上资源的知识，讲解了使用IE浏览器下载资料、使用迅雷下载资料和使用与保存下载文件的相关操作。在本章的最后还针对实际的工作需求，讲解了一些实例的上机操作方法。通过本章的学习，读者可以掌握下载网上资源方面的技能，为进一步学习电脑、手机上网的其他相关知识奠定基础。

本章知识要点

- 使用IE浏览器下载资料
- 使用迅雷下载资料
- 使用与保存下载的文件

Section

4.1 使用 IE 浏览器下载资料

本节导读

互联网上拥有海量的资源，而从互联网上下载资源的方式有很多。使用 IE 浏览器下载网络上的资源是一种比较直接且便捷的方法，本节将介绍在互联网上搜索资源并使用 IE 浏览器下载资源的操作技巧。

4.1.1 搜索下载资料

网络资源非常丰富，在下载网络上的资料之前需要先搜索到这些资源。下面以搜索软件“迅雷”为例，介绍在网络上搜索资源的操作方法。

图 4-1

01 输入关键词

No1 打开百度首页网页，在搜索文本框中输入准备进行搜索的关键词，如“迅雷”。

No2 单击【百度一下】按钮 百度一下，如图 4-1 所示。

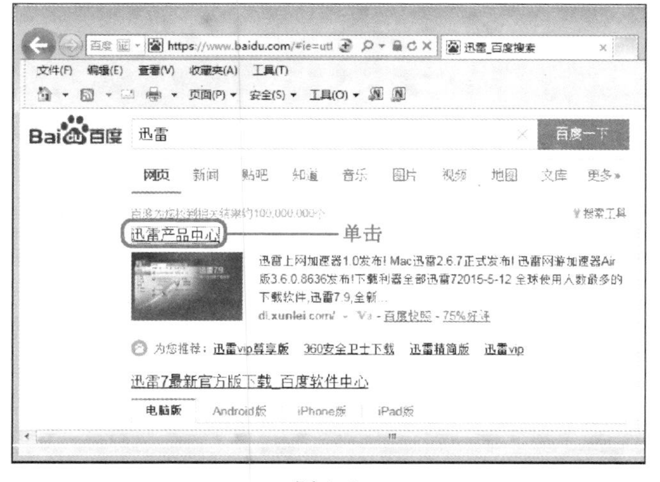

图 4-2

02 单击【迅雷产品中心】超链接项

进入到搜索“迅雷”相关结果页面。在搜索结果中，单击【迅雷产品中心】超链接，如图 4-2所示。

举一反三

用户也可以单击【迅雷 7 最新官方版下载_百度软件中心】链接进入迅雷下载页面。

图 4-3

03 完成搜索下载资料的操作

进入到【迅雷产品中心】页面，在该页面中用户即可以找到迅雷的下载链接，如图 4-3 所示。

4.1.2 下载资料

在互联网上搜索完资料后即可进行资料的下载，下面以下载“迅雷”软件为例，介绍使用 IE 浏览器下载资料的操作。

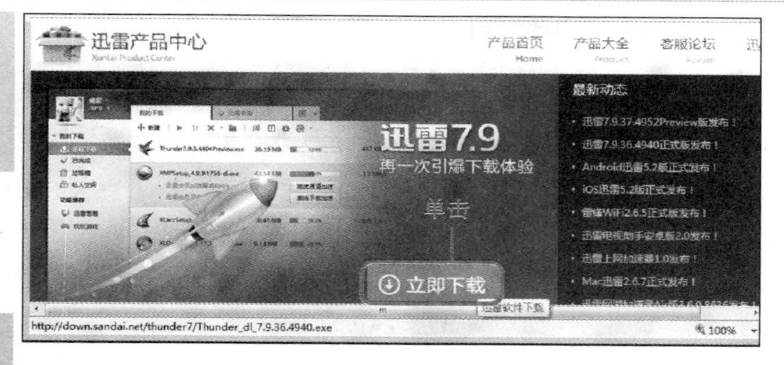

图 4-4

01 单击【立即下载】按钮

进入到【迅雷产品中心】页面，找到迅雷的下载链接，单击【立即下载】按钮，如图 4-4 所示。

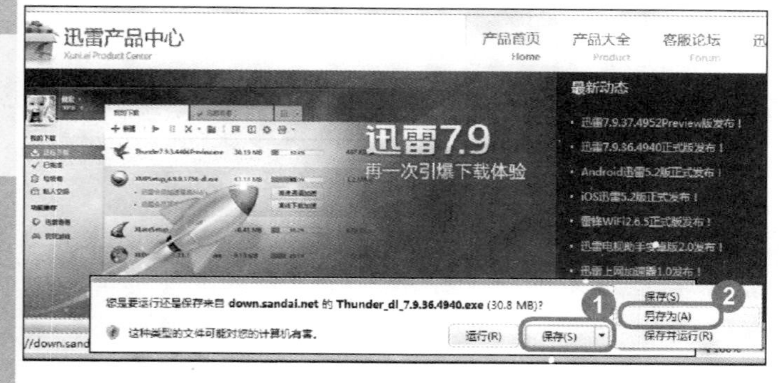

图 4-5

02 选择【另存为】选项

No1 在浏览器下方会弹出一个对话框，单击【保存】下拉按钮 保存(S) ▾。

No2 在弹出的列表框中，选择【另存为】选项，如图 4-5 所示。

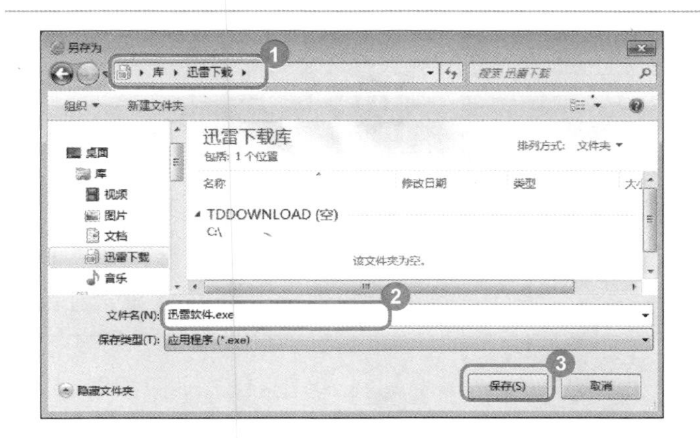

图 4-6

03 弹出对话框，设置保存相关选项

No1 弹出【另存为】对话框，选择准备进行保存的目标位置。

No2 在【文件名】文本框中输入准备应用的名称。

No3 单击【保存】按钮 保存(S)，如图 4-6 所示。

图 4-7

04 完成下载资料

在线等待一段时间后，在浏览器下方会弹出一个对话框，提示用户已经完成下载，如图 4-7 所示。

教你一招

直接安装下载完的软件

下载完成后，在弹出的对话框中，单击【运行】按钮 运行(R)，即可直接进行软件安装。

Section 4.2 使用迅雷下载资料

本节导读

迅雷是迅雷公司开发的互联网下载工具软件，是一款基于多资源超线程技术的下载软件，作为“宽带时期的下载工具”，迅雷针对宽带用户做了优化，并同时推出了“智能下载”的服务，本节将详细介绍使用迅雷下载资料的相关操作。

4.2.1 使用迅雷下载电影

影视剧和各种综艺节目是迅雷下载中比较常见的资源，迅雷采用 P2SP 技术从多个站点下载信息，下面介绍使用迅雷下载电影的操作方法。

图 4-8

01 打开网站，搜索准备下载的电影

No1 首先用户需要打开一个下载电影的网站，如“电影天堂”网站首页，在文本框中输入准备下载的电影。

No2 单击【立即搜索】按钮，如图 4-8 所示。

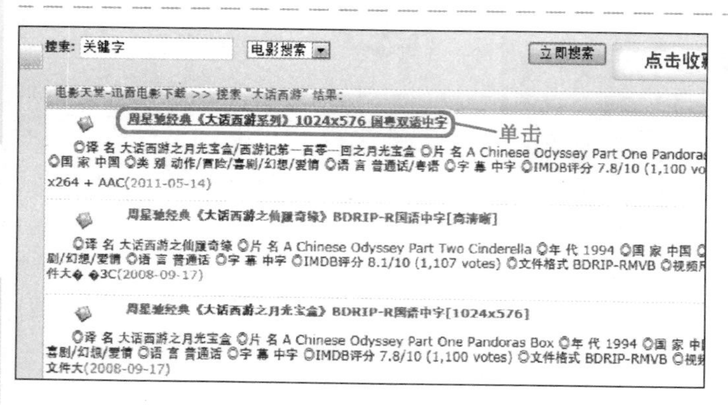

图 4-9

02 单击准备下载的电影链接项

进入到搜索结果列表页面，用户可以在该页面中查找所要下载电影的链接，找到准备要下载的电影链接后，单击该链接，如图 4-9 所示。

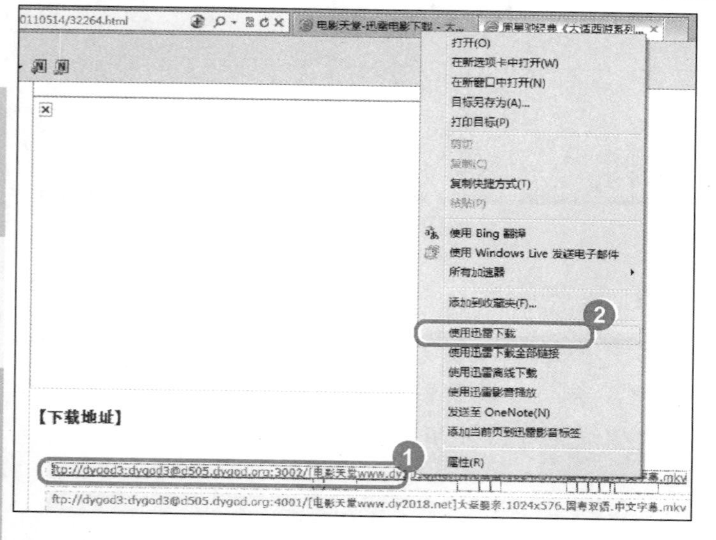

图 4-10

03 选择【使用迅雷下载】菜单项

No1 进入到【下载地址】页面，使用鼠标右键单击准备下载的链接地址。

No2 在弹出的快捷菜单中，选择【使用迅雷下载】菜单项。如图 4-10 所示。

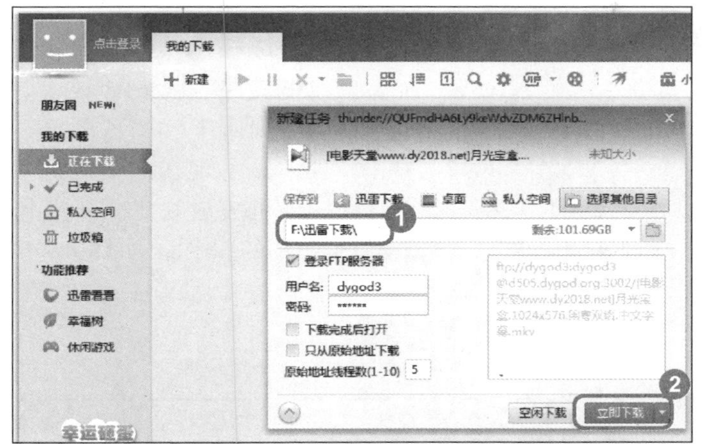

图 4-11

04 设置下载选项

No1 系统会自动启动迅雷软件并弹出【新建任务】对话框，设置所下载电影的目标保存位置。

No2 单击【立即下载】按钮 立即下载，如图 4-11 所示。

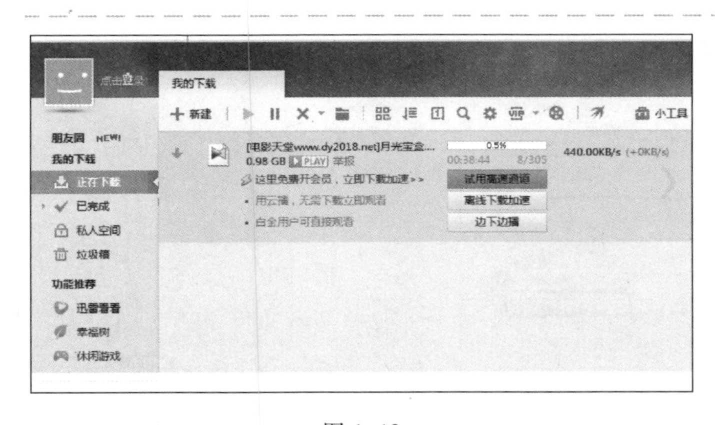

图 4-12

05 完成使用迅雷下载电影的操作

返回到在迅雷软件界面，在【我的下载】选项卡中，可以查看当前下载任务的进度等相关下载信息，这样即可完成使用迅雷下载电影的操作，如图 4-12 所示。

4.2.2 在迅雷中暂停下载文件

当迅雷进行下载任务时，占用较多网络资源，会造成网络速度下降。此时，可以暂停在迅雷中下载的文件，下面介绍在迅雷中暂停下载文件。

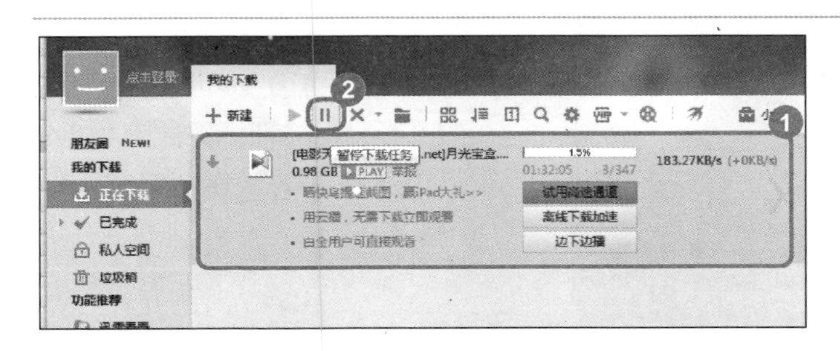

图 4-13

01 选择文件，单击【暂停】按钮

No1 在【我的下载】选项卡中，选择准备暂停的下载文件。

No2 单击【暂停】按钮 ⏸，如图 4-13 所示。

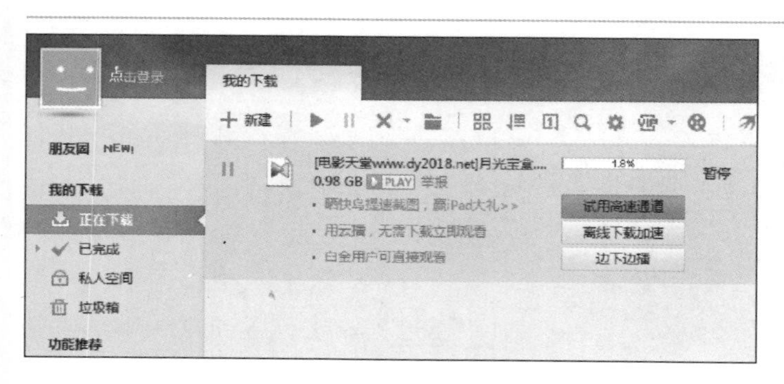

图 4-14

02 完成在迅雷中暂停下载的文件

可以看到所下载的任务已经停止，且不显示现在的速度等参数，这样即可完成在迅雷中暂停下载的文件的操作，如图 4-14 所示。

4.2.3 使用迅雷边下边播功能

使用迅雷边下边播功能，可以在电影没下载完就开始播放该电影，以方便用户快速观看电影，下面将详细介绍使用迅雷边下边播功能的操作。

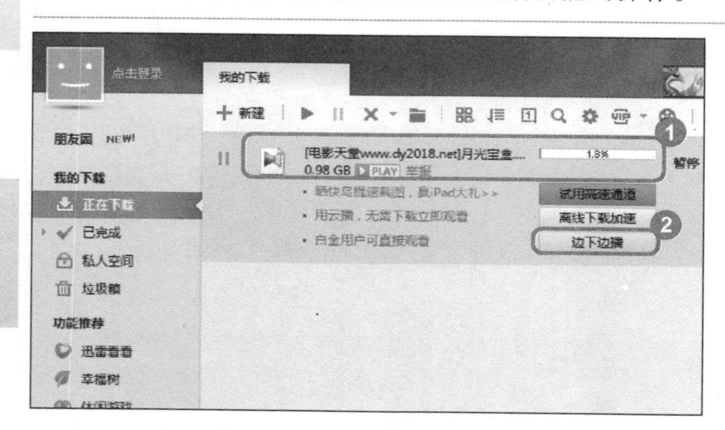

图 4-15

01 单击【边下边播】按钮

No1 在【我的下载】选项卡中，选择准备进行边下边播的电影文件。

No2 单击文件下方的【边下边播】按钮 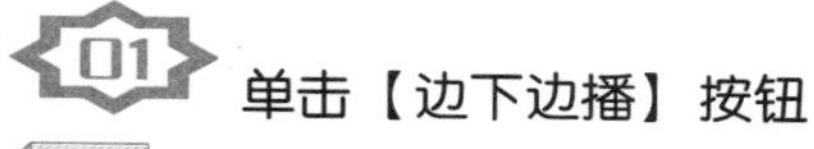，如图 4-15 所示。

图 4-16

02 完成使用迅雷边下边播功能

系统会打开【迅雷影音】播放器，此时，用户即可观看正在现在的电影，这样即可完成使用迅雷边下边播功能的操作，如图 4-16 所示。

4.2.4 查看已完成的下载文件

使用迅雷软件下载完成一些文件后，用户可以很方便地查找出这些文件所在的位置，下面将详细介绍如何查看已下载完成的文件。

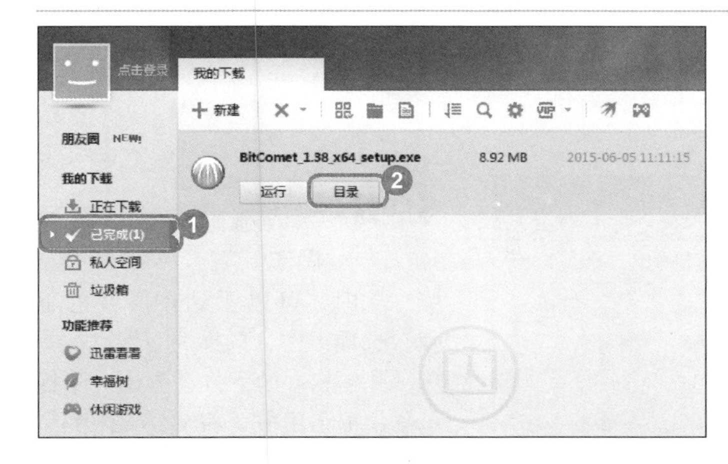

图 4–17

01 选择【已完成】选项，单击【目录】按钮

No1 打开迅雷软件，在其主界面左侧，选择【已完成】选项。

No2 此时，可以看到已下载完成的文件，单击【目录】按钮 目录 ，如图 4–17 所示。

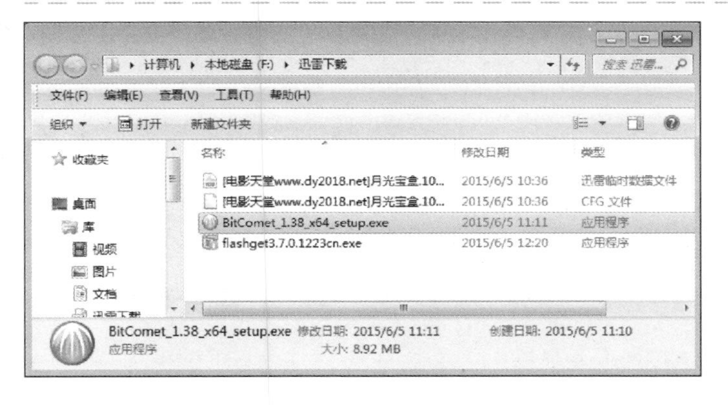

图 4–18

02 完成查看已下载完成的文件

系统会自动打开一个文件窗口，在该窗口中会显示出已下载的文件所在的位置，通过以上步骤即可完成查看已下载完成的文件的操作，如图 4–18 所示。

教你一招

直接运行下载好的软件

使用迅雷下载的一些例如“.exe”等格式的可执行程序，选择该文件，会出现【运行】按钮 运行 ，单击该按钮即可直接运行该程序。

4.2.5 删除下载任务

在使用迅雷软件下载文件的过程中，如果有文件不需要继续下载，可以将其删除，下面将详细介绍删除下载任务的操作方法。

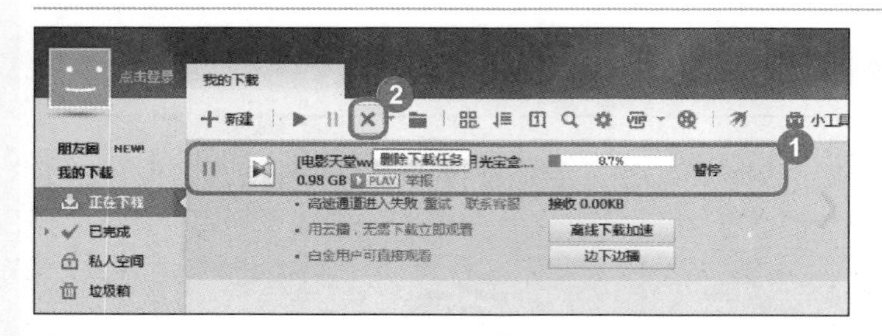

图 4–19

01 选择文件，单击【删除】按钮

№1 在【我的下载】选项卡中，选择准备删除的文件。

№2 单击【删除】按钮 ×，如图 4–19 所示。

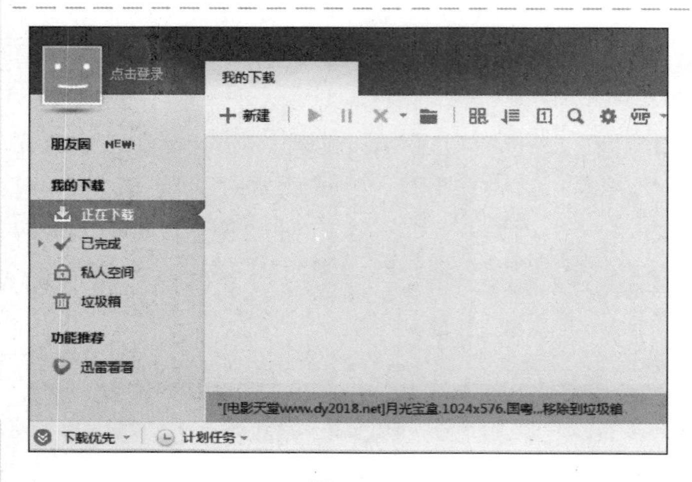

图 4–20

02 完成删除下载任务的操作

此时，可以看到在【我的下载】选项卡中，选择的文件已被删除，并在软件的下方会弹出一个提示框，提示用户“将文件移除到垃圾箱”信息，这样即可完成删除下载任务的操作，如图 4–20 所示。

Section 4.3 使用与保存下载的文件

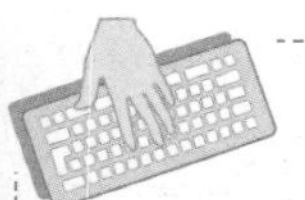

本节导读

由于受带宽等因素的影响，在互联网上传输的文件自然是越小越好，通过压缩文件可以缩小文件的体积，减少文件的传输时间。本节将详细介绍有关使用与保存下载文件的相关知识及操作方法。

4.3.1 解压缩文件

从互联网上下载的文件很多情况下是压缩文件的形式，用户可以使用 WinRAR 对这些压缩文件进行解压缩。下面将详细介绍使用 WinRAR 解压缩文件的操作方法。

图 4–21

01 选择【解压文件】菜单项

No1 使用鼠标右键单击准备进行解压缩的文件。

No2 在弹出的快捷菜单中选择【解压文件】菜单项，如图 4–21 所示。

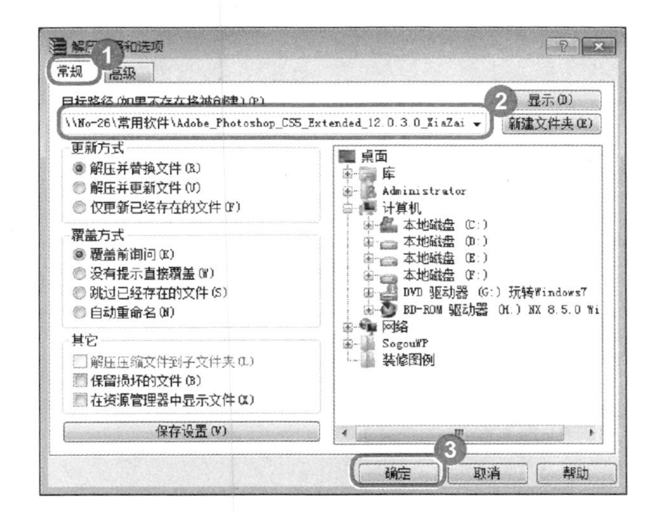

图 4–22

02 弹出对话框，设置解压相关选项

No1 弹出【解压路径和选项】对话框，选择【常规】选项卡。

No2 在解压路径列表框中选择文件解压后准备存放的位置。

No3 单击【确定】按钮 确定 ，如图 4–22 所示。

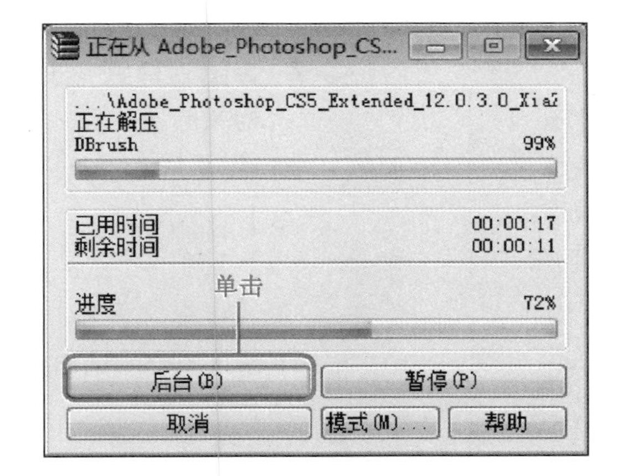

图 4–23

03 弹出对话框，单击【后台】按钮

弹出一个对话框，并显示解压缩文件的进度，用户可以单击【后台】按钮 后台(B) 使其在后台进行解压，从而不影响当前的工作，如图 4–23 所示。

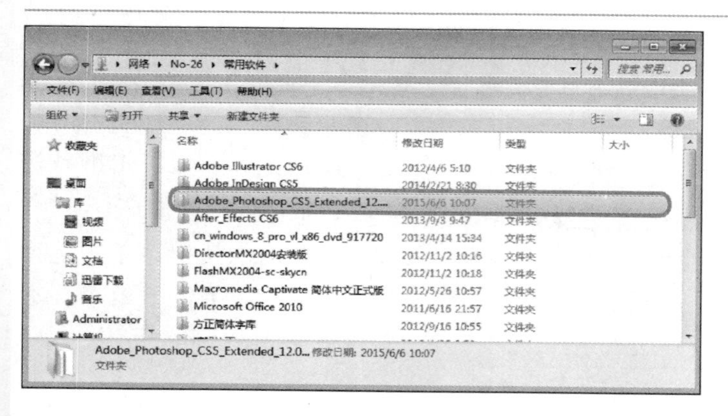

图 4-24

04 完成解压缩文件的操作

解压完成后，进入目标路径，即可看到刚刚解压缩的文件，如图 4-24 所示。

4.3.2 压缩文件

使用 WinRAR 压缩软件，可以将电脑中保存的文件压缩，从而缩小文件的体积，便于在网络上使用和传输。下面介绍其操作方法。

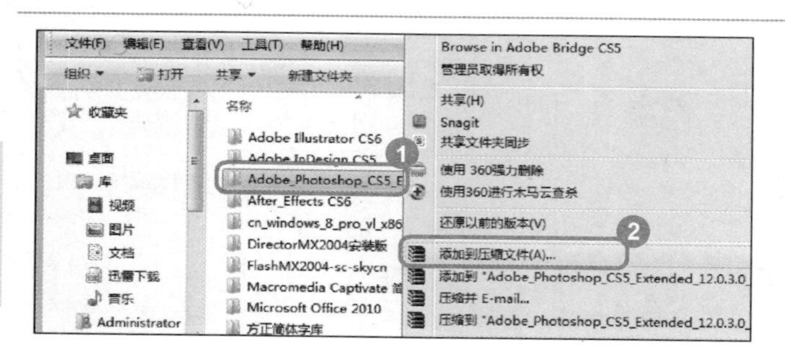

图 4-25

01 选择【添加到压缩文件】菜单项

No1 使用鼠标右键单击准备进行压缩的文件夹。

No2 在弹出的快捷菜单中，选择【添加到压缩文件】菜单项，如图 4-25 所示。

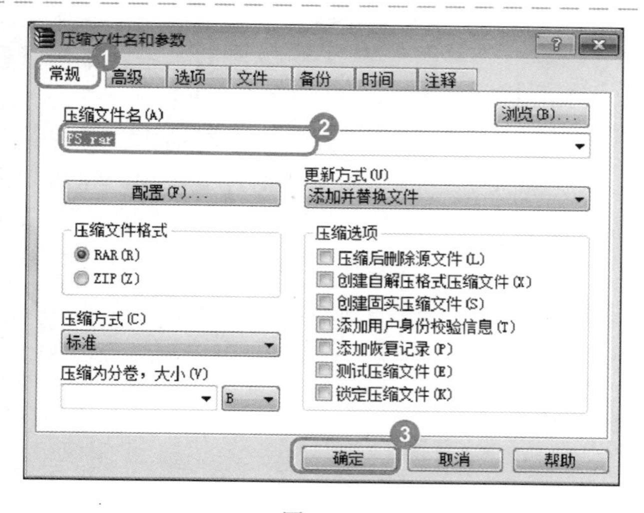

图 4-26

02 弹出对话框，设置压缩相关选项

No1 弹出【压缩文件名和参数】对话框，选择【常规】选项卡。

No2 在【压缩文件名】文本框中输入准备使用的压缩文件名。

No3 单击【确定】按钮 确定 ，如图 4-26 所示。

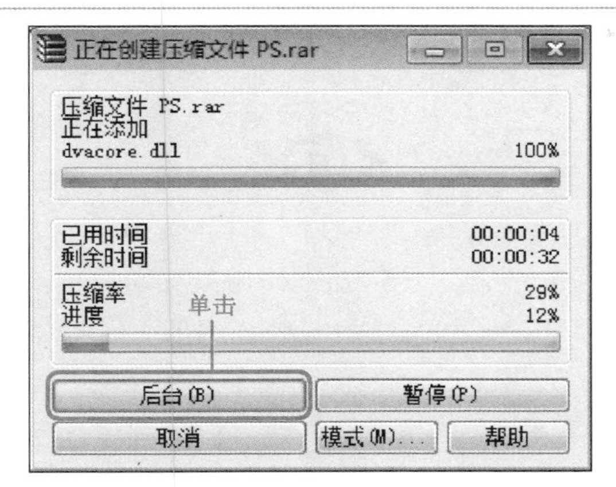

图 4-27

03 弹出对话框，单击【后台】按钮

弹出【正在创建压缩文件 PS. rar】对话框，并显示压缩的进度。用户可以单击【后台】按钮 后台(B) 让其在后台进行压缩，从而不影响当前的工作，如图 4-27 所示。

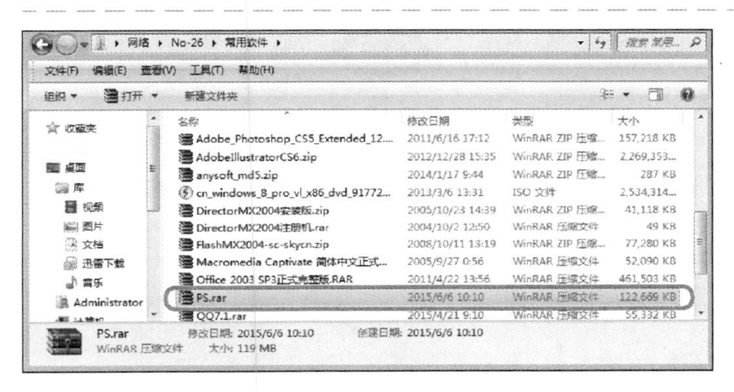

图 4-28

04 完成压缩文件

完成压缩后，进入目标路径，即可看到刚刚压缩的文件，如图 4-28所示。

知识精讲

压缩的原理是把文件的二进制代码压缩，把相邻的 0，1 代码减少，比如有 000000，可以把它变成 6 个 0 的写法 60，来减少该文件所占的空间。

Section 4.4 实践案例与上机操作

本节导读

通过本章的学习，用户可以掌握如何下载网上资源方面的知识，下面通过几个实践案例进行上机实例操作，以达到巩固学习、拓展提高的目的。

4.4.1 加密压缩文件

对文件进行压缩不仅可以缩小文件体积，节省硬盘存储空间，还有利于文件的传输和移动，此外，对压缩文件进行加密还可以保护个人的隐私安全，增加文件的安全性。下面介绍加密压缩文件的操作方法。

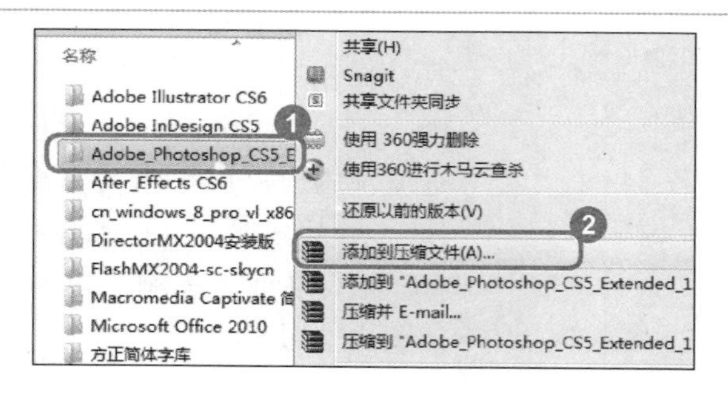

图 4-29

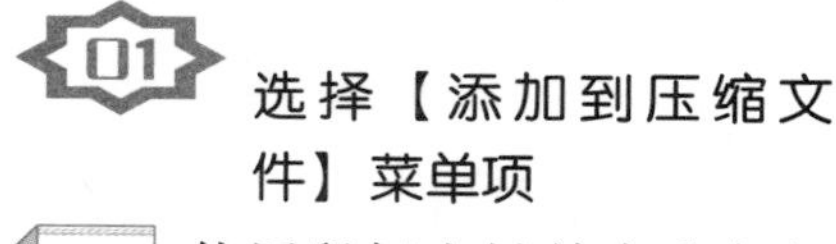

01 选择【添加到压缩文件】菜单项

No1 使用鼠标右键单击准备加密压缩的文件夹。

No2 在弹出的快捷菜单中，选择【添加到压缩文件】菜单项，如图 4-29 所示。

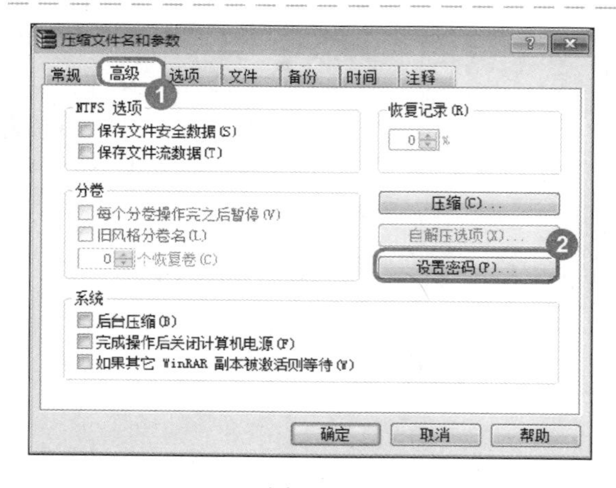

图 4-30

02 单击【设置密码】按钮

No1 弹出【压缩文件名和参数】对话框，选择【高级】选项卡。

No2 单击【设置密码】按钮 设置密码(P)...，如图 4-30 所示。

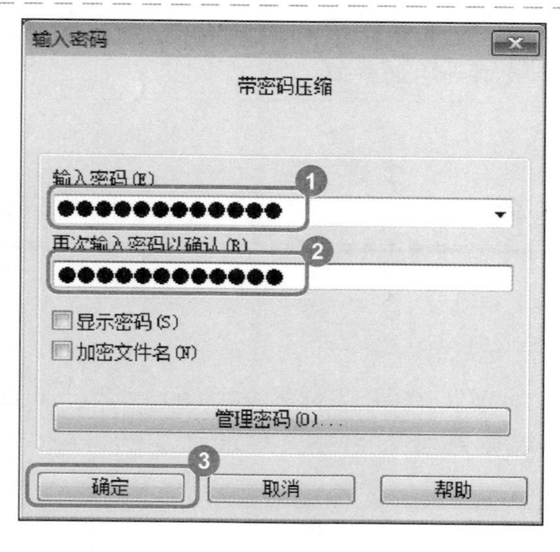

图 4-31

03 弹出对话框，设置加密的密码

No1 弹出【输入密码】对话框，在【输入密码】文本框中输入密码。

No2 在【再次输入密码以确认】文本框中，再次输入一遍刚刚设置的密码。

No3 单击【确定】按钮 确定，如图 4-31 所示。

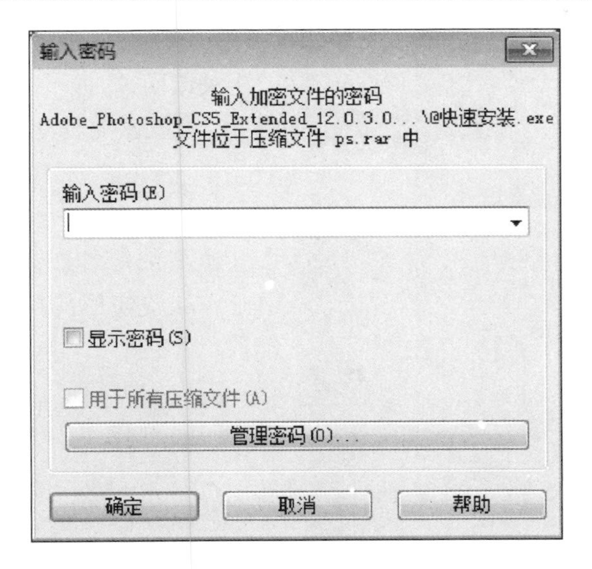

图 4-32

04 完成加密压缩文件的操作

通过以上步骤设置完密码的压缩文件，解压缩文件时，系统会弹出【输入密码】对话框，提示用户需要输入密码才能够进行解压缩该文件，如图 4-32 所示。

教你一招

隐藏文件名

在对压缩文件进行加密处理时，在【输入密码】对话框中，选中【加密文件名】复选框，即可隐藏压缩文件中所有文件的文件名。

4.4.2 将多个文件添加到压缩包

如果用户有多个文件需要压缩，可以将其全部选中然后进行压缩，下面介绍将多个文件添加到压缩包的操作方法。

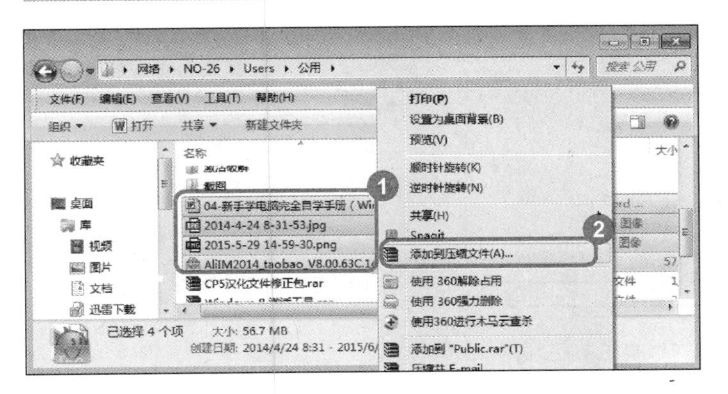

图 4-33

01 选择【添加到压缩文件】菜单项

No1 选中需要添加到压缩包中的多个文件，鼠标右键单击。

No2 在弹出的快捷菜单中，选择【添加到压缩文件】菜单项，如图 4-33 所示。

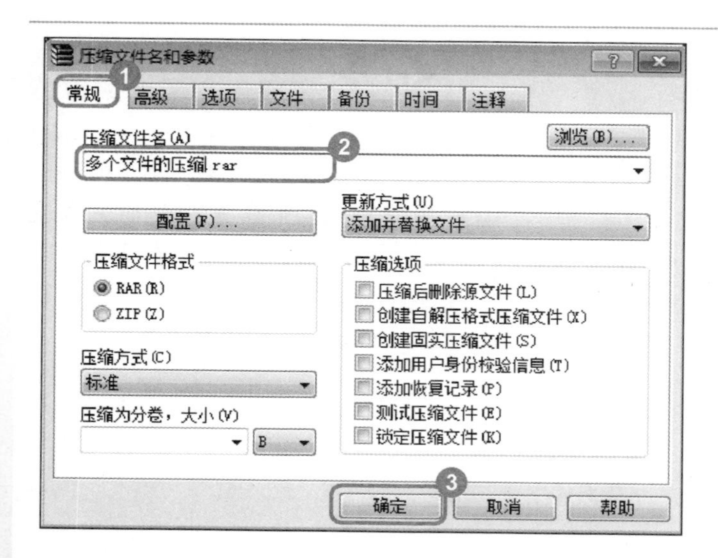

图 4-34

02 弹出对话框，设置压缩相关选项

No1 弹出【压缩文件名和参数】对话框，选择【常规】选项卡。

No2 在【压缩文件名】文本框中输入准备使用的压缩文件名。

No3 单击【确定】按钮 确定 ，如图 4-34 所示。

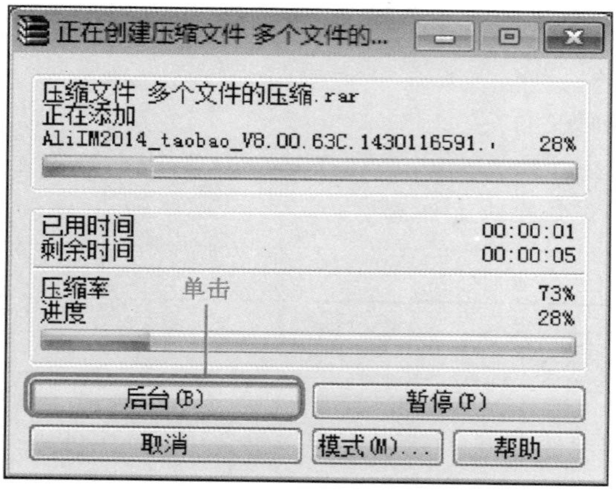

图 4-35

03 弹出对话框，单击【后台】按钮

系统会弹出一个对话框，并显示压缩的进度。用户可以单击【后台】按钮 后台(B) 让其在后台进行压缩，从而不影响当前的工作，如图 4-35 所示。

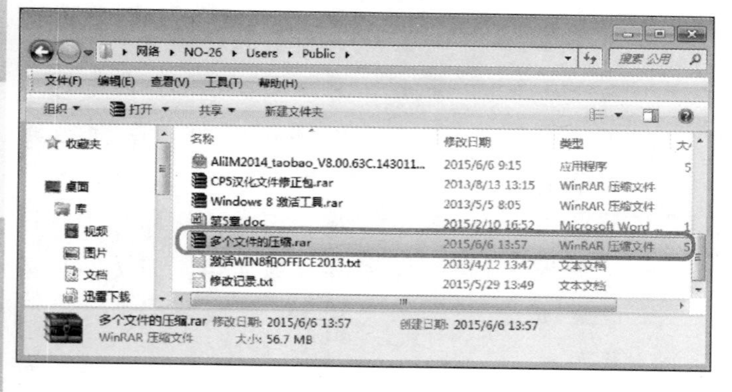

图 4-36

04 双击压缩包

返回到刚刚所选择压缩文件的路径，可以看到有一个名为【多个文件的压缩 . rar】压缩包，双击该压缩包，如图 4-36 所示。

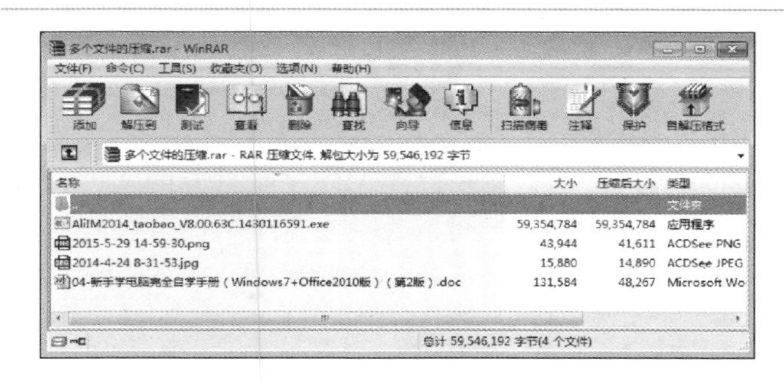

图 4-37

05 完成将多个文件添加到压缩包

系统会打开该压缩包，在里面可以看到有刚刚选择的多个文件，这样即可完成将多个文件添加到压缩包的操作，如图 4-37 所示。

4.4.3 分卷压缩文件

WinRAR 集成了分卷压缩的功能，在制作的时候能够将某个大文件，分卷压缩存放在任意指定的盘符中，下面将详细介绍分卷压缩文件的操作方法。

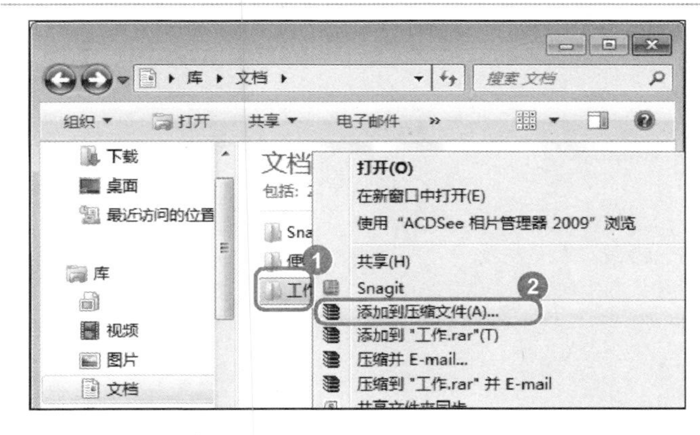

图 4-38

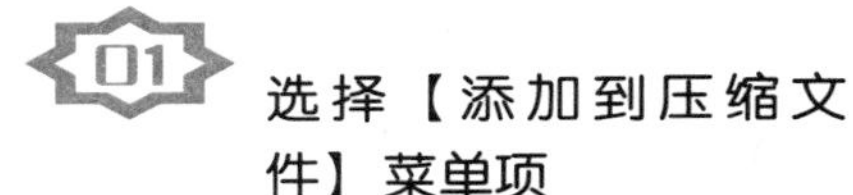

01 选择【添加到压缩文件】菜单项

No1 在电脑中找到准备进行分卷压缩的文件夹，并使用鼠标右键单击。

No2 在弹出的快捷菜单中选择【添加到压缩文件】菜单项，如图 4-38 所示。

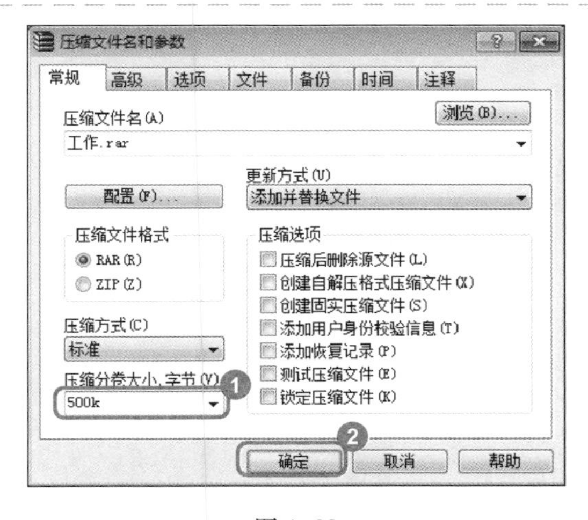

图 4-39

02 弹出对话框，输入分包大小

No1 弹出【压缩文件名和参数】对话框，在【压缩分卷大小，字节（v）】文本框中，输入分包大小，例如输入“500k”。

No2 单击【确定】按钮 确定 ，如图 4-39 所示。

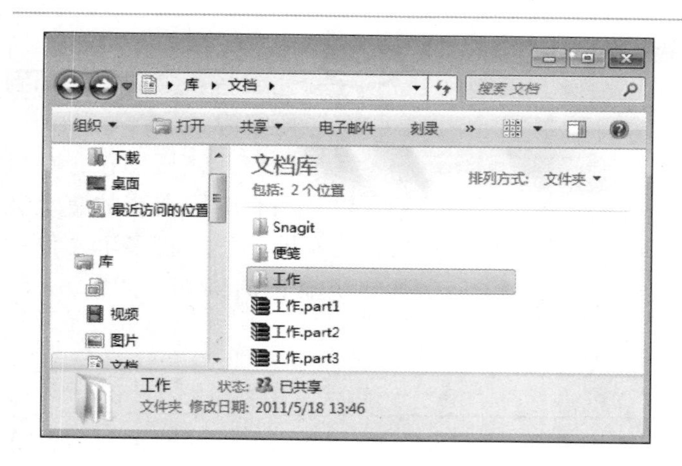

图 4-40

03 完成分卷压缩文件的操作

返回到刚刚打开的文件窗口，可以看到分卷压缩的文件，这样即可完成创建分卷压缩文件的操作，如图 4-40 所示。

第 5 章

网络交流面对面

本章内容导读

本章主要介绍使用聊天软件在网上聊天的知识，还讲解了安装麦克风与摄像头、使用 QQ 和 YY 网上聊天的操作方式，在本章的最后还针对实际的需求，讲解了一些实例的上机操作方法。通过本章的学习，读者可以掌握在互联网上交流方面的知识，为进一步学习电脑、手机网上的相关知识奠定了基础。

本章知识要点

- **安装麦克风与摄像头**
- **使用 QQ 网上聊天前的准备**
- **使用 QQ 与好友互动交流**
- **使用 YY 语音**
- **实践案例与上机操作**

Section

5.1 安装麦克风与摄像头

本节导读

使用聊天软件在网络上聊天时除了可以进行文字聊天，还可以进行语音视频聊天，在进行语音视频聊天前需要安装麦克风和摄像头。本节将详细介绍安装麦克风和摄像头的知识及方法。

5.1.1 语音视频聊天硬件设备

通过聊天软件进行语音视频聊天需要使用一定的语音视频设备，使用语音设备可以听到双方的声音，使用视频设备可以看到双方的影像，下面介绍语音视频聊天室使用的相关设备，可以根据自己的需要进行选择安装。

1. 麦克风

麦克风，也称传声器和话筒等，是声音的输入设备，通过麦克风可以将声音传输给对方，图5-1所示为常见的几种麦克风。

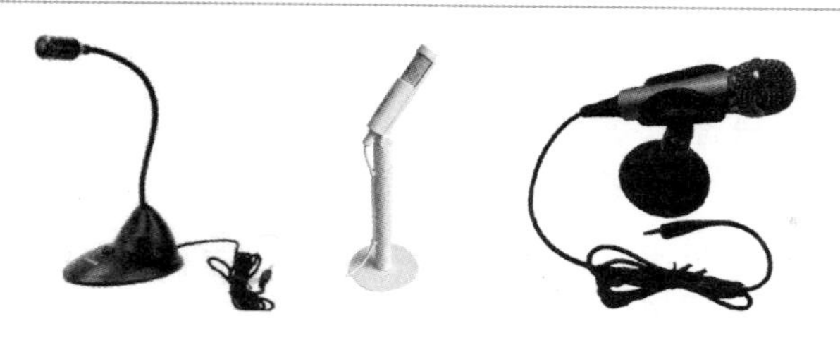

图5-1

2. 耳麦

耳麦是耳机和与麦克风的集合体，耳麦不仅具有耳机的功能还集合了麦克风的功能，既可以进行声音的输入又可以进行声音的输出，图5-2所示为常见的几种耳麦。

图5-2

3. 摄像头

摄像头又称电脑相机和电脑眼等，是视频影像输入设备，通过摄像头就可以在网上轻松进行视频聊天，如图 5-3 所示为常见的几种摄像头。

图 5-3

5.1.2 安装及调试麦克风

麦克风作为声音的输入设备是进行语音聊天时重要的硬件设备，通过麦克风可以将自己的声音传输给对方，从而达到语音聊天的目的，下面详细介绍安装及调试麦克风的方法。

图 5-4

将麦克风与电脑连接

将麦克风的插头插入主机箱的语音输入接口，如图 5-4 所示。

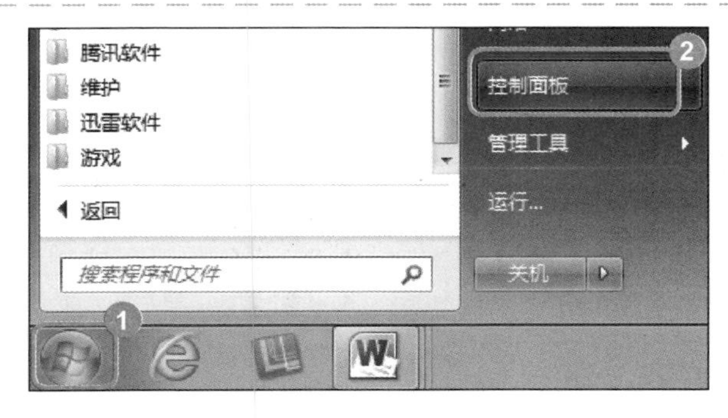

图 5-5

选择【控制面板】菜单项

No1 单击 Windows 7 操作界面的右下角的【开始】按钮。

No2 在弹出的开始菜单中选择【控制面板】菜单项，如图 5-5 所示。

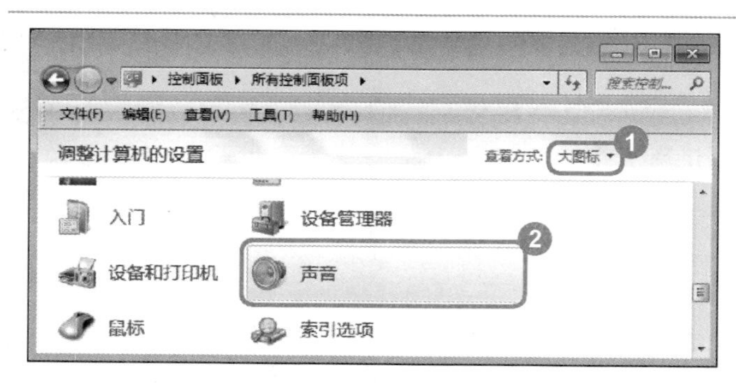

图 5-6

03 打开窗口，单击【声音】图标

No1 打开【控制面板】窗口，在【查看方式】区域处，选择【大图标】下拉列表框项。

No2 找到【声音】图标并单击，如图 5-6 所示。

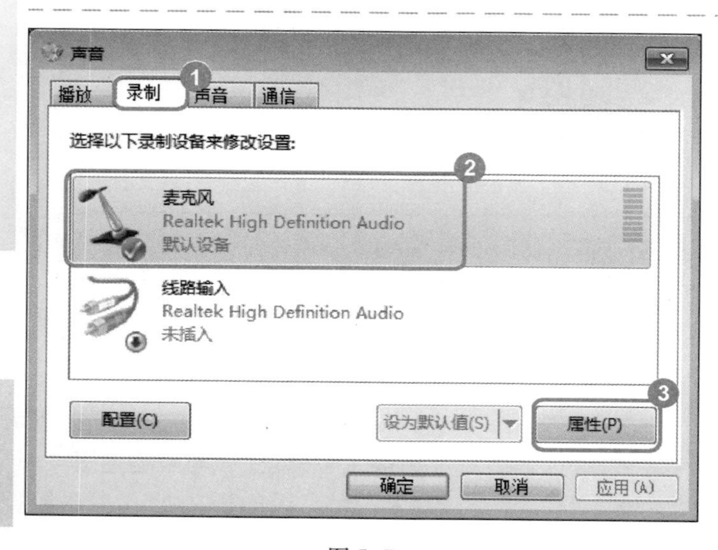

图 5-7

04 弹出对话框，设置麦克风属性

No1 弹出【声音】对话框，选择【录制】选项卡。

No2 选择【麦克风】选项。

No3 单击【属性】按钮 属性(P)，如图 5-7 所示。

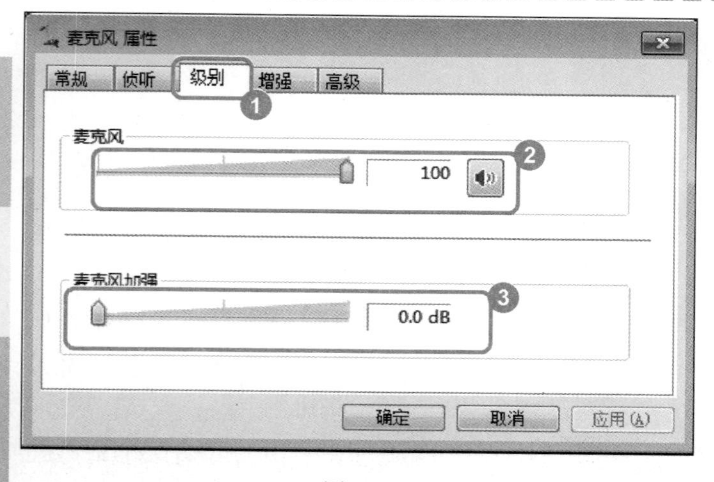

图 5-8

05 弹出对话框，设置麦克风音量

No1 弹出【麦克风属性】对话框，选择【级别】选项卡。

No2 设置麦克风的音量。

No3 调节【麦克风加强】音量到适合的大小，完成上述所有的设置后，在 Windows 7 操作系统下麦克风就能正常进行录音了，如图 5-8 所示。

图 5-9

06 设置扬声器属性

№1 返回到【声音】对话框，选择【播放】选项卡。

№2 选择【扬声器】选项。

№3 单击【属性】按钮 属性(P)，如图 5-9 所示。

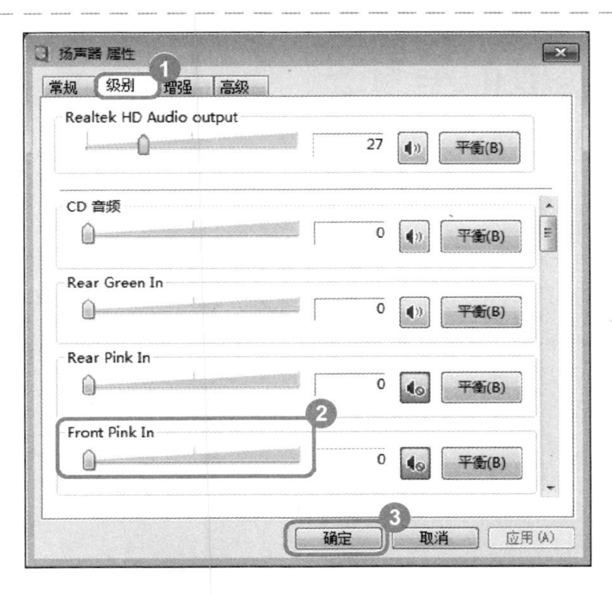

图 5-10

07 完成安装及调试麦克风的操作

№1 弹出【扬声器】对话框，选择【级别】选项卡。

№2 当麦克风在机箱后面时，调节【Front Pink In】音量就能控制自己听到的麦克风声音大小。

№3 单击【确定】按钮 确定，通过以上步骤即可完成安装及调试麦克风的操作，如图 5-10 所示。

教你一招

快速打开【扬声器 属性】对话框

在打开的【声音】对话框中，用户可以直接双击【扬声器】选项快速打开【扬声器 属性】对话框。

5.1.3 安装摄像头

摄像头是一种数字视频输入设备，是电脑的辅助设备，有了它，用户就可以与好友进行视频聊天了。

安装摄像头的方法非常简单。现在的摄像头一般都是免驱动的，用户只需取出摄像头，然后将摄像头的 USB 插口插到电脑中的 USB 接口中即可，如图 5-11 所示。如果长期使用，建议插在机箱的后面板上面。

图 5-11

Section

5.2 使用 QQ 网上聊天前的准备

本节导读

腾讯 QQ 是目前国内使用最为广泛的即时通讯软件，随着 QQ 版本的不断升级，QQ 在具有基本聊天功能的同时还具备了娱乐、邮箱和资源共享等多种功能。 本节将介绍使用 QQ 进行网上聊天前需要进行准备工作。

5.2.1 申请 QQ 号码

首先需要申请 QQ 号码才能进行聊天，下面介绍申请 QQ 号码的操作方法。

图 5-12

01 单击【注册账号】超链接

安装好 QQ 程序后，启动该程序，进入 QQ 登录界面，然后单击【注册账号】超链接，如图 5-12所示。

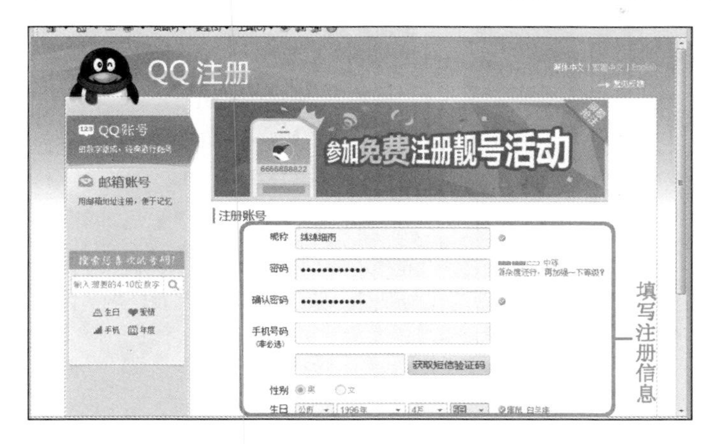

图 5-13

02 启动浏览器，填写注册信息

系统会自动启动浏览器，并打开【QQ 注册】页面，在【注册账号】区域下方，分别填写昵称、密码、手机号码、性别和生日等注册信息，如图 5-13 所示。

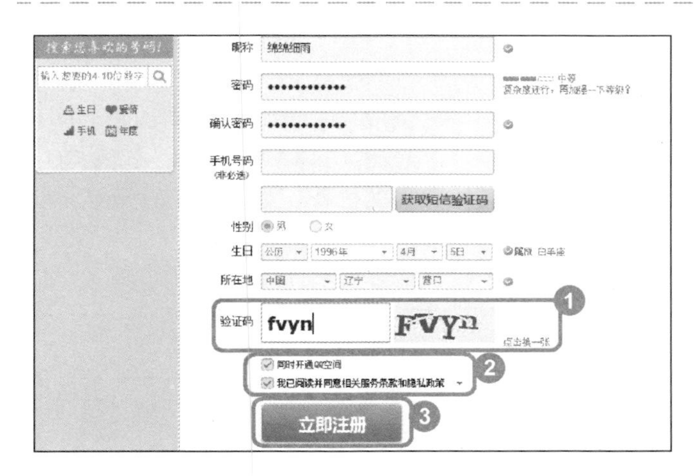

图 5-14

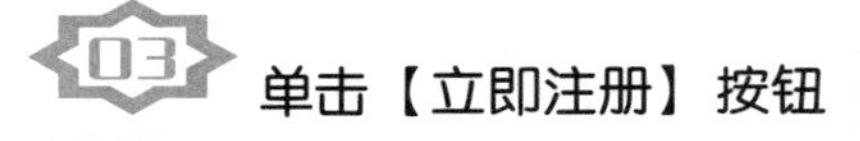

03 单击【立即注册】按钮

No1 填写验证码。

No2 将下面的两个复选框全部选中。

No3 单击【立即注册】按钮，立即注册，如图 5-14 所示。

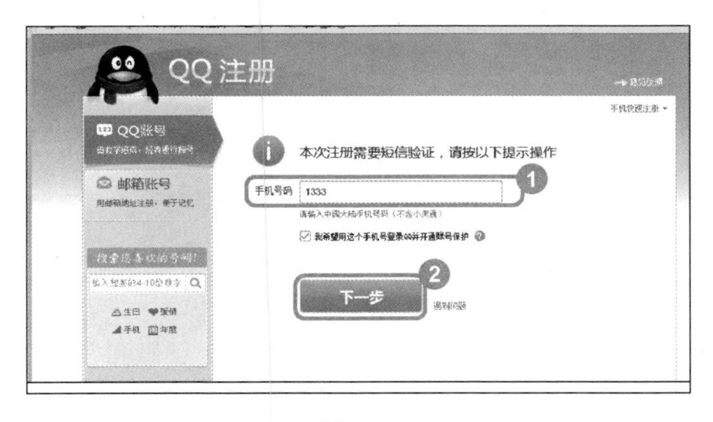

图 5-15

04 输入用于短信验证的手机号

No1 进入下一页面，提示注册需要进行短信验证，在【手机号码】文本框中，输入用于短信验证的手机号。

No2 单击【下一步】按钮 下一步，如图 5-15 所示。

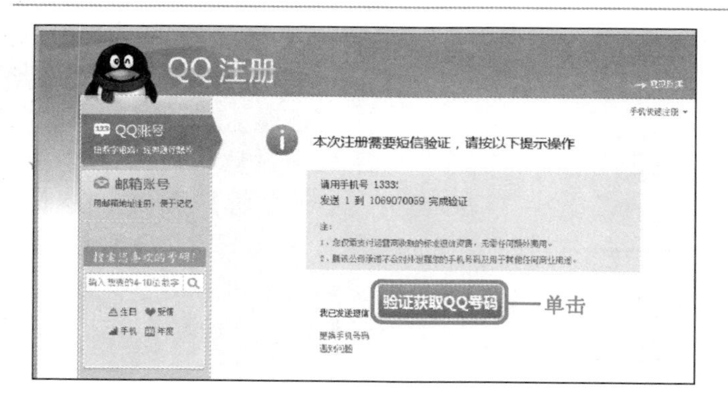

图 5-16

05 单击【验证获取 QQ 号码】按钮

进入下一页面，用户需要根据页面中的提示，使用刚刚输入的手机号，发送短信完成验证，发送短信后，单击【验证获取 QQ 号码】按钮，如图 5-16 所示。

图 5-17

06 完成申请 QQ 号码的操作

进入下一页面，提示用户申请成功，并显示申请获得的 QQ 号码，这样即可完成申请 QQ 号码的操作，如图 5-17 所示。

5.2.2 设置密码安全

新申请的 QQ 如果不设置密码保护，一旦 QQ 密码丢失，找回 QQ 密码会非常困难。下面将详细介绍设置密码安全的相关操作方法。

图 5-18

01 进入安全中心页面，登录账号

No1 启动浏览器，输入网站地址 http://aq.qq.com，进入 QQ 安全中心页面。

No2 在文本框中输入准备申请密保的 QQ 号码和密码以及验证码

No3 单击【登录】按钮 登录 ，如图 5-18 所示。

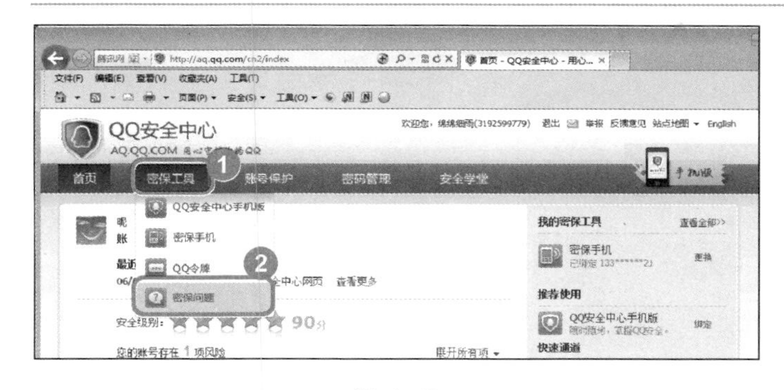

图 5-19

02 选择【密保问题】选项

No1 进入下一页面，选择【密保工具】选项卡。

No2 在弹出的下拉列表框中，选择【密保问题】选项，如图 5-19 所示。

图 5-20

03 单击【立即设置】按钮

进入下一页面，单击【立即设置】按钮 立即设置 ，如图 5-20 所示。

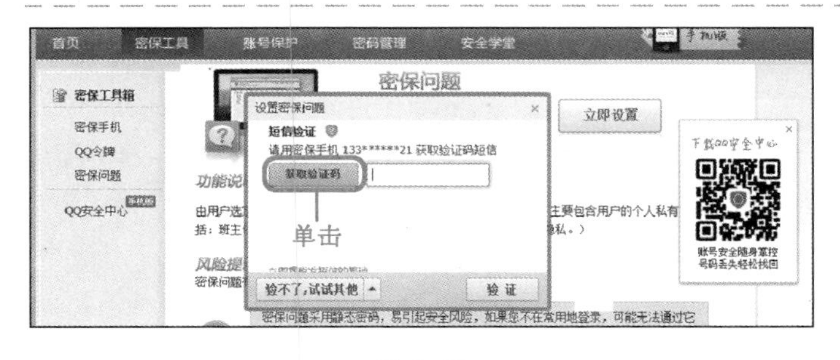

图 5-21

04 单击【获取验证码】按钮

弹出【设置密保问题】对话框，单击【获取验证码】按钮 获取验证码 ，系统会将验证码发送到密保手机中，如图 5-21 所示。

图 5-22

05 填写验证码，单击【验证】按钮

No1 将系统发送给手机的验证码填写到文本框中。

No2 单击【验证】按钮 验 证 ，如图5-22 所示。

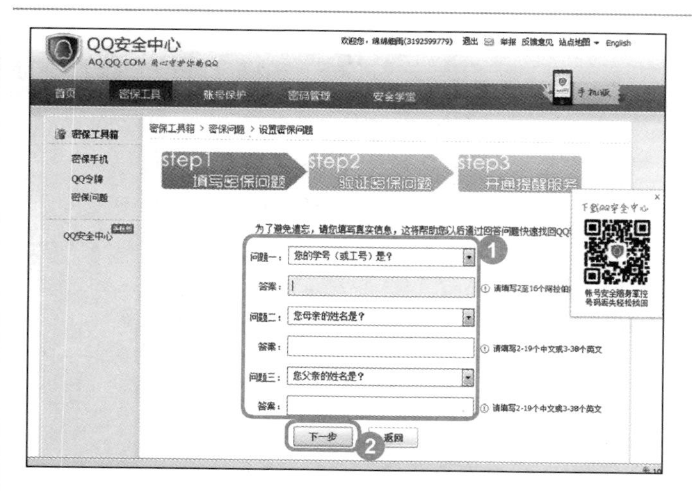

图 5-23

06 填写3个密码保护问题和答案

No1 进入到【填写密保问题】页面，分别填写3个密码保护问题和答案。

No2 单击【下一步】按钮 下一步，如图5-23所示。

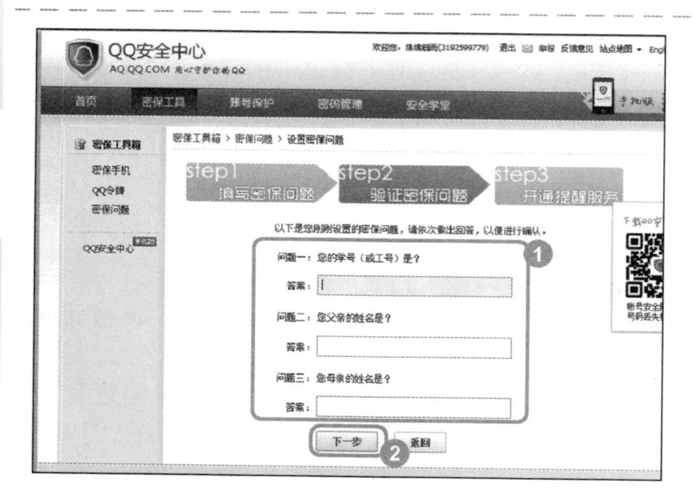

图 5-24

07 再次填写密码保护问题和答案

No1 进入到【验证密保问题】页面，用户需要再次填写刚刚设置的3个密码保护问题和答案。

No2 单击【下一步】按钮 下一步，如图5-24所示。

图 5-25

08 单击【暂不开通】按钮

进入到【开通提醒服务】页面，提示用户可以开通一种安全提醒服务，如不需要开通，可以单击【暂不开通】按钮，如图5-25所示。

图 5-26

09 完成设置密码安全的操作

进入到下一页面，提示用户密保问题已成功设置，这样即可完成设置密码安全的操作，如图 5-26所示。

5.2.3 登录 QQ

申请完成并获得 QQ 账号后，即可登录 QQ 聊天软件。下面介绍登录 QQ 的操作方法。

图 5-27

01 双击【腾讯 QQ】快捷方式图标

在电脑中找到 QQ 聊天软件的安装位置，双击【腾讯 QQ】快捷方式图标，如图 5 – 27 所示。

图 5-28

02 登录 QQ

No1 弹出【QQ 登录】对话框，在【账号】文本框中，输入 QQ 号码。

No2 在【密码】文本框中，输入 QQ 密码。

No3 单击【登录】按钮，如图 5-28 所示。

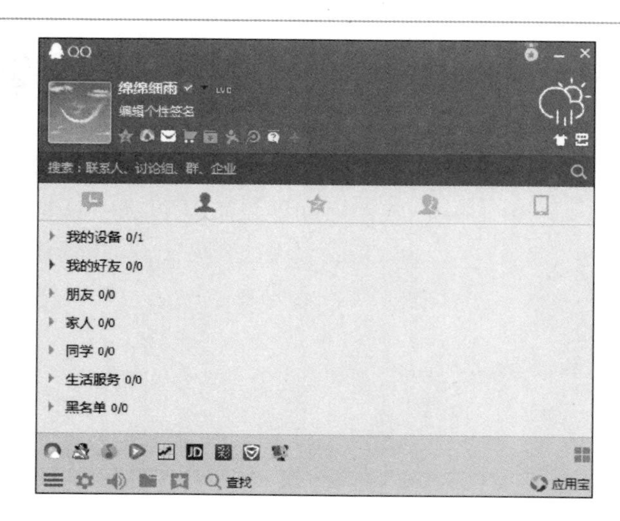

图 5-29

完成登录 QQ

登录成功后，系统会进入到 QQ 程序的主界面，这样就完成了登录 QQ 的操作，如图 5－29 所示。

举一反三

在【QQ 登录】对话框中，用户可以选择【记住密码】复选框或者【自动登录】复选框，这样即可方便下次登录 QQ。

5.2.4 查找与添加好友

通过 QQ 聊天软件可以与远在千里之外的亲友或网友聊天。但开始聊天前，需要先添加 QQ 好友。添加 QQ 好友的方式有两种，分别是精确查找和模糊查找，下面分别予以介绍。

1. 精确查找——添加熟人为 QQ 好友

精确查找是通过输入亲友的 QQ 号码或昵称添加该亲友为 QQ 好友，这种添加亲友为 QQ 好友的方法必须事先知道亲友的 QQ 号码或昵称才可以，下面介绍使用精确查找添加熟人为 QQ 好友的方法。

图 5-30

进入主界面，单击【查找】按钮

进入到 QQ 程序的主界面，单击下方的【查找】按钮 查找，如图 5-30 所示。

举一反三

在 QQ 程序的主界面中，有许多功能按钮，用户可以直接单击相应的按钮快速执行相关操作。

图 5-31

02 输入准备添加的 QQ 号码

No1 系统会弹出【查找】对话框，在文本框中输入准备进行添加好友的 QQ 号码。

No2 单击【查找】按钮 查找 ，如图 5-31 所示。

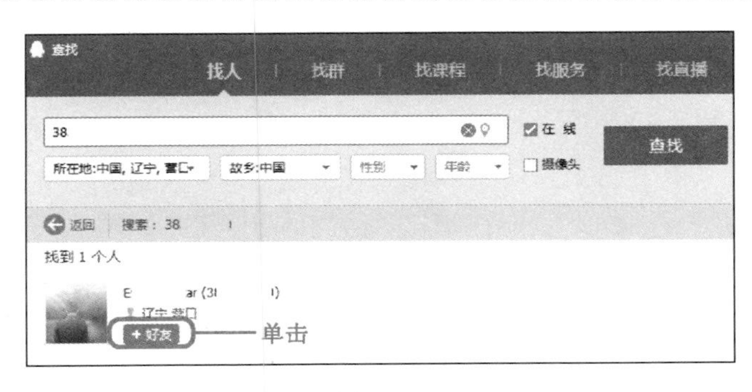

图 5-32

03 单击头像右下角的【+好友】按钮

系统会自动搜索出该 QQ 号码的使用者，单击头像右下角的【+好友】按钮 +好友 ，如图 5-32 所示。

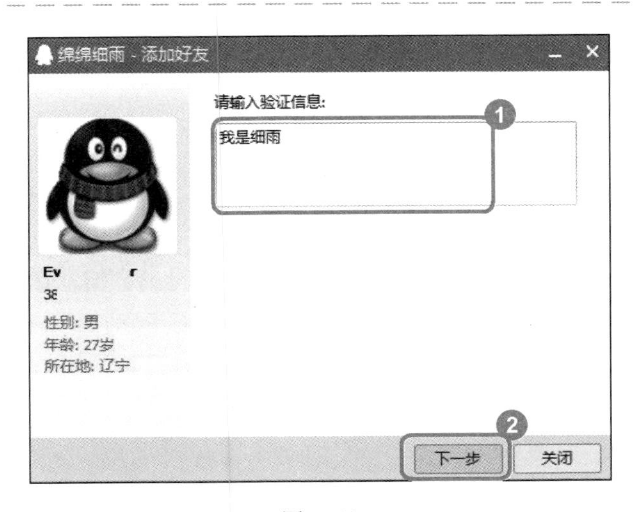

图 5-33

04 输入请求添加的验证信息

No1 弹出【添加好友】对话框，在【请输入验证信息】文本框中，输入请求添加的验证信息。

No2 单击【下一步】按钮 下一步 ，如图 5-33 所示。

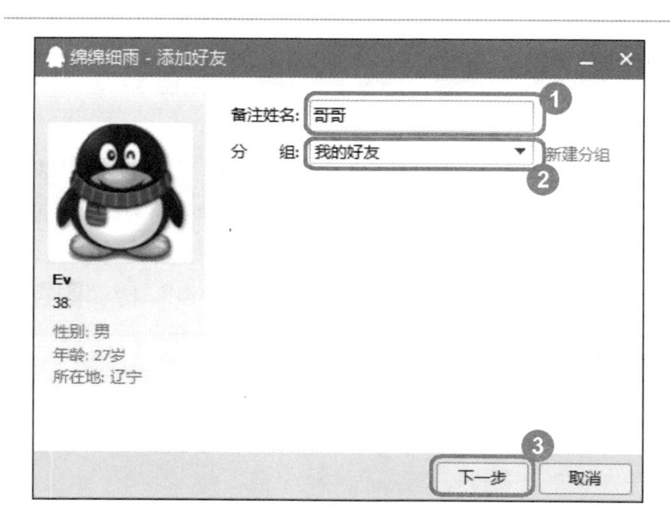

图 5-34

05 设置备注和分组

No1 在【备注姓名】文本框中输入准备使用的备注名称。

No2 在【分组】下拉列表框中选择准备添加到的分组选项。

No3 单击【下一步】按钮 下一步，如图 5-34 所示。

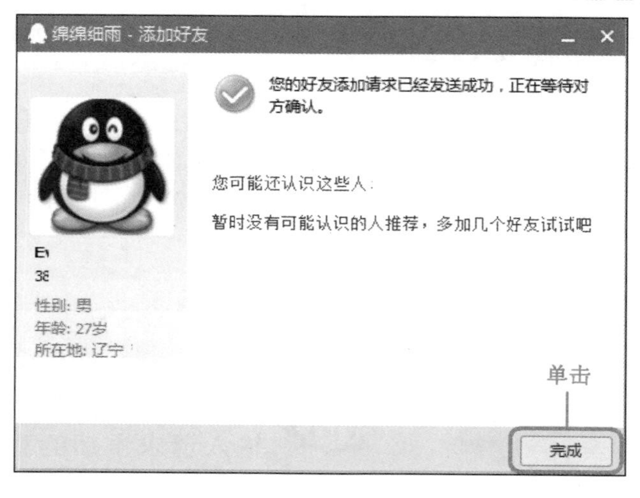

图 5-35

06 单击【完成】按钮

此时，系统会提示“您的好友添加请求已经发送成功，正在等待对方确认”信息，单击【完成】按钮 完成，如图 5-35 所示。

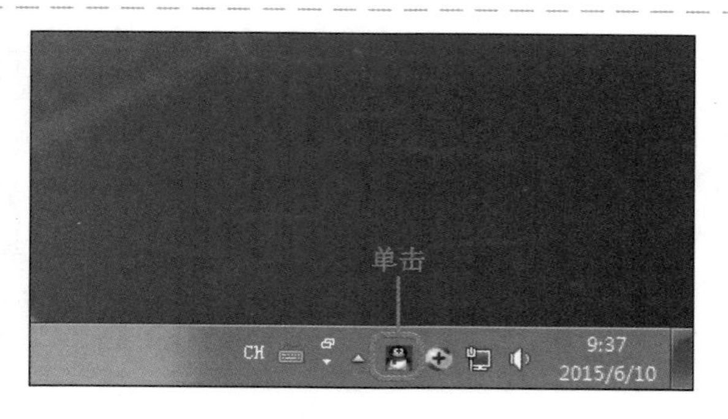

图 5-36

07 单击闪动的 QQ 图标

等待对方通过验证后，在系统的通知区域中，会闪动出一个 QQ 图标，单击该图标，如图 5-36 所示。

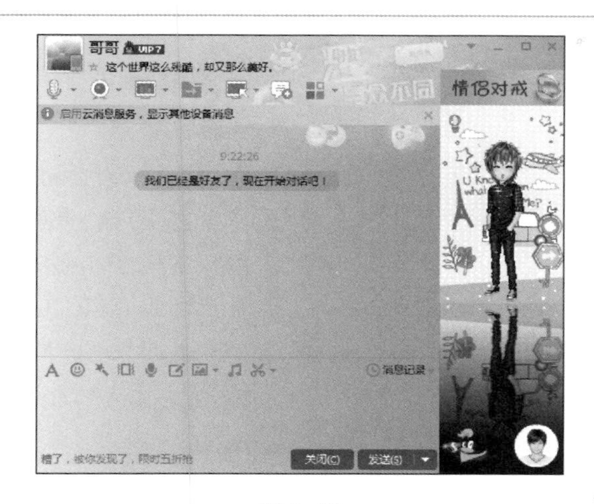

图 5-37

08 完成通过精确查找添加QQ好友

系统会自动打开和刚刚添加好友的聊天窗口，在该聊天窗口中，会显示“我们已经是好友了，现在开始对话吧”信息，这样即可完成通过精确查找添加 QQ 好友的操作，如图 5-37 所示。

2. 按条件查找——添加陌生人为 QQ 好友

按条件查找是通过选择好友的一些资料，如国家、省份、城市、年龄、性别等信息查找符合条件的好友进行添加，下面将详细介绍其操作方法。

图 5-38

01 设置准备进行精确查找的条件

No1 使用上面介绍过的方法打开【查找】对话框，分别设置准备进行精确查找的条件，如所在地、故乡、性别、年龄等。

No2 单击【查找】按钮 查找 ，如图 5-38 所示。

图 5-39

02 添加 QQ 好友

系统会自动搜索出符合设置条件的 QQ 用户，单击准备进行添加的 QQ 用户头像下方的【+好友】按钮 +好友 ，如图 5-39 所示。

图 5-40

03 输入请求添加的验证信息

No1 弹出【添加好友】对话框，在【请输入验证信息】文本框中，输入请求添加的验证信息。

No2 单击【下一步】按钮 下一步，如图 5-40 所示。

图 5-41

04 设置备注和分组

No1 在【备注姓名】文本框中输入准备使用的备注名称。

No2 在【分组】下拉列表框中选择准备添加到的分组选项。

No3 单击【下一步】按钮 下一步，如图 5-41 所示。

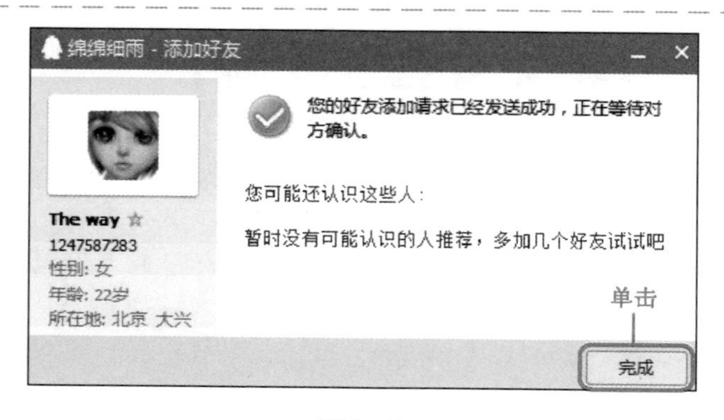

图 5-42

05 完成添加陌生人为 QQ 好友

此时，系统会提示“您的好友添加请求已经发送成功，正在等待对方确认”信息，单击【完成】按钮 完成，待对方通过验证就添加该 QQ 用户为好友了，如图 5-42 所示。

Section

5.3 使用 QQ 与好友互动交流

本节导读

进行完前期的申请 QQ 账号和登录 QQ 等工作后，即可使用 QQ 与好友畅快地网上聊天了。本节除了介绍与好友进行文字聊天和语音视频聊天外还将介绍如何使用 QQ 向好友发送图片。

5.3.1 与好友进行文字聊天

使用 QQ 聊天的最常用方式是文字聊天，下面将详细介绍与好友进行文字聊天的操作方法。

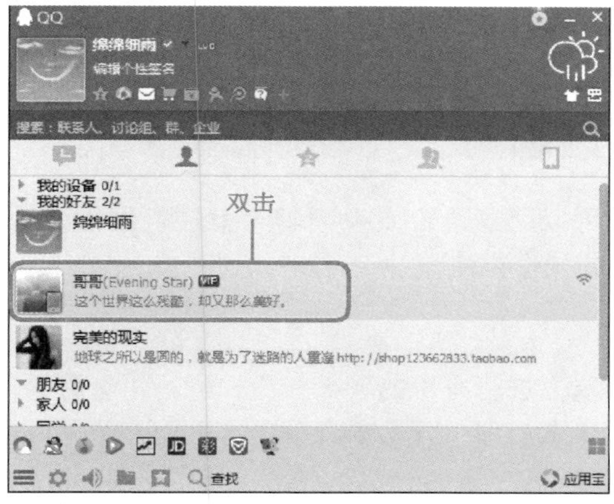

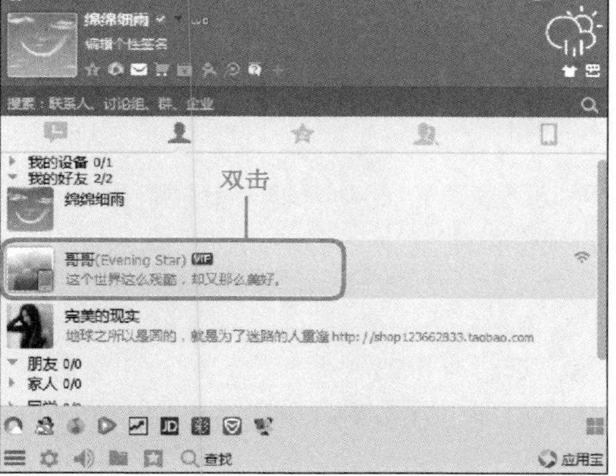

图 5-43

01 双击准备聊天的 QQ 好友头像

打开 QQ 程序主界面，双击准备进行聊天的 QQ 好友头像，如图 5-43 所示。

举一反三

用户也可以右键单击 QQ 头像，在弹出的快捷菜单中选择【发送即时消息】菜单项。

图 5-44

02 输入文字信息

No1 打开与该好友的聊天窗口，在【发送信息】文本框中输入文本信息。

No2 单击【发送】按钮 发送(S)，如图 5-44 所示。

图 5-45

03 完成与好友进行文字聊天的操作

发送完信息后，在【接收】文本框中显示发送的信息，对方的回复信息也在该文本框中显示，如图 5-45 所示。

教你一招

设置发送消息快捷键

在聊天窗口右下角处，单击【发送】按钮 发送(S) 右侧的下拉箭头，弹出一个列表框，然后选择准备设置的快捷键，可以设置为〈Enter〉键或者〈Ctrl〉+〈Enter〉键作为发送消息的快捷键。

5.3.2 与好友进行语音视频聊天

除了使用文字在 QQ 上进行交流外，还可以通过语音或视频聊天来进行网络上的交流，下面介绍使用 QQ 进行语音聊天和视频聊天的操作方法。

1. 与好友进行语音聊天

与好友进行语音聊天可以像打电话一样双方进行有声的聊天交流，进行语音聊天前需要向聊天对象发出聊天请求，待对方接受聊天请求后即可开始语音聊天。下面介绍与好友进行语音聊天的操作方法。

图 5-46

01 单击【开始语音通话】按钮

打开与该好友的聊天窗口，单击【开始语音通话】按钮，如图 5-46 所示。

举一反三

用户也可以单击【开始语音通话】按钮右侧的下拉按钮，在弹出列表框中选择【开始语音通话】选项。

图 5-47

显示等待对方接受邀请状态

在聊天窗口右侧弹出语音聊天窗格，显示等待对方接受邀请状态，如图 5-47 所示。

举一反三

单击【取消】按钮，会立即取消对对方的语音邀请。

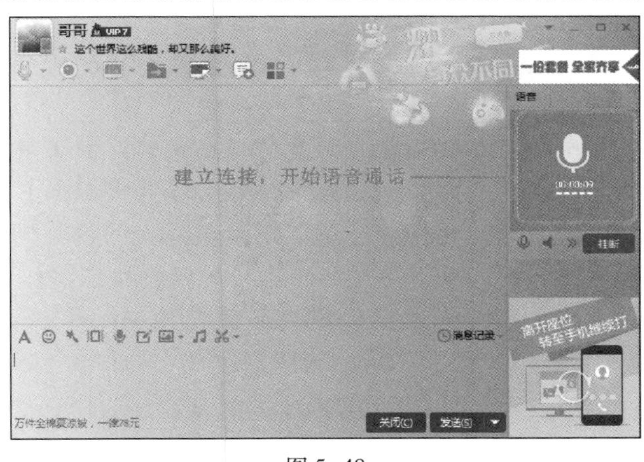

图 5-48

完成与好友进行语音聊天

对方接受邀请后，即可建立语音聊天连接，通过麦克风说话，双方就可以进行语音聊天了，如图 5-48 所示。

举一反三

单击【挂断】按钮，可以结束当前语音聊天。

2. 与好友进行视频聊天

与好友进行视频聊天就好像面对面聊天一样，既可以听到对方的声音又可以看到对方的影像，下面介绍与好友进行视频聊天的方法。

图 5-49

01 单击【开始视频通话】按钮

打开与该好友的聊天窗口，单击【开始视频通话】按钮，如图 5-49 所示。

图 5-50

02 显示正在呼叫对方状态

在聊天窗口右侧会弹出一个视频聊天窗格，显示正在呼叫状态，等待对方接受邀请，如图 5-50 所示。

举一反三

用户可以单击【挂断】按钮 挂断，会立即取消对对方的视频聊天邀请。

图 5-51

03 完成与好友进行视频聊天的操作

好友接受邀请后，即可开始视频聊天，单击【并排画面】按钮可以切换至两人的视频同时观看，单击【拍照】按钮，可以给截取当前视频的一个画面，如图 5-51 所示。

5.3.3 使用 QQ 向好友发送图片和文件

QQ 软件除了可以与好友进行网上聊天外，还可以使用 QQ 软件向好友发送图片和文件等资料，与好友进行资源共享，为自己的生活、工作和学习带来更多便利。下面将分别介绍向好友发送图片和文件的方法。

1. 向好友发送图片

用 QQ 向好友发送图片通常有两种方式，一种方式是通过屏幕截图将屏幕上显示的内容通过截屏的方式发送给 QQ 好友，另一种方式是将已经保存的图片发送给聊天对象，下面将介绍向好友发送本地电脑中保存的图片的操作方法。

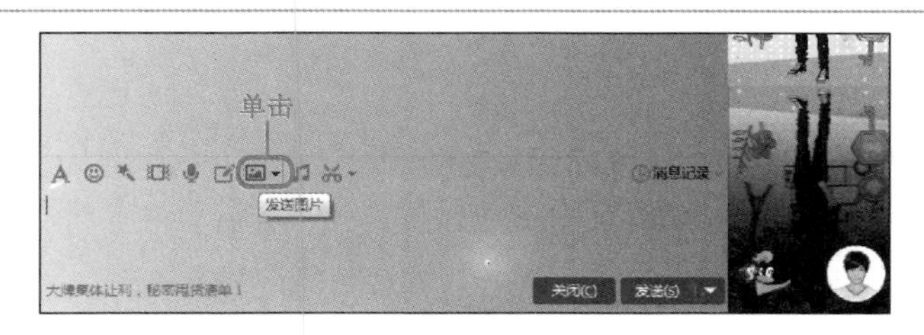

图 5-52

01 单击【发送图片】按钮

打开与该好友的聊天窗口，单击【发送图片】按钮，如图 5-52 所示。

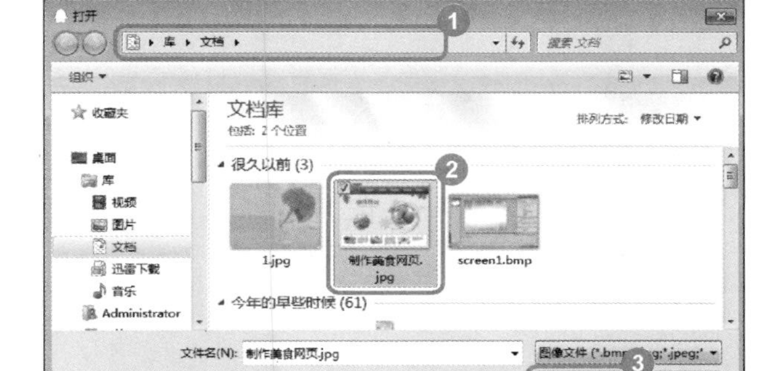

图 5-53

02 选择准备发送的图片

No1 弹出【打开】对话框，选择准备发送的图片存储的位置。

No2 选择准备发送的图片。

No3 单击【打开】按钮 打开(O)，如图 5-53 所示。

图 5-54

03 返回窗口，单击【发送】按钮

No1 返回到聊天窗口，在【发送消息】文本框中显示准备进行发送的图片。

No2 单击【发送】按钮 发送(S)，如图 5-54 所示。

图 5-55

04 完成发送图片

当图片发送至聊天窗口中的【接收消息】文本框中，即可完成向好友发送图片的操作，如图 5-55 所示。

2. 向好友发送文件

随着 QQ 的不断推广和发展，QQ 渐渐的演变成为一款办公软件，很多公司都使用 QQ 进行文件的传送，下面将详细介绍向好友发送文件的操作方法。

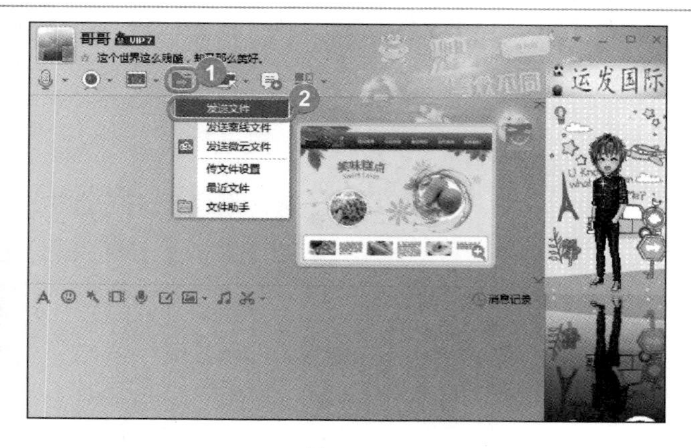

图 5-56

01 选择【发送文件】选项

№1 在聊天窗口，单击【发送文件】按钮右侧的下拉箭头。

№2 在弹出的下拉列表中选择【发送文件】选项，如图 5-56所示。

图 5-57

02 选择准备发送的文件

№1 弹出【打开】对话框，选择准备发送的文件存储的位置。

№2 选择准备发送的文件。

№3 单击【打开】按钮，如图 5-57 所示。

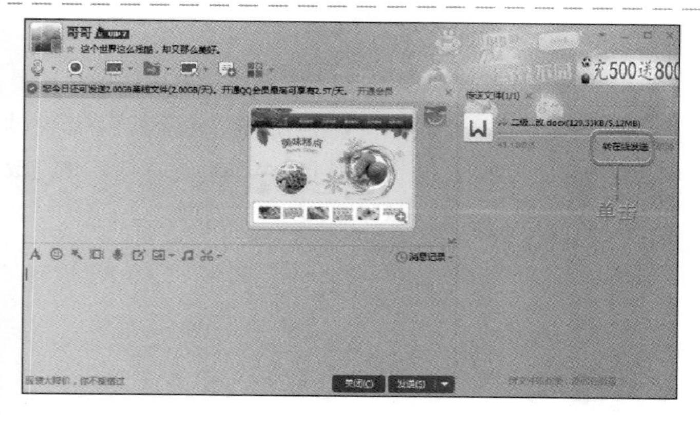

图 5-58

03 单击【转在线发送】链接项

在聊天窗口右侧会弹出一个【传送文件】窗格，显示正在传送的文件，如果传送对象 QQ 在线，可以单击【转在线发送】链接，如图 5-58 所示。

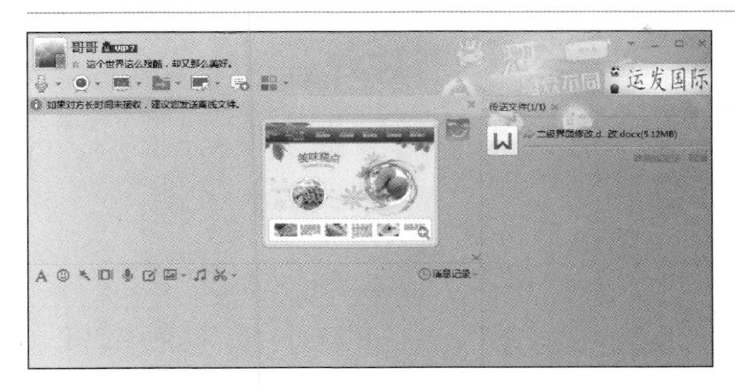

图 5-59

04 在线等待对方接受文件

可以看到【转在线发送】链接已变为【转离线发送】链接，等待对方接收文件，如图 5-59 所示。

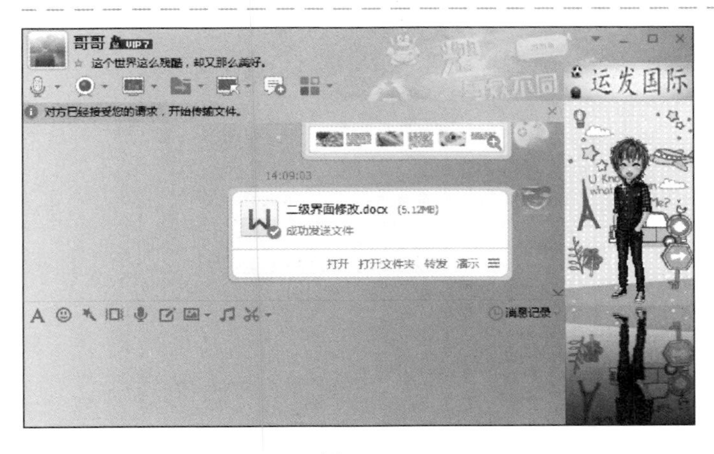

图 5-60

05 完成向好友发送文件的操作

对方接收文件后，在线等待一段时间，当在【接收消息】文本框中显示传送的文件，即可完成向好友发送文件的操作，如图 5-60 所示。

Section 5.4　使用 YY 语音

本节导读

YY 语音是欢聚时代公司旗下的一款基于 Internet 的团队语音通信平台，功能强大、音质清晰、安全稳定、不占资源、反响良好的免费语音软件。在网络上通常用 YY 表示。本节介绍使用 YY 语音的相关知识及操作方法。

5.4.1　注册 YY 账号与登录

使用 YY 软件的前提需要进行注册一个 YY 账号并进行登录，下面将详细介绍注册 YY 账号和登录 YY 程序的操作方法。

图 5-61

01 单击【注册账号】链接项

启动 YY 软件，进入登录界面，单击左下方的【注册账号】链接，如图 5-61 所示。

举一反三

用户也可以输入网址 https：//aq. yy. com，进入到 YY 安全中心页面，单击【注册账号】链接进行注册。

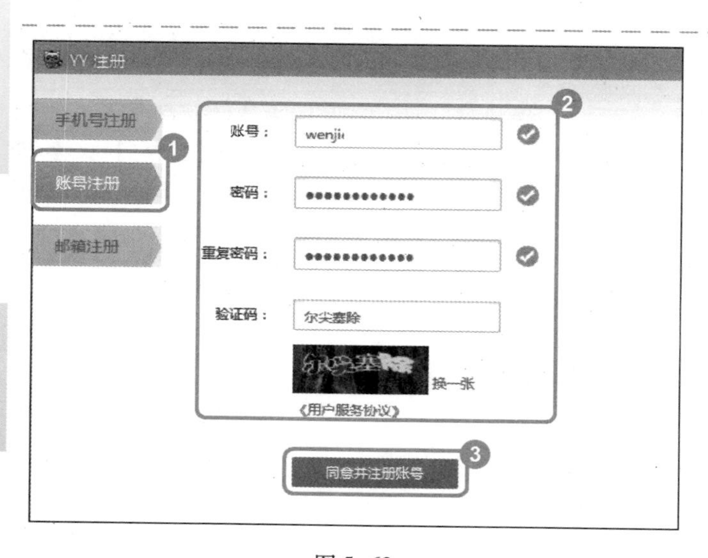

图 5-62

02 填写注册账号的相关信息

No1 弹出【YY 注册】对话框，选择【账号注册】选项卡。

No2 填写需要注册的信息，如账号、密码和验证码。

No3 单击【统一并注册账号】按钮，如图 5-62 所示。

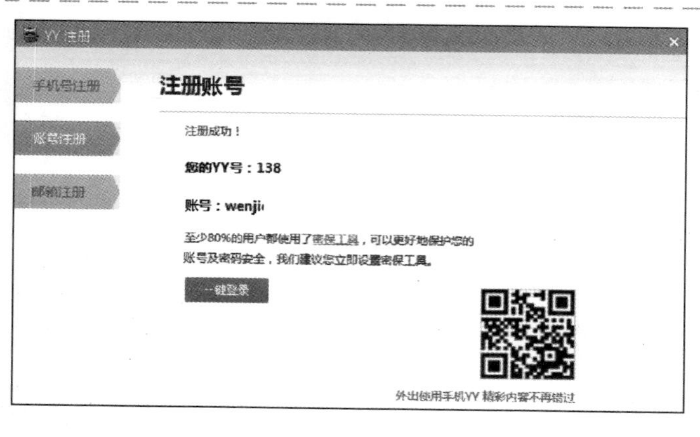

图 5-63

03 完成注册 YY 账号的操作

进入到【注册账号】页面，系统会提示“注册成功!”信息，并显示注册的 YY 号和账号等信息，这样即可完成注册 YY 账号的操作，如图 5-63 所示。

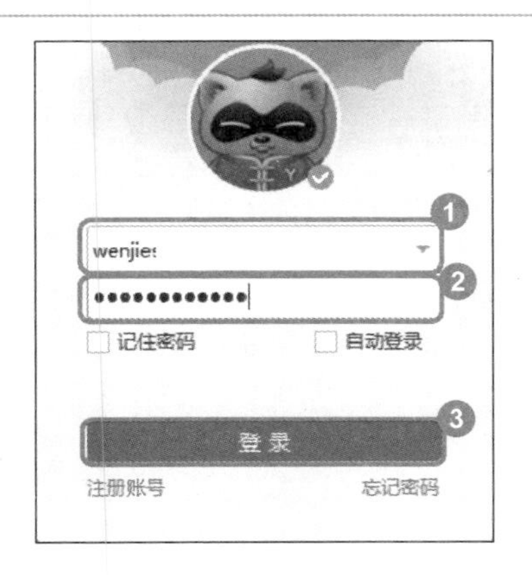

图 5-64

04 输入账号密码

No1 重新打开 YY 登录界面，输入刚刚注册的账号信息。

No2 输入用户密码。

No3 单击【登录】按钮，如图 5-64所示。

图 5-65

05 完成 YY 登录

进入到 YY 程序的主界面，这样即可完成登录 YY 程序的操作，如图 5-65 所示。

举一反三

在【注册账号】页面，用户可以单击【一键登录】按钮快速登录 YY 程序。

5.4.2 编辑个人资料

登录 YY 程序后，由于新注册的账号，个人资料并不完善，用户可以编辑一些个人资料，从而让大家更好地认识和了解自己。下面将介绍编辑个人资料的方法。

图 5-66

01 进入主界面，单击【头像】按钮

进入到 YY 程序的主界面，单击程序左上方的头像按钮，如图 5-66 所示。

图 5-67

02 单击【编辑资料】按钮

系统会弹出一个【资料】对话框，单击【编辑资料】按钮 编辑资料，如图 5-67 所示。

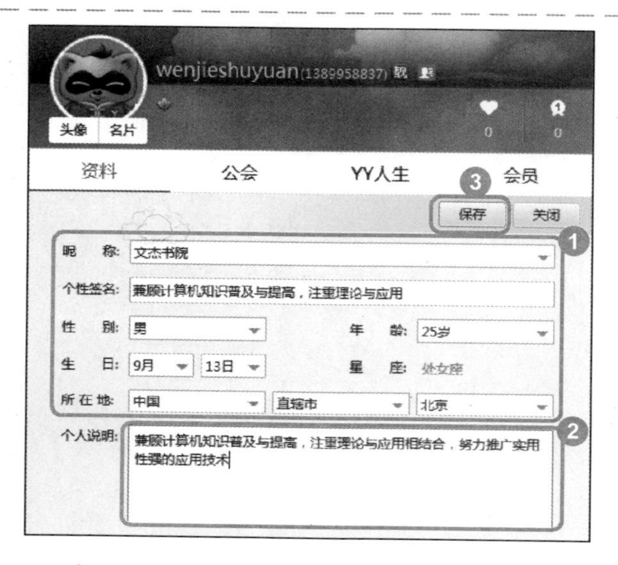

图 5-68

03 填写个人资料

No1 可以看到该对话框中的资料信息都变为可编辑状态，可编辑个人的一些详细资料信息，如昵称、个性签名、性别、年龄、生日、所在地等。

No2 输入个人说明。

No3 单击【保存】按钮 保存，如图 5-68 所示。

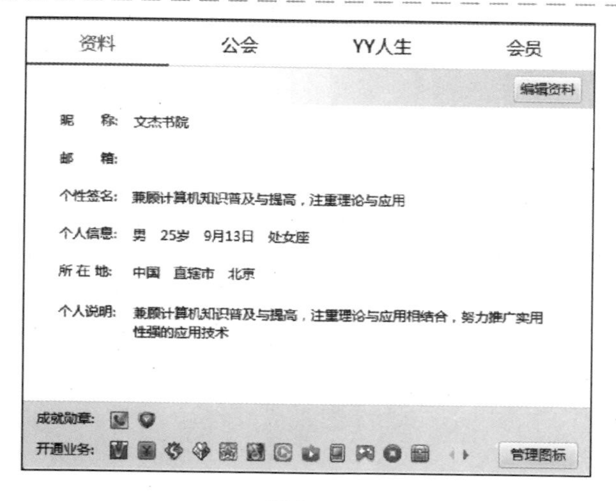

图 5-69

04 完成编辑个人资料的操作

完成上述操作后，可以看到刚刚编写的资料已经在【资料】选项卡中显示，并变为不可编辑状态，这样即完成了编辑个人资料的操作，如图 5-69 所示。

教你一招

快速开通或进入 YY 服务

在【资料】对话框中，用户可以单击对话框底部的功能按钮，系统会打开相应的网页，从而提示用户开通某些服务或启用某个功能。

5.4.3 进入与退出 YY 频道

登录 YY 并完善个人资料后，用户就可以进入一个自己喜欢的 YY 频道，去进行互动语音交流了，下面将详细介绍进入与退出 YY 频道的操作方法。

图 5-70

01 选择【应用】选项卡

No1 在 YY 主界面中，选择【应用】选项卡。

No2 系统会打开一个应用列表，用户可以在这里选择准备进入的应用，如选择“频道排行”，如图 5-70 所示。

图 5-71

02 弹出对话框，选择进入的频道

No1 系统会弹出一个对话框，在其中显示了 YY 频道列表，选择【排行榜】选项卡。

No2 在展开的频道列表中选择准备进入的 YY 频道，如单击【教育热门】区域下方的一个频道，如图 5-71 所示。

图 5-72

03 正在连接频道

系统会打开一个频道窗口，提示用户“正在连接频道，请稍候”信息，用户需要等待一会儿，如图 5-72 所示。

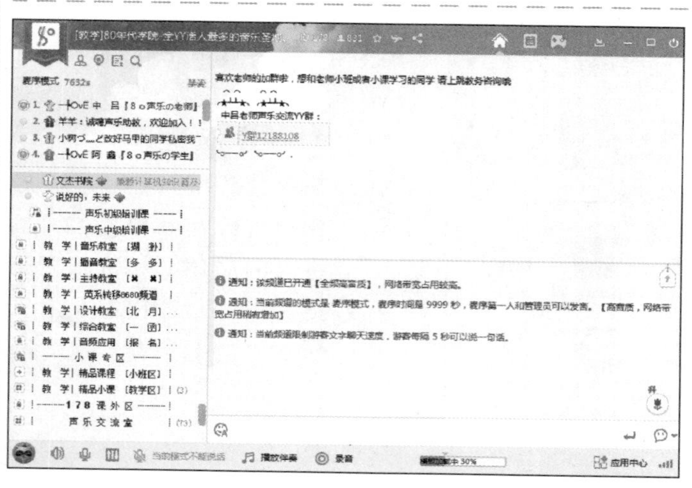

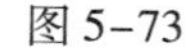

图 5-73

04 完成进入 YY 频道的操作

待与该频道建立连接后，即可进入该频道。此时，就可以与该频道中的人进行语音互动交流了，如图 5-73 所示。

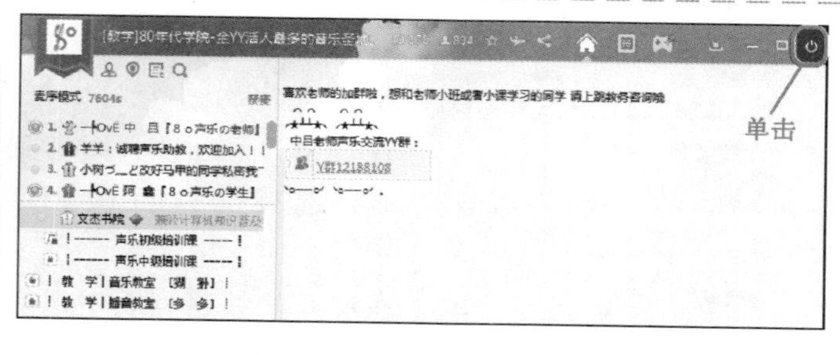

图 5-74

05 退出 YY 频道

如果用户准备退出该频道，可以直接单击频道右上角的【关闭】按钮，如图 5-74 所示。

5.4.4 创建一个自己的 YY 频道

任何拥有 YY 语音账号的用户都可以创建自己的频道，一个账号最多创建 3 个属于自己的频道，下面介绍创建 YY 频道的操作方法。

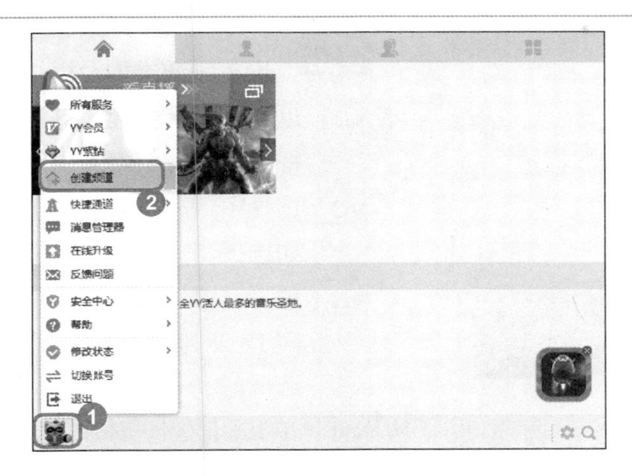

图 5-75

01 选择【创建频道】菜单项

No1 在 YY 程序主界面左下方，单击【系统菜单】按钮。

No2 在弹出的系统菜单中，选择【创建频道】菜单项，如图 5-75 所示。

图 5-76

02 弹出对话框，设置频道信息

No1 弹出【创建频道】对话框，在【频道名称】文本框中输入建立频道要使用的名称。

No2 单击【自主选号】按钮，如图 5-76 所示。

图 5-77

03 弹出对话框，选择频道号码

No1 弹出【自主选号】对话框，用户可以在号码列表中选择准备应用的频道号码。

No2 单击【确定】按钮，如图 5-77 所示。

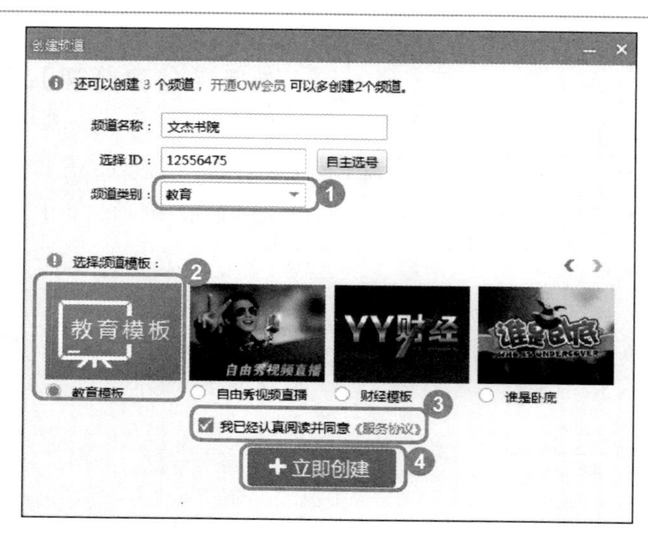

图 5-78

04 设置频道类型及模板

№1 返回到【创建频道】对话框中，设置频道类别。

№2 选择频道准备应用的模板，如选择“教育模板”。

№3 选择【我已经认真阅读并同意《服务协议》】复选框。

№4 单击【立即创建】按钮 + 立即创建，如图 5-78 所示。

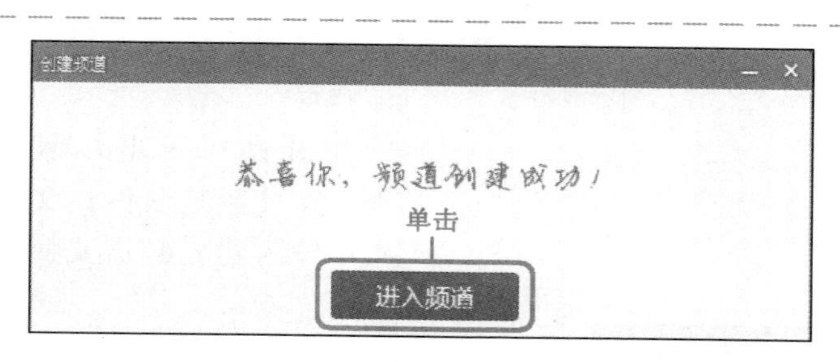

图 5-79

05 单击【进入频道】按钮

进入下一页面，系统会提示用户“恭喜你，频道创建成功！”，单击【进入频道】按钮 进入频道，如图 5-79 所示。

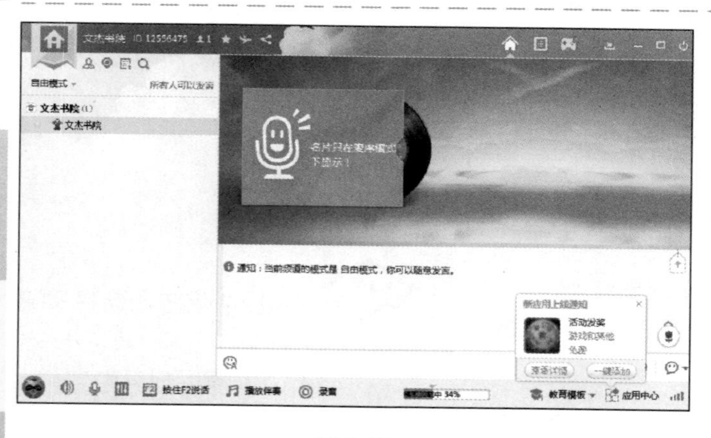

图 5-80

06 完成创建 YY 频道的操作

系统会进入到刚刚创建的 YY 频道，这样即可完成创建一个 YY 频道的操作，如图 5-80 所示。

5.4.5 查看我的频道并切换频道模板

完成频道创建后，用户还可以查看并进入自己所创建的 YY 频道，同时频道的模板也可以进行切换，下面介绍其操作方法。

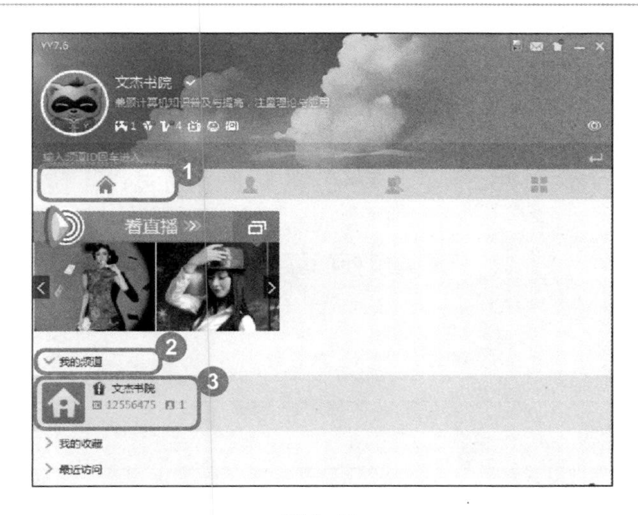

图 5-81

01 双击准备进入的频道

No1 在 YY 程序主界面中，选择【频道】选项卡。

No2 单击【我的频道】下拉箭头。

No3 在展开的频道列表中，双击准备进入的频道，如图 5-81所示。

图 5-82

02 选择准备切换的频道模板

No1 系统会进入到选择的自己所创建的频道，单击【频道模板】按钮。

No2 在弹出的列表框中，选择准备切换的频道模板，如选择【教育模板】选项，如图 5-82 所示。

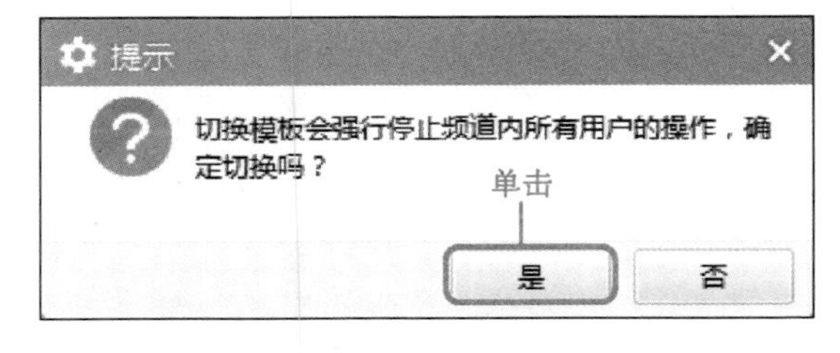

图 5-83

03 弹出对话框，单击【是】按钮

弹出【提示】对话框，提示用户切换模板会强制停止频道内所有用户的操作，单击【是】按钮 是 ，如图 5-83 所示。

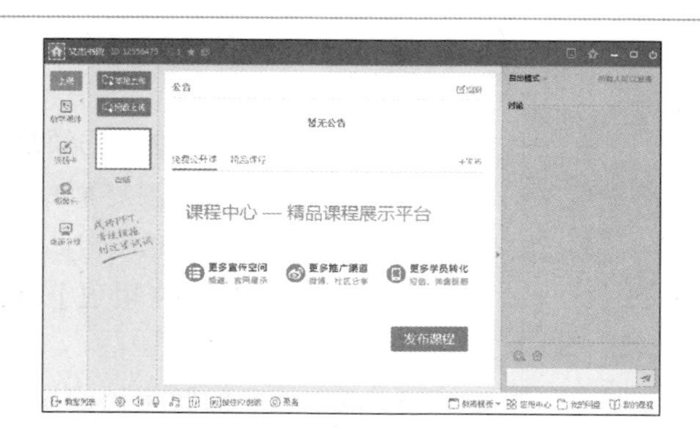

图 5-84

04 完成切换频道模板的操作

返回到频道窗口，可以看到自己所创建的频道已变为【教育模板】的频道，通过以上步骤即可完成查看我的频道并切换频道模板的操作，如图 5-84 所示。

5.4.6 频道内聊天和私聊

进入频道之后，如果频道允许文字聊天，用户就可以自由地与频道里面的其他用户进行聊天了。在频道内，除了可以公屏聊天以外，也可以一对一的私聊。下面介绍其操作方法。

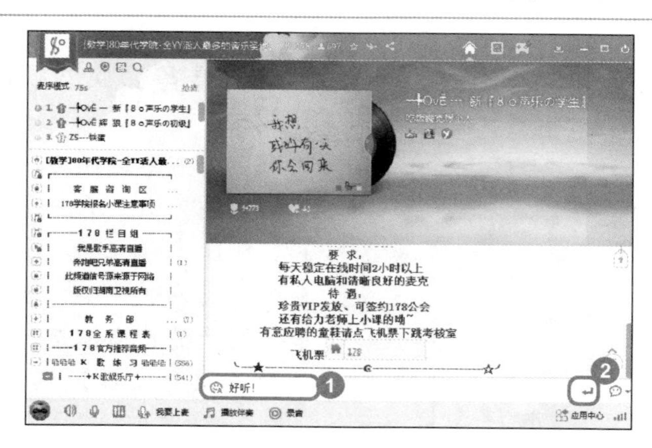

图 5-85

01 进行频道内聊天

No1 进入频道后，在右下方的文本框中输入准备发送的聊天内容。

No2 单击【发送】按钮↵，即可完成频道内聊天的操作，如图 5-85 所示。

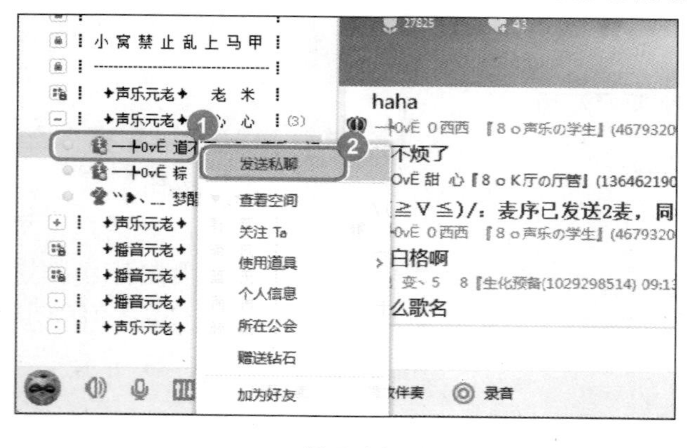

图 5-86

02 选择【发送私聊】菜单项

No1 进入频道后，使用鼠标右键单击准备进行私聊的人的名字。

No2 在弹出的快捷菜单中，选择【发送私聊】菜单项，如图 5-86 所示。

图 5-87

03 进行私聊

No1 在频道窗口右下角会弹出一个私聊窗口，在文本框中输入准备聊天的内容。

No2 单击【发送】按钮↵，如图 5-87 所示。

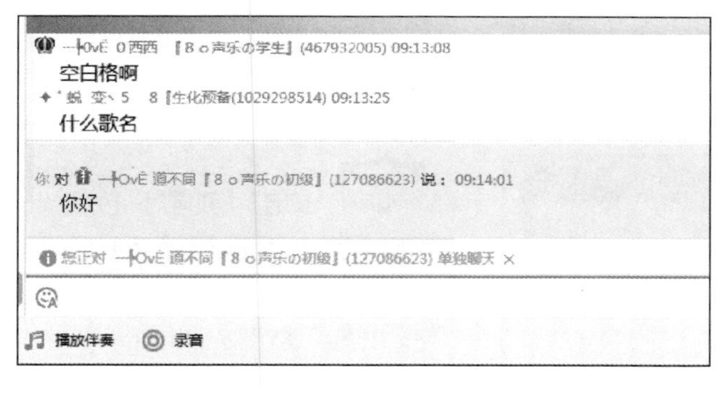

图 5-88

04 完成频道内私聊

可以看到对某个用户进行私聊后，聊天内容会有一个背景色衬托，并显示与谁进行私聊，这样就完成了频道内私聊的操作，如图 5-88 所示。

Section 5.5 实践案例与上机操作

本节导读

通过本章的学习，用户可以学会如何使用聊天软件在网上聊天的知识，下面通过几个实践案例进行上机实例操作，以达到巩固学习、拓展提高的目的。

5.5.1 加入 QQ 群

QQ 群是腾讯公司推出的多人聊天交流服务，用户可以查找有共同兴趣爱好的群并加入其中和群内 QQ 用户一起聊天，下面介绍加入 QQ 群的操作方法。

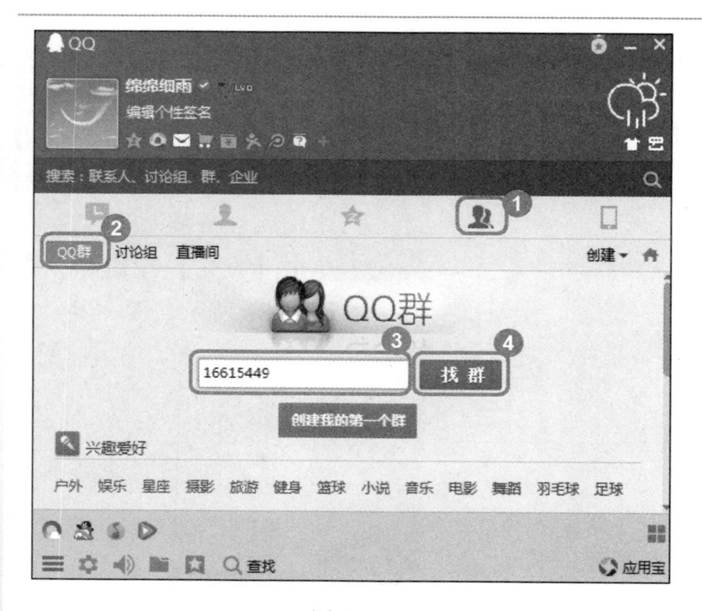

图 5-89

01 输入准备添加的 QQ 群号码

№1 启动并登录 QQ 程序，进入主界面，单击【群/讨论组】按钮。

№2 选择【QQ 群】选项卡。

№3 在文本框中输入准备添加的 QQ 群号码。

№4 单击【找群】按钮找群，如图 5-89 所示。

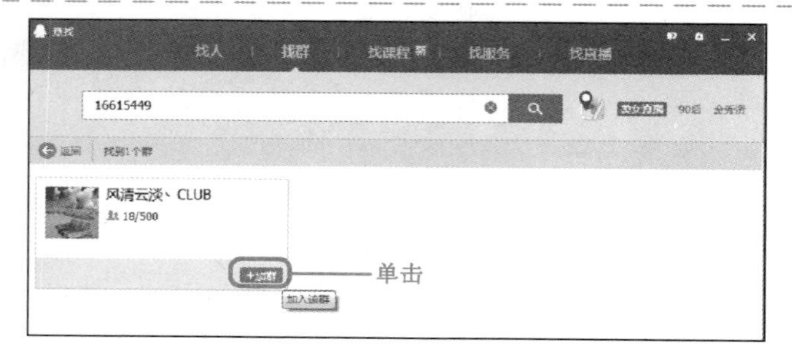

图 5-90

02 单击【加群】按钮

系统会根据所输入的群号码自动搜索到群，单击【加群】按钮+加群，如图 5-90 所示。

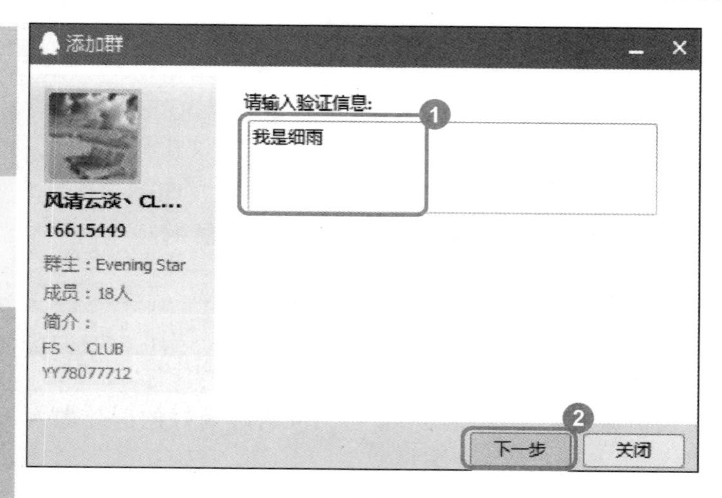

图 5-91

03 输入验证加群的信息

№1 弹出【添加群】对话框，在文本框中输入验证加群的信息。

№2 单击【下一步】按钮，如图 5-91 所示。

图 5-92

04 等待验证，单击【完成】按钮

【添加群】对话框中会提示用户“您的加群请求已发送成功，请等候群主管理员验证”信息，单击【完成】按钮 完成 ，如图 5-92 所示。

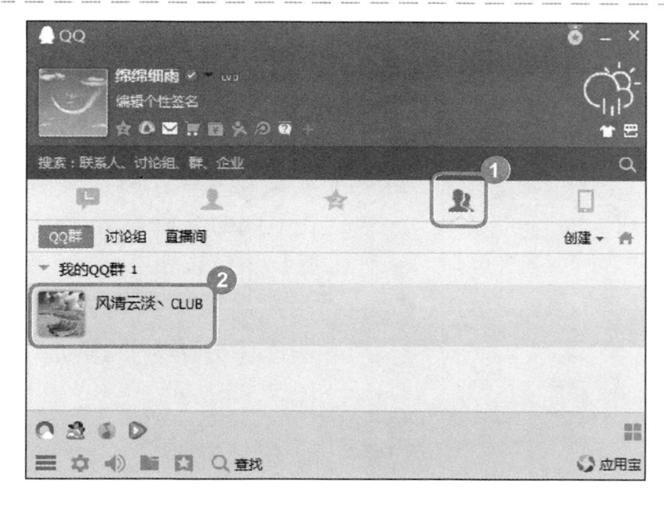

图 5-93

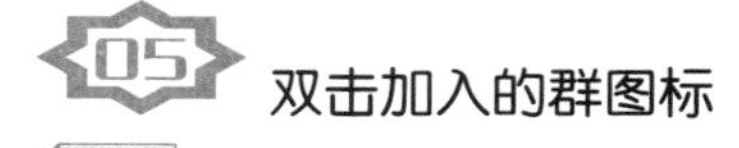

05 双击加入的群图标

No1 管理员接受用户的添加请求后，用户即可加入群，单击【群/讨论组】按钮。

No2 在【我的 QQ 群】区域下方，显示刚加入的群，双击该群图标，如图 5-93 所示。

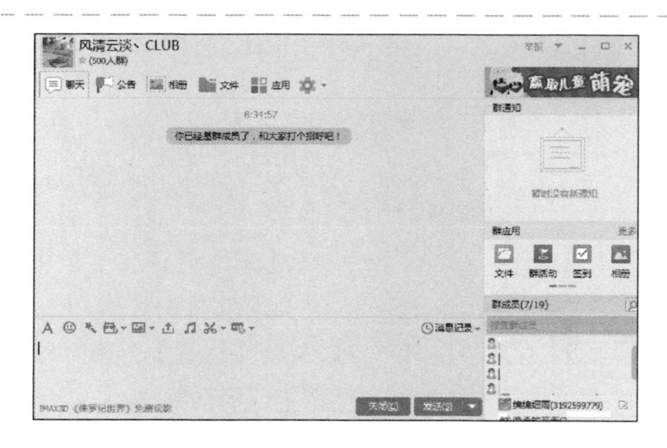

图 5-94

06 完成加入 QQ 群

打开所加入群的聊天窗口，在【接收消息】文本框中会有系统提示信息“您已经是群成员了，和大家打个招呼吧!”这样即可加入QQ群并进行群聊了，如图 5-94 所示。

教你一招

和 QQ 群里的群成员进行私聊

加入 QQ 群后，用户可以很方便的和 QQ 群里的群成员进行私聊，具体方法为打开群聊天的窗口后，在窗口右侧会显示该群中所有的群成员，双击准备进行私聊的群成员头像即可进行私聊了。

5.5.2 下载群文件

QQ 群是现在很多人聚集的地方，在群里用户可以聊工作和生活、学习。有时候群里会分享的一些资料、照片或文件，这些都会在群文件里，下面介绍下载群文件的方法。

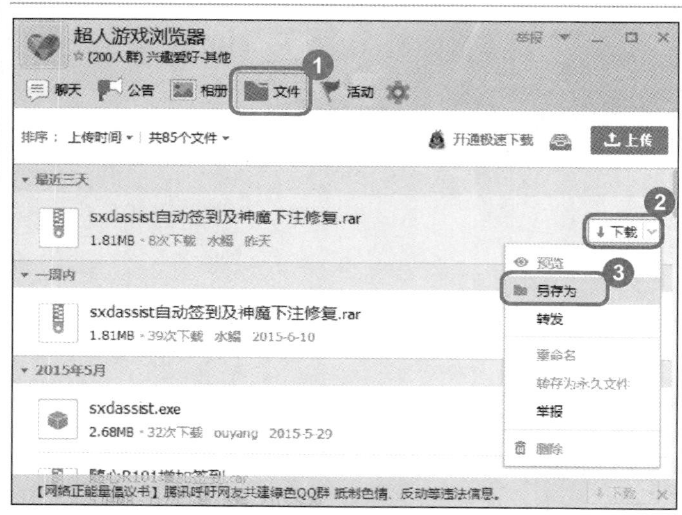

图 5-95

01 打开群聊天窗口，单击【文件】按钮

No1 打开群聊天窗口，单击【文件】按钮。

No2 打开群文件列表，单击准备下载的文件右侧的【下载】下拉按钮。

No3 在弹出的下拉列表框中，选择【另存为】选项，如图 5-95 所示。

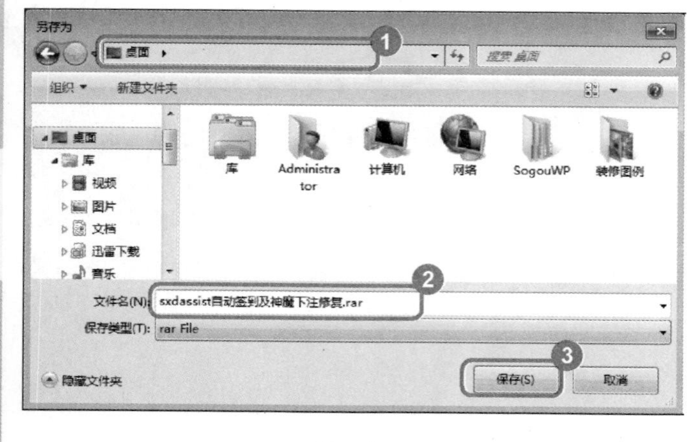

图 5-96

02 弹出对话框，设置保存相关选项

No1 弹出【另存为】对话框，选择准备保存文件的目标位置。

No2 在【文件名】文本框中输入保存文件的名称。

No3 单击【保存】按钮，如图 5-96 所示。

图 5-97

03 返回窗口，单击【查看上传和下载任务】按钮

返回到群聊天窗口，可以看到选择的文件正在下载中，单击【查看上传和下载任务】按钮，如图 5-97 所示。

图 5-98

04 弹出一个任务窗格，单击【查看】按钮

在群聊天窗口会弹出一个任务窗格，在其中显示上传和下载任务列表，单击【查看】按钮，如图 5-98 所示。

图 5-99

05 完成下载群文件

系统会打开一个文件窗口，在其中显示用户所下载的文件，这样即可完成下载群文件的操作，如图 5-99 所示。

5.5.3 添加 YY 好友

YY 语音虽然可以进入一个 YY 频道进行互动和观看一些直播，但是作为一个聊天工具，更多的功能还是需要用来聊天的，下面将详细介绍添加 YY 好友的方法。

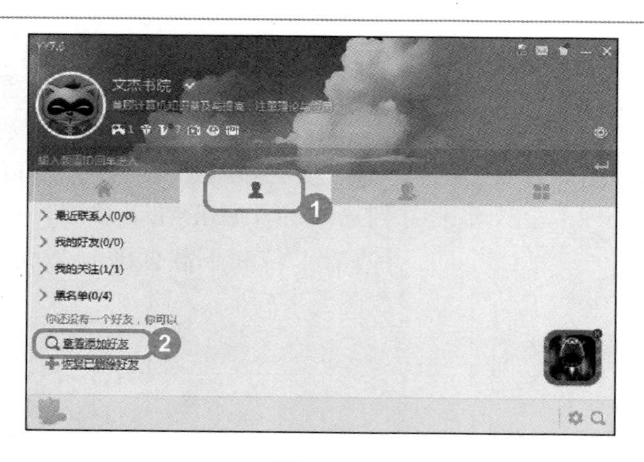

图 5-100

01 单击【查看添加好友】链接项

No1 启动并登录 YY 程序，进入主界面，单击【Y 友】按钮。

No2 如果没有 YY 好友，可以单击【查看添加好友】链接项，如果有了一些 YY 好友将不会显示该链接项，可以单击右下角的【查找】按钮，如图 5-100 所示。

图 5-101

02 输入 YY 号

No1 弹出【查找】对话框，输入准备添加 YY 好友的 YY 号码。

No2 单击【查找】按钮，如图 5-101 所示。

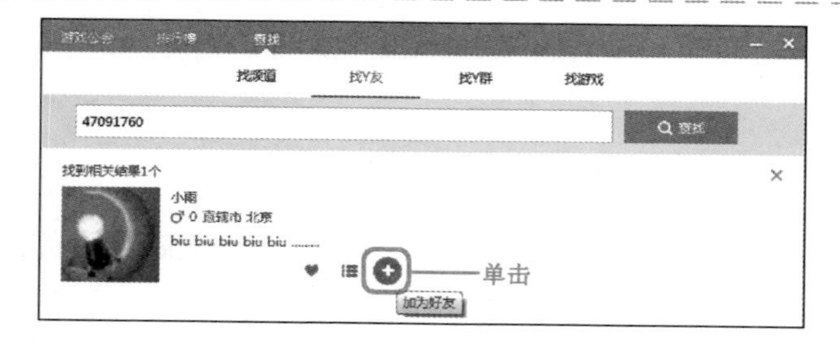

图 5-102

03 单击【加为好友】按钮

搜索出该号码的 YY 用户，单击【加为好友】按钮，如图 5-102所示。

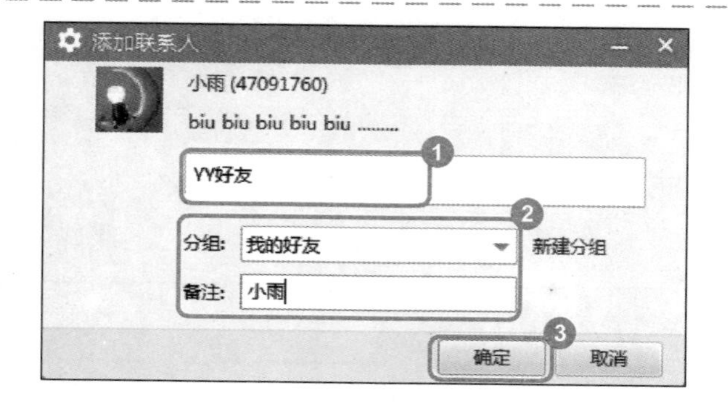

图 5-103

04 弹出对话框，设置添加好友信息

No1 弹出【添加联系人】对话框，输入验证信息。

No2 设置所加好友的分组以及备注信息。

No3 单击【确定】按钮，如图 5-103 所示。

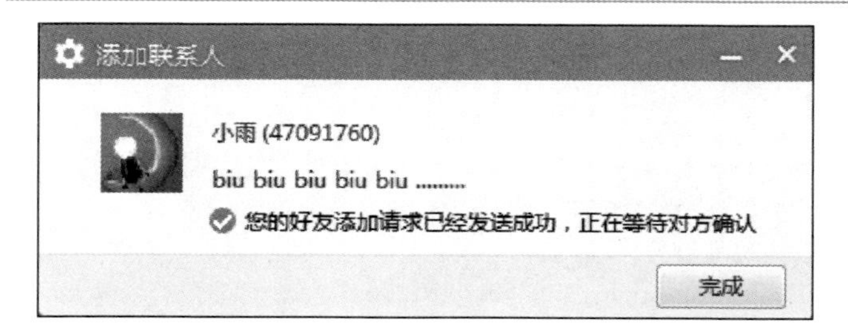

图 5-104

完成添加好友

系统会提示用户添加好友的请求已发送，待对方通过验证后即可完成添加 YY 好友的操作，如图 5-104 所示。

第6章

电子邮件

本章内容导读

本章主要介绍收发电子邮件的知识，同时还讲解了使用免费电子邮件和使用 Foxmail 邮件客户端收发电子邮件的详细操作。在本章的最后还针对实际的需求，讲解了一些实例的上机操作方法。通过本章的学习，读者可以掌握电子邮件方面的知识，为进一步学习电脑、手机网上的相关知识奠定了基础。

本章知识要点

- 认识电子邮件
- 使用免费电子邮箱
- 收发电子邮件
- 使用 Foxmail 收发电子邮件

Section

6.1 认识电子邮件

本节导读

电子邮件是网络中最常用、最基础的人与人之间信息交流的系统。与现实中收发信件需要信箱相同，在互联网上收发电子邮件同样少不了电子邮箱。

6.1.1 什么是电子邮件

电子邮件简称 E-mail，是一种用电子手段提供信息交换的通信方式，是互联网应用最广泛的服务。通过网络的电子邮件系统，用户可以以非常低廉的价格（不管发送到哪里，都只需负担网费）、非常快速的方式（几秒钟之内可以发送到世界上任何指定的目的地），与世界上任何一个角落的网络用户联系。

电子邮件可以是文字、图像、声音等多种形式。同时，用户可以得到大量免费的新闻、专题邮件，并实现轻松的信息搜索。电子邮件的存在极大地方便了人与人之间的沟通与交流，促进了社会的发展。

6.1.2 电子邮件的组成

在互联网中，每个用户都拥有独一无二的电子邮箱地址，电子邮件的一般组成格式是：用户名@域名，其各部分组成的含义为：

- 用户名：用户信箱的账号，对于同一个邮件接收服务器，这个账号必须是唯一的。
- @；是分隔符，是英文“at”的意思。
- 域名：是用户信箱的邮件接收服务器域名，用以标志其所在的位置。

6.1.3 常见的免费邮箱服务网站

在互联网中，许多网站提供了免费邮箱服务，用户可以根据需要登入相应的网站申请免费邮箱地址进行使用，常见的免费服务邮箱以及网站的网址为：

- 163 网易免费邮：网址为 http://mail.163.com
- 126 网易免费邮：网址为 http://www.126.com
- 新浪邮箱：网址为 http://mail.sina.com.cn
- QQ 邮箱：网址为 http://mail.qq.com
- 搜狐闪电邮箱：网址为 http：//mail.sohu.com
- 中国移动 139 邮箱：网址为 http://mail.10086.cn

Section

6.2 使用免费电子邮箱

本节导读

发送电子邮件前需要先申请一个电子邮箱，电子邮箱一般分为免费邮箱和收费邮箱两种。免费邮箱的安全性一般适合传输一般的信件和邮件，本节介绍使用免费邮箱的相关知识。

6.2.1 申请一个免费邮箱

目前，很多网站都向互联网用户提供免费邮箱服务。下面以申请126免费邮为例，来详细介绍申请免费邮箱的操作方法。

图 6-1

01 单击【查看添加好友】链接项

No1 启动IE浏览器，输入网址http：//mail.126.com，进入【126网易免费邮——你的专业电子邮局】页面。

No2 在该页面中单击【注册】按钮，如图6-1所示。

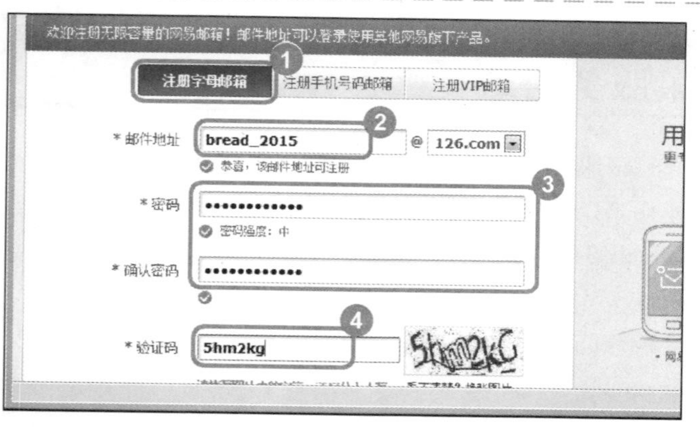

图 6-2

02 填写邮箱相关注册信息

No1 打开【注册邮箱】页面，选择【注册字母邮箱】选项卡。

No2 输入邮件地址。

No3 输入邮箱密码并再次输入确认密码。

No4 输入验证码，如图6-2所示。

图 6-3

03 单击【立即注册】按钮

No1 选择【同意"服务条款"】复选框。

No2 单击【立即注册】按钮，如图 6-3 所示。

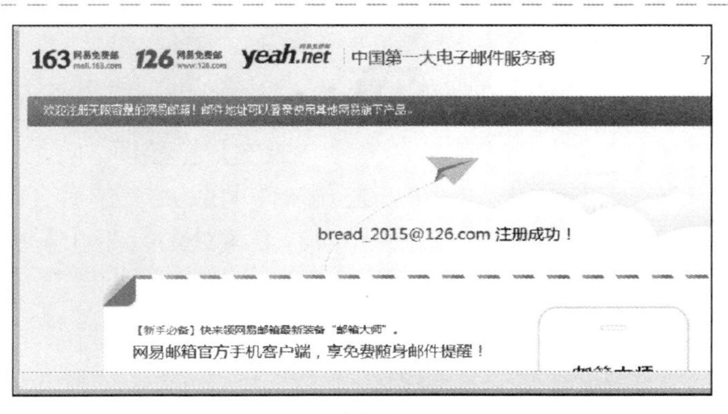

图 6-4

04 完成申请一个免费邮箱的操作

进入【注册成功】页面，在该界面中显示出注册成功的信息，并显示所注册的邮箱账号，如图 6-4 所示。

6.2.2 登录与退出电子邮箱

注册完一个电子邮箱后，即可登录并使用该电子邮箱，当完成邮件的收发工作后，需要退出邮箱以保护邮箱的安全，下面将详细介绍登录与退出邮箱的操作方法。

图 6-5

01 填写邮箱相关注册信息

No1 进入【126 网易免费邮登录——你的专业电子邮局】页面，在【用户名】文本框中，输入用户名。

No2 在【密码】文本框中输入密码。

No3 单击【登录】按钮，如图 6-5 所示。

图 6-6

02 完成登录电子邮箱的操作

进入 126 网易免费邮主界面，这样即可完成登录电子邮箱的操作，如图 6-6 所示。

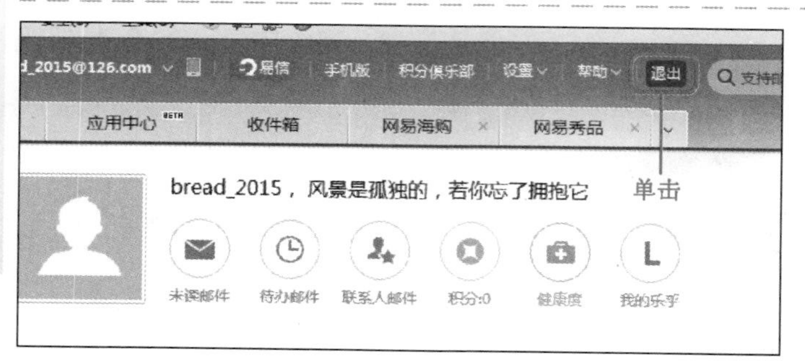

图 6-7

03 单击主界面右上角处的【退出】链接项

完成邮件的收发工作后，单击主界面右上角处的【退出】链接项，如图 6-7 所示。

图 6-8

04 完成退出电子邮箱的操作

进入下一页面，显示“您已成功退出网易邮箱”信息，这样即可完成退出电子邮箱的操作，如图 6-8 所示。

Section 6.3

收发电子邮件

本节导读

电子邮件可以包括纯文本、图片和视频等文件，通过收发电子邮件互联网用户之间可以实现信息和资源的共享。本节将介绍收发电子邮件的操作方法。

6.3.1 阅读电子邮件

接收了电子邮件后，即可在电子邮箱中阅读对方发送的电子邮件，下面介绍阅读电子邮件的方法。

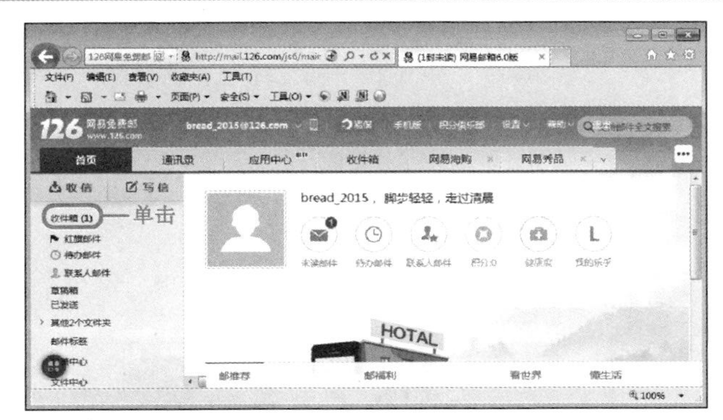

图 6-9

01 单击【收件箱】链接

登录到 126 网易免费邮电子邮箱，在邮箱首页的左侧，单击【收件箱】链接。如图 6-9 所示。

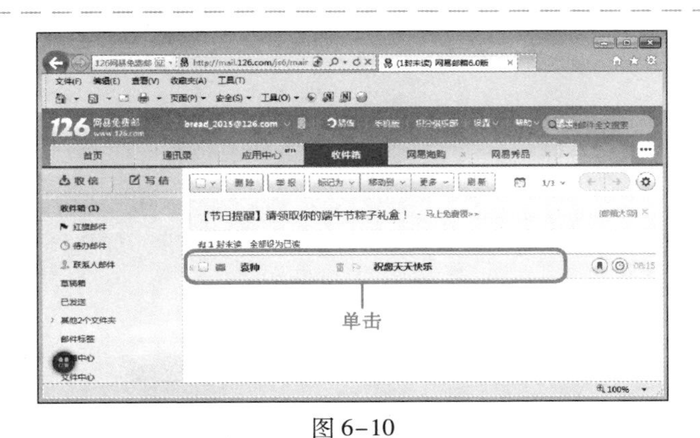

图 6-10

02 单击准备打开的电子邮件

进入【收件箱】界面，在收件箱中单击准备打开的电子邮件，如图 6-10 所示。

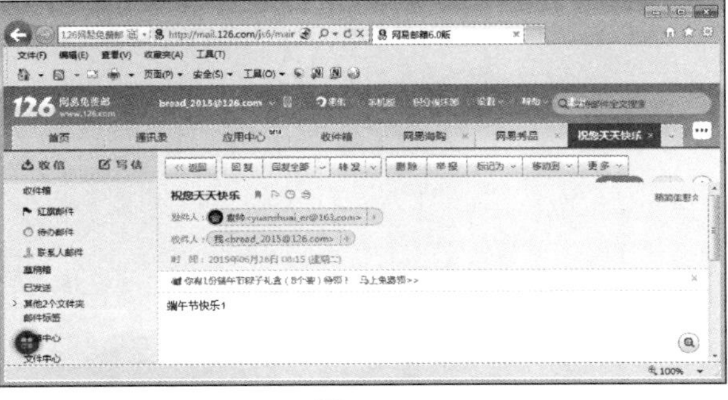

图 6-11

03 完成阅读电子邮件的操作

页面显示出该电子邮件的详细内容，这样即可完成阅读电子邮件的操作，如图 6-11 所示。

6.3.2 回复电子邮件

收到并查看完对方的邮件后，可以根据对方信件的内容来回复对方的电子邮件，下面介绍回复电子邮件的操作。

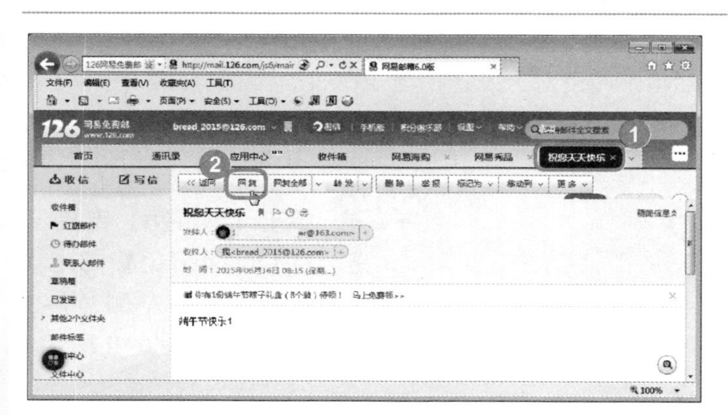

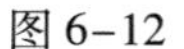
图 6-12

01 单击【回复】按钮

No1 选择准备回复的邮件选项卡。

No2 在该封电子邮件中，单击【回复】按钮 回复，如图 6-12 所示。

图 6-13

02 创建回复信件

No1 在【主题】文本框中输入邮件主题。

No2 在【写信】文本框中输入准备回复内容。

No3 完成回复的输入后单击【发送】按钮，如图 6-13 所示。

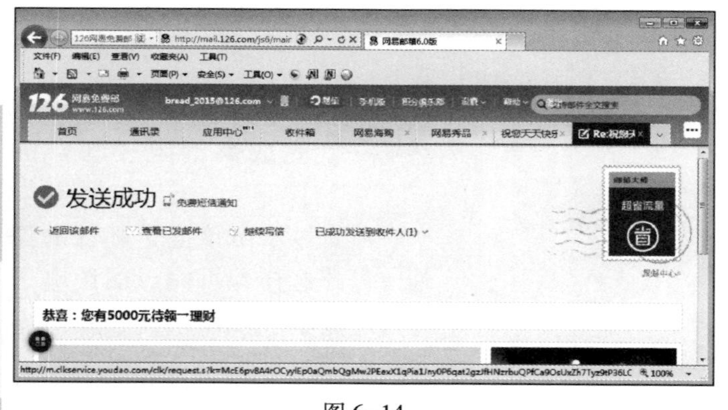

图 6-14

03 完成回复电子邮件的操作

进入下一页面，提示用户邮件发送成功，这样即可完成回复电子邮件的操作，如图 6-14 所示。

6.3.3 撰写并发送电子邮件

只要知道亲朋好友的电子邮箱地址，就可以使用电子邮箱撰写电子邮件给朋友们发送邮件了，下面介绍撰写并发送电子邮件的操作方法。

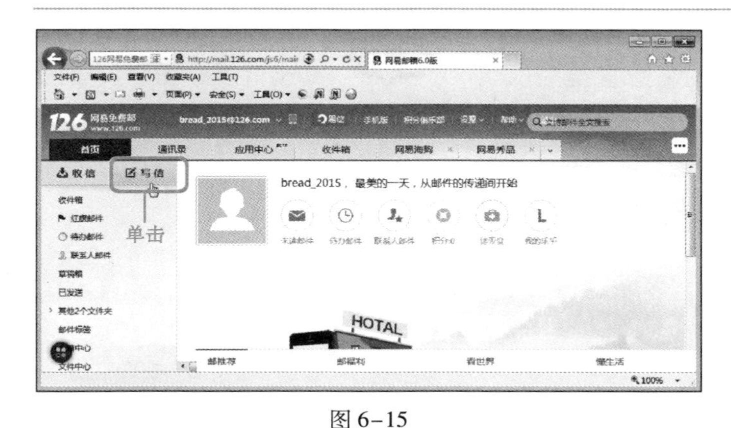

图 6-15

01 单击【写信】链接项

登录到 126 网易免费邮电子邮箱中，在邮箱首页的左侧，单击【写信】链接，如图 6-15 所示。

图 6-16

02 撰写邮件内容

No1 进入到写信页面，在【收件人】文本框中输入收件人的邮箱地址。

No2 在【主题】文本框中输入邮件主题。

No3 在【写信】文本框中输入文件内容。

No4 单击【发送】按钮 发送，如图 6-16 所示。

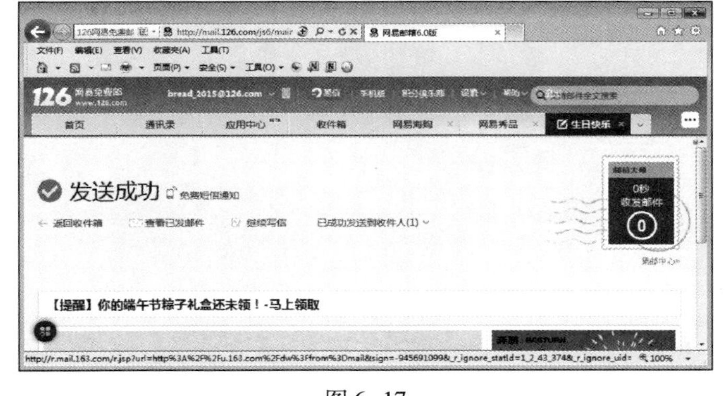

图 6-17

03 完成撰写并发送电子邮件的操作

进入下一页面，提示用户邮件发送成功，这样就完成了撰写并发送电子邮件的操作，如图 6-17 所示。

6.3.4 发送带有图片的邮件

使用电子邮件还可以发送带有图片的邮件，使用该功能系统会提示需要首先安装网易邮箱助手，下面将详细介绍发送带有图片的邮件的操作方法。

01 单击【发送图片】按钮

进入到写信页面，在【写信】文本框中，单击【发送图片】按钮，如图 6-18 所示。

图 6-18

02 单击【预览】按钮

No1 系统会弹出【添加图片】对话框，选择【我的电脑】选项卡。

No2 单击【预览】按钮，如图 6-19 所示。

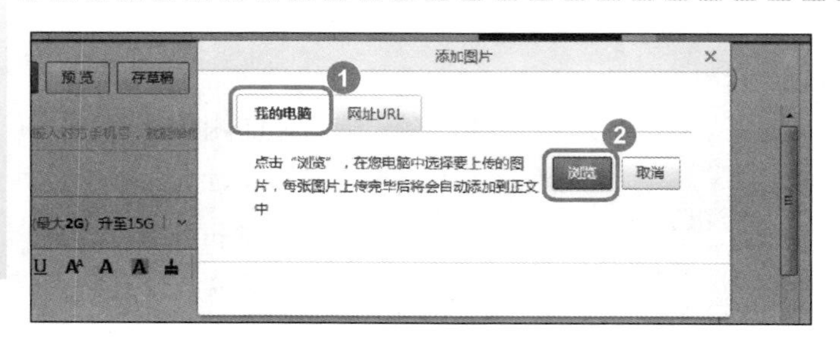

图 6-19

03 单击【安装】按钮

系统会再次弹出一个对话框，提示用户使用此功能，需要先安装网易邮箱插件，单击【安装】按钮，如图 6-20 所示。

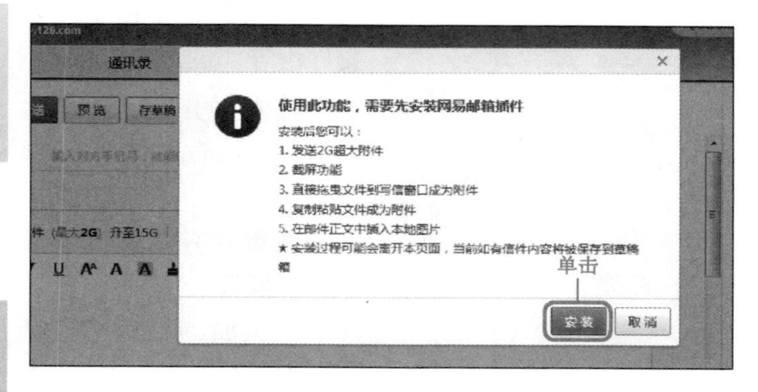

图 6-20

04 单击【安装】按钮

进入下一页面，显示安装网易邮箱控件引导信息，并在浏览器下方弹出一个对话框，单击【安装】按钮，如图 6-21 所示。

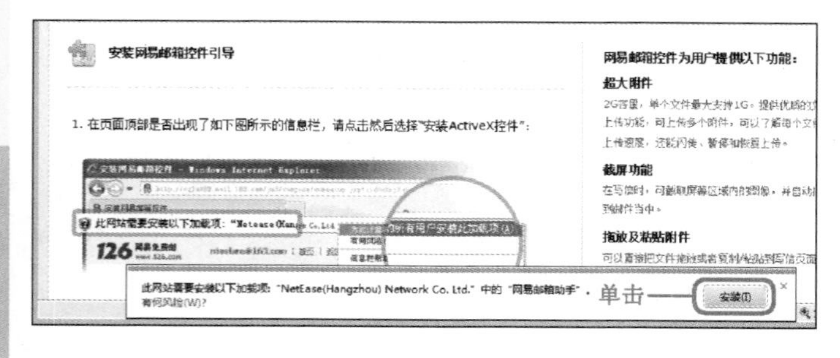

图 6-21

图 6-22

05 单击【安装】按钮

弹出【安全警告】对话框，单击【安装】按钮 安装(I)，如图 6-22 所示。

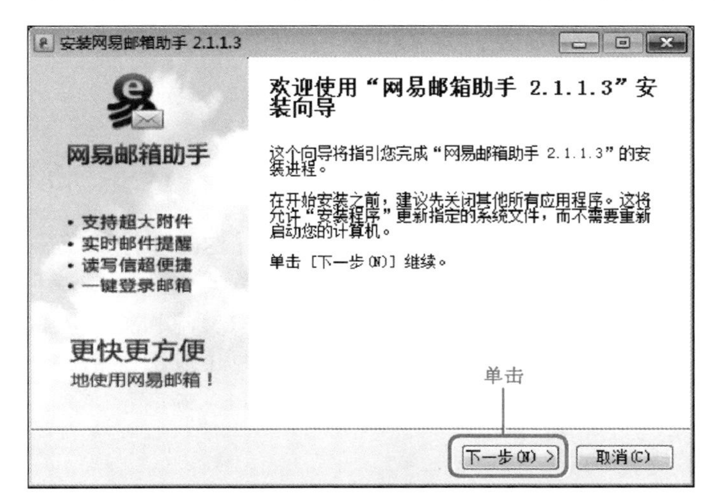

图 6-23

06 单击【下一步】按钮

弹出【安装网易邮箱助手】对话框，单击【下一步】按钮 下一步(N) >，如图 6-23 所示。

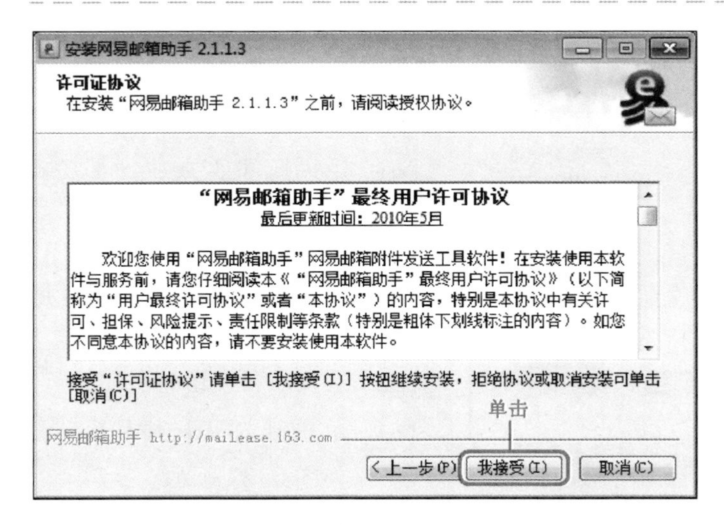

图 6-24

07 单击【我接受】按钮

进入【许可证协议】界面，阅读用户许可协议，单击【我接受】按钮 我接受(I)，如图 6-24 所示。

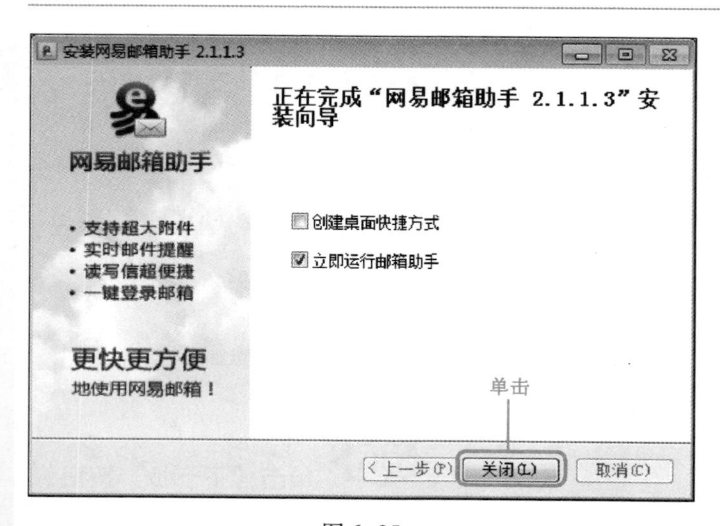

图 6-25

08 选择需要应用的复选框

No1 进入到下一界面，选择需要应用的复选框。

No2 单击【关闭】按钮，如图 6-25 所示。

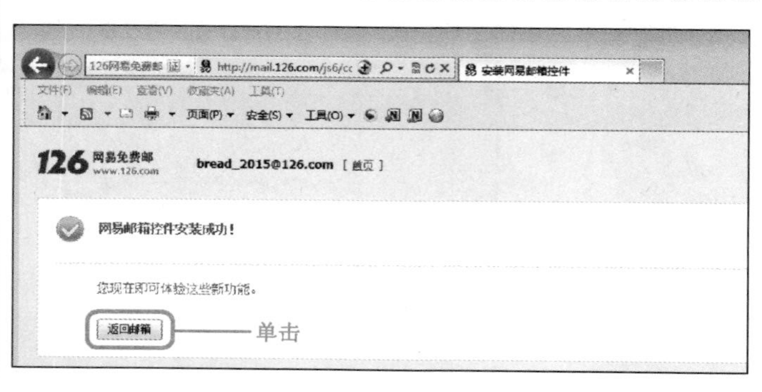

图 6-26

09 单击【返回邮箱】按钮

返回到浏览器中，可以看到在页面中显示网易邮箱控件安装成功信息，单击【返回邮箱】按钮，如图 6-26 所示。

图 6-27

10 打开对话框，选择发送的图片

No1 返回邮箱首页后，重复步骤 01 和步骤 02 操作。打开【选择要上传的图片】对话框，选择上传图片所在的位置。

No2 选择准备发送的图片。

No3 单击【打开】按钮，如图 6-27 所示。

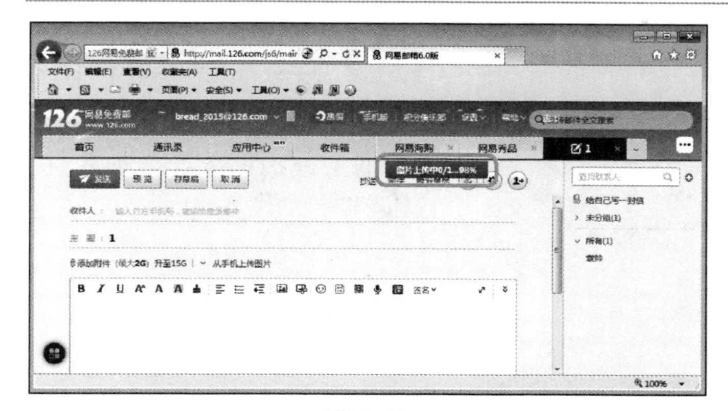

图 6-28

11 正在上传图片

返回到浏览器中，在写信页面中，可以看到图片正在上传中，并显示上传进度，用户需要等待一段时间，如图 6-28 所示。

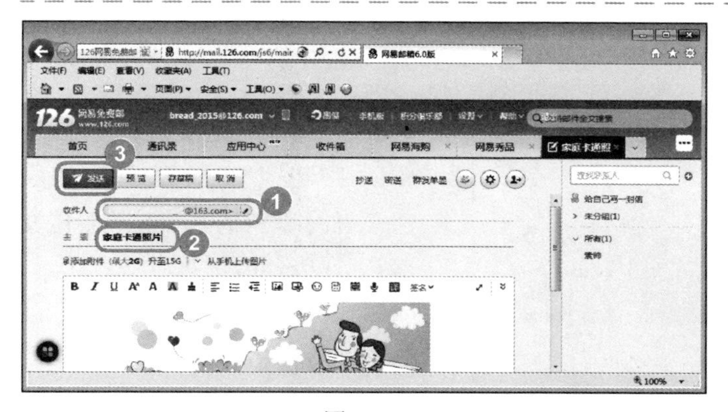

图 6-29

12 填写邮件内容

№1 当图片上传完毕后，在【写信】文本框中，可以看到刚刚选择的图片文件，输入收件人的邮箱地址。

№2 填写主题内容。

№3 单击【发送】按钮，如图 6-29 所示。

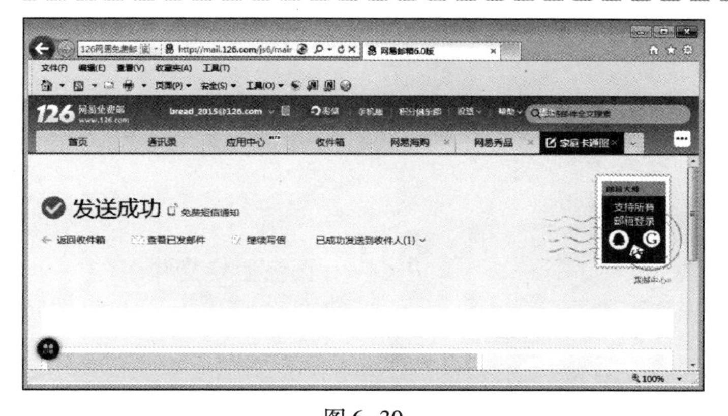

图 6-30

13 完成发送带有图片的邮件的操作

进入下一页面，提示用户邮件发送成功，这样就完成了发送带有图片的邮件的操作，如图 6-30 所示。

6.3.5 发送一封有附件的邮件

在使用电子邮件时，用户还可以将一些文件以附件的形式发送给对方，下面介绍发送一封有附件的邮件的操作方法。

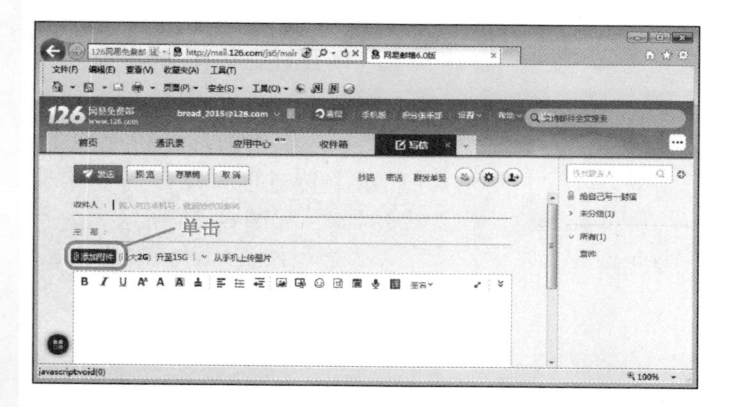

图 6-31

01 单击【添加附件】按钮

进入到写信页面，在【写信】文本框上方，单击【添加附件】按钮，如图 6-31 所示。

图 6-32

02 选择准备发送的文件

No1 弹出【选择要上传的文件】对话框，选择上传文件所在的位置。

No2 选择准备发送的文件。

No3 单击【打开】按钮，如图 6-32 所示。

图 6-33

03 正在上传文件

返回到浏览器中，在写信页面中，可以看到文件正在上传中，并显示上传进度，用户需要等待一段时间，如图 6-33 所示。

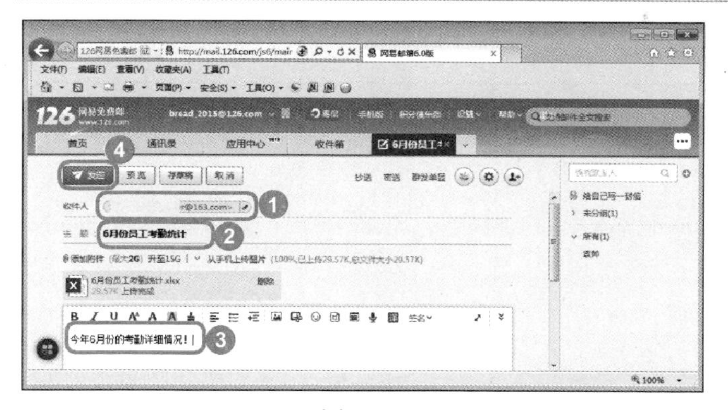

图 6-34

04 填写邮件内容

No1 当文件上传完毕后，在【收件人】文本框中输入收件人的邮箱地址。

No2 在【主题】文本框中输入邮件主题。

No3 在【写信】文本框中输入邮件内容。

No4 单击【发送】按钮，如图 6-34 所示。

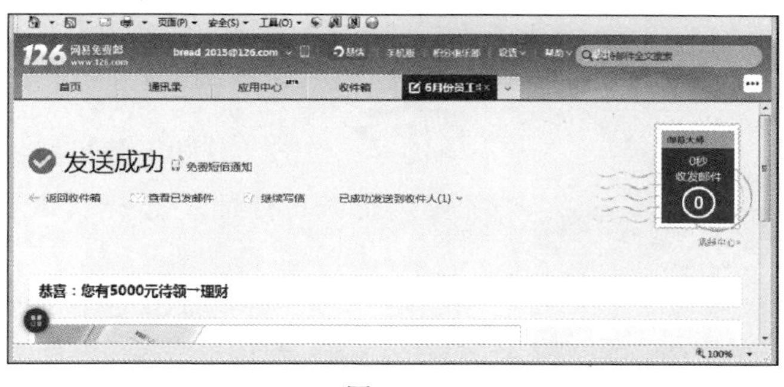

图 6-35

05 完成发送一封有附件的邮件的操作

进入下一页面，提示用户邮件发送成功，如图 6-35 所示。

教你一招

删除添加的附件

当添加的附件上传完毕后，发现附件不对或者又不想发送该附件时，用户可以单击所上传附件右侧的【删除】链接项，即可删除添加的附件。

Section

6.4 使用 Foxmail 收发电子邮件

本节导读

Foxmail 是一款著名的电子邮件客户端软件，提供基于 Internet 标准的电子邮件收发功能，它具有强大的反垃圾邮件功能并可提高邮件收发的速度，本节介绍使用 Foxmail 收发电子邮件的相关知识。

6.4.1 下载和安装 Foxmail

在使用 Foxmail 前需要先下载 Foxmail 并安装在电脑中，下面介绍下载和安装 Foxmail 的操作方法。

1. 下载 Foxmail

Foxmail 软件可在各大软件下载网站进行下载，下面以在 http://www.foxmail.com.cn 下载为例，介绍 Foxmail 的下载。

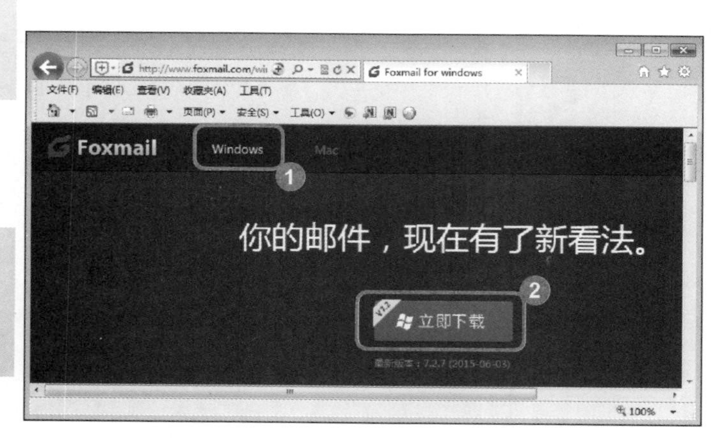

图 6-36

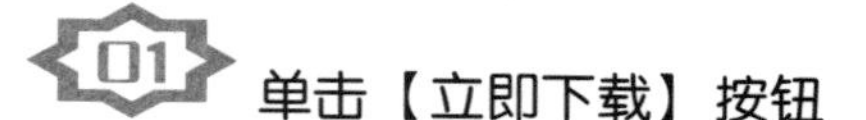

01 单击【立即下载】按钮

№1 打开网址，选择【Windows】选项卡。

№2 单击【立即下载】按钮，如图 6-36 所示。

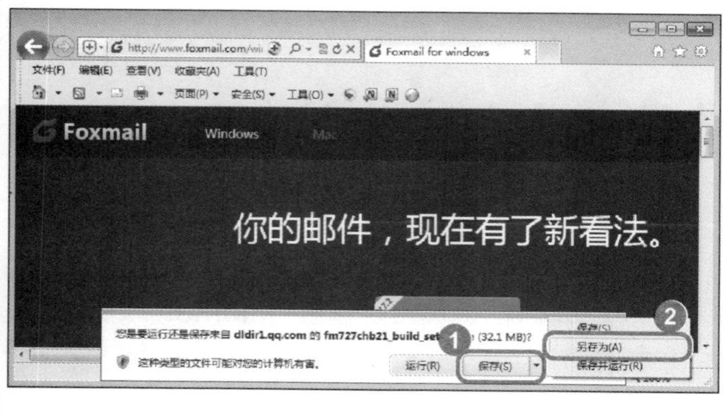

图 6-37

02 选择【另存为】选项

№1 在浏览器下方会弹出一个对话框，单击【保存】按钮 保存(S)。

№2 在弹出的列表框中，选择【另存为】选项，如图 6-37 所示。

图 6-38

03 选择准备保存文件的位置

№1 弹出【另存为】对话框，选择准备保存的位置。

№2 在【文件名】文本框中输入该文件的文件名。

№3 单击【保存】按钮，如图 6-38 所示。

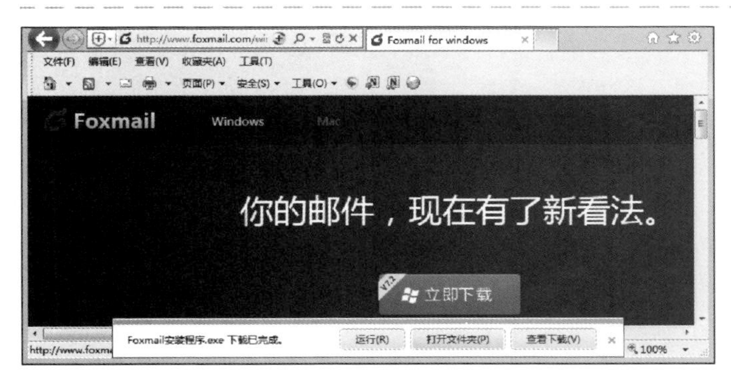

图 6-39

04 完成 Foxmail 的下载

返回到浏览器中，可以看到在下方的对话框中，显示“下载已完成”信息，这样即可完成下载 Foxmail 的操作，如图 6-39 所示。

2. 安装 Foxmail

下载完 Foxmail 软件后，即可安装 Foxmail 软件，下面将详细介绍安装 Foxmail 软件的方法。

图 6-40

01 双击【Foxmail】图标

打开 Foxmail 安装软件所在硬盘位置，找到该软件，双击【Foxmail】图标，如图 6-40 所示。

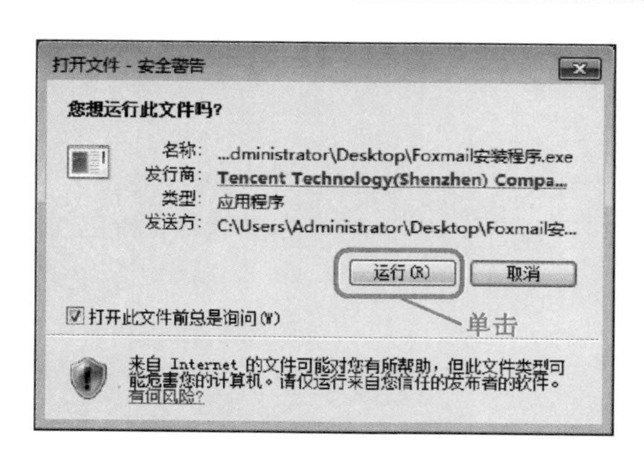

图 6-41

02 单击【运行】按钮

弹出【打开文件 - 安全警告】对话框，提示是否运行该文件，单击【运行】按钮，如图 6-41 所示。

图 6-42

03 单击【自定义安装】选项

弹出【Foxmail 7. 2】对话框，单击右下角的【自定义安装】选项，如图 6-42 所示。

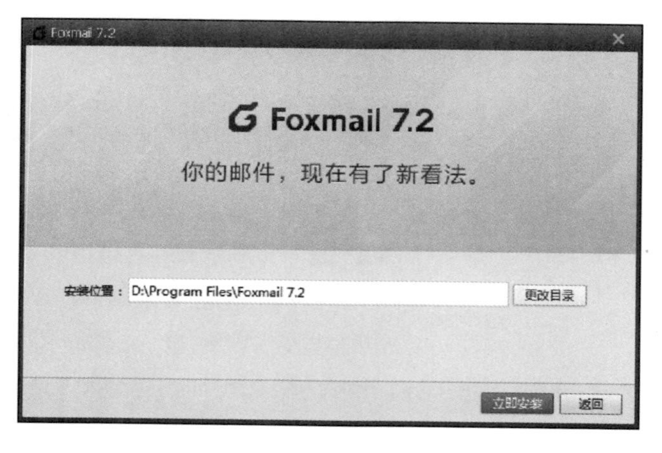

图 6-43

04 单击【更改目录】按钮

进入到下一界面，显示现在软件默认安装的位置，单击【更改目录】按钮 更改目录 ，如图 6-43 所示。

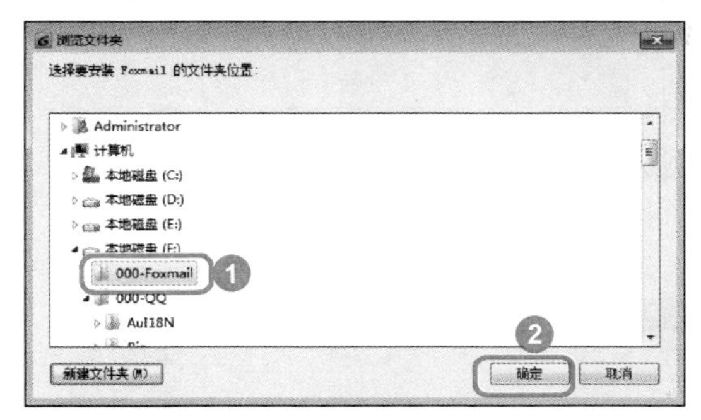

图 6-44

05 选择安装 Foxmail 的文件夹位置

No1 弹出【浏览文件夹】对话框，选择准备安装 Foxmail 的文件夹位置。

No2 单击【确定】按钮，如图 6-44 所示。

图 6-45

06 单击【立即安装】按钮

进入到下一界面，显示刚刚修改过的软件安装的位置，单击【立即安装】按钮，如图 6-45 所示。

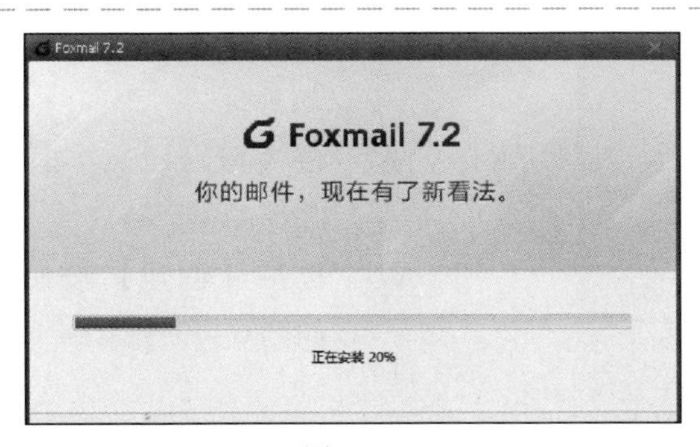

图 6-46

07 正在安装软件

进入到下一界面，正在安装软件，并显示安装进度，用户需要在线等待一段时间，如图 6-46 所示。

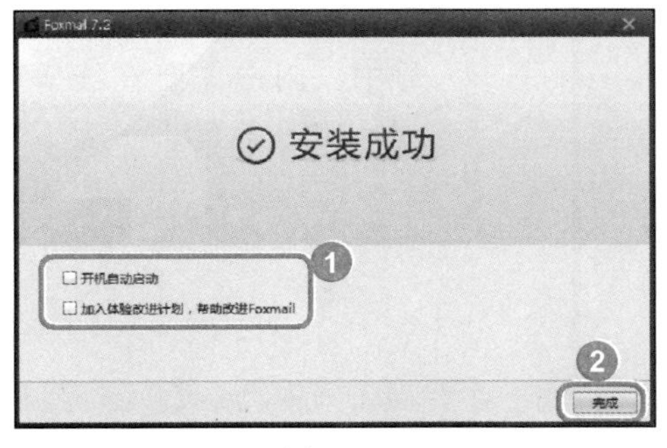

图 6-47

08 完成安装 Foxmail

No1 进入【安装成功】界面，取消选择一些不需要的复选框。

No2 单击【完成】按钮即可完成安装 Foxmail，如图 6-47 所示。

6.4.2 设置 Foxmail 账户

新用户使用 Foxmail，首先需要设置 Foxmail 账户，下面介绍设置 Foxmail 账户的操作方法。

图 6-48

01 检查邮件数据

完成安装 Foxmail 后，双击图标启动该程序，首次启动 Foxmail 时，系统会弹出一个对话框，提示用户“正在检查电脑上的邮件数据信息”，如图 6-48 所示。

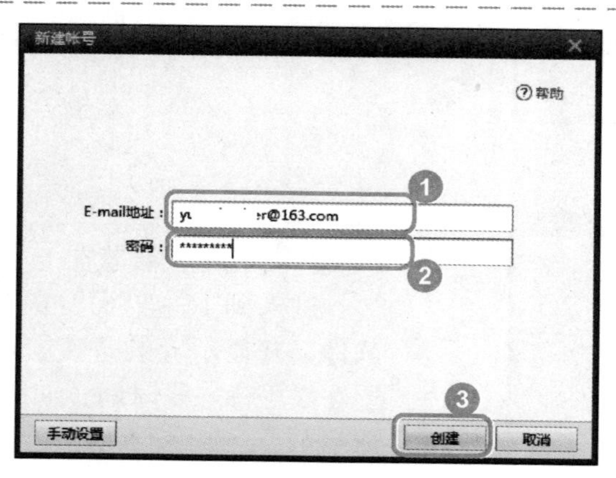

图 6-49

02 创建新账号

No1 弹出【创建账号】对话框，在【E－mail 地址】文本框中，输入自己的邮箱地址。

No2 在【密码】文本框中输入邮箱的密码。

No3 单击【创建】按钮，如图 6-49 所示。

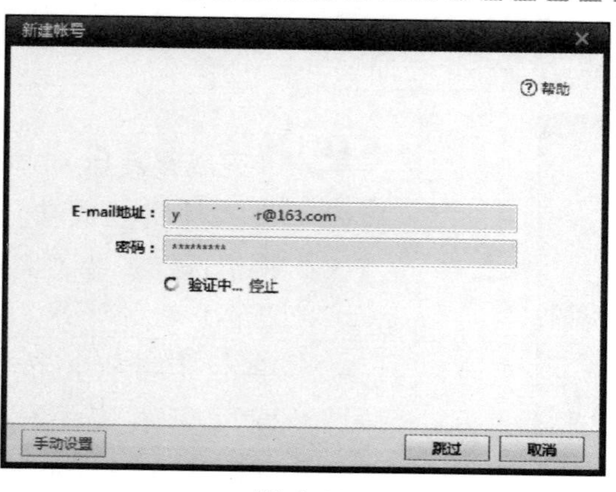

图 6-50

03 正在验证

系统会提示用户正在验证账号中，用户需要在线等待一段时间，如图 6-50 所示。

图 6-51

04 完成设置 Foxmail 账户

进入下一界面，在页面中系统会提示“设置成功”信息，这样即可完成设置 Foxmail 账户的操作，如图 6-51 所示。

6.4.3 阅读电子邮件

使用 Foxmail 可以轻松读取设置账号中的邮件，下面将详细介绍使用 Foxmail 阅读电子邮件的方法。

图 6-52

01 选择准备阅读邮件的账户

No1 进入【Foxmail】窗口，在 Foxmail 程序主界面左侧，选择准备阅读邮件的账户。

No2 单击【收取】按钮 右侧的下拉箭头。

No3 在下拉列表中，选择当前需要阅读邮件的账户，如图 6-52 所示。

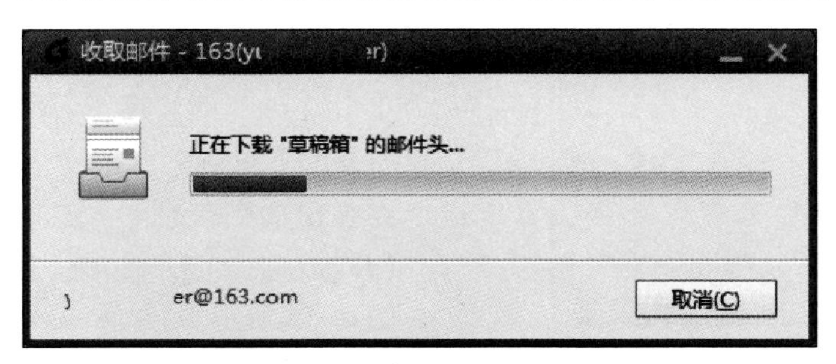

图 6-53

02 正在收取邮件

弹出【收取邮件】对话框，在该对话框中显示收取邮件的进度，如图 6-53 所示。

图 6-54

03 阅读电子邮件

No1 单击准备进行读取邮件的账户下的【收件箱】选项。

No2 在【收件箱】区域单击准备阅读的信件的主题超链接。

No3 在界面右侧即可阅读该邮件的内容，如图 6－54 所示。

教你一招

快速回复阅读后的邮件

在 Foxmail 程序主界面右侧阅读完邮件的内容后，用户可以单击右上角的【快速回复】按钮，系统会弹出一个文本框供写邮件的内容，编辑完成后单击【发送】按钮 发送 ，即可快速回复给该邮件的用户。

6.4.4 撰写并发送电子邮件

通过 Foxmail 可以方便快捷的发送电子邮件，下面介绍使用 Foxmail 撰写并发送电子邮件的操作方法。

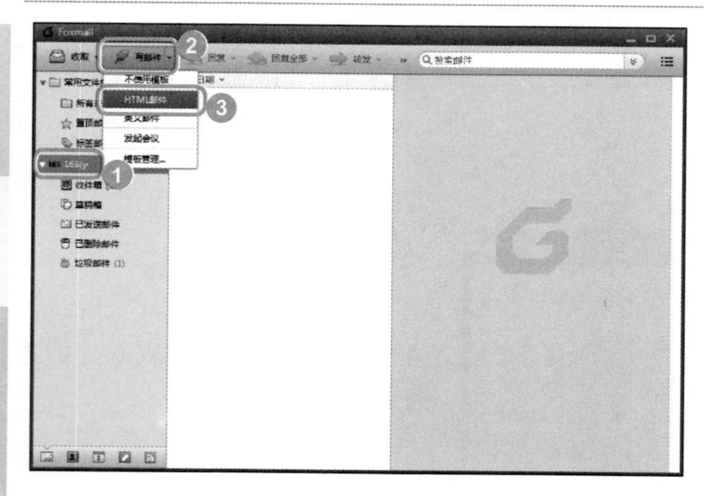

图 6-55

01 单击【写邮件】按钮

No1 进入【Foxmail】窗口，在 Foxmail 程序主界面左侧，选择准备进行撰写邮件的账户。

No2 单击【写邮件】按钮 右侧的下拉箭头。

No3 在弹出的列表框中，选择【HTML 邮件】选项，如图 6-55 所示。

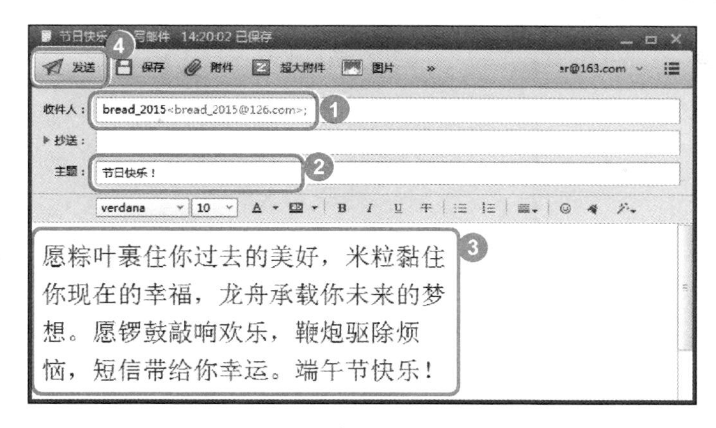

图 6-56

02 撰写邮件内容

No1 进入到【写邮件】窗口，在【收件人】文本框中输入收件人的邮箱地址。

No2 在【主题】文本框中输入邮件的主题。

No3 在【书写邮件】文本框中撰写准备发送的邮件内容。

No4 单击【发送】按钮 发送，如图 6-56 所示。

图 6-57

03 完成撰写发送电子邮件的操作

弹出【发送邮件】对话框，显示文件发送的进度，发送完毕后即可完成撰写发送电子邮件的操作，如图 6-57 所示。

6.4.5 使用地址簿

地址簿可以用来记录联系人的邮箱地址等联系方式，当向该联系人发送邮件时可以快速查找到该联系人的联系方式。下面介绍使用地址簿的相关操作。

1. 在地址簿中新建联系人

将联系人信息添加至地址簿中，可是使用地址簿方便读取联系人信息，下面介绍在地址簿中新建联系人信息的操作方法。

图 6-58

01 新建联系人

No1 在 Foxmail 程序主界面左下角，单击【地址簿】按钮。

No2 单击【新建联系人】按钮，如图 6-58 所示。

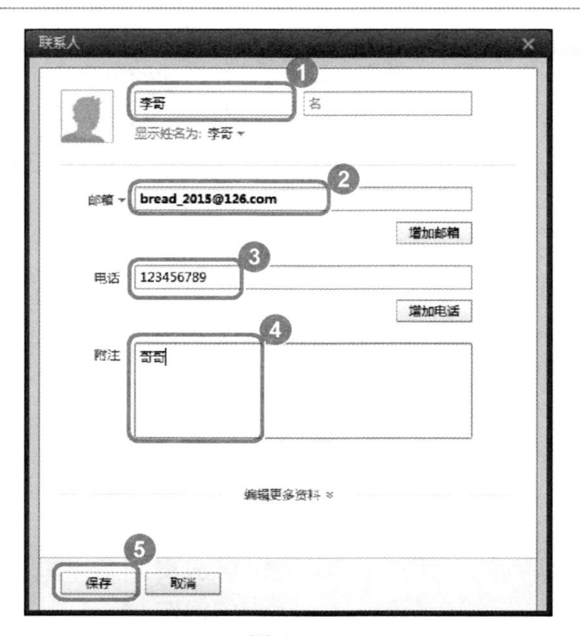

图 6-59

02 填写联系人信息

No1 弹出【联系人】对话框，在【姓名】文本框中输入联系人的姓名。

No2 在【邮箱】文本框中输入联系人的邮箱地址。

No3 在【电话】文本框中输入联系人的电话号码。

No4 在【附注】文本框中，输入需要给联系人备注的一些文本。

No5 单击【保存】按钮，如图 6-59 所示。

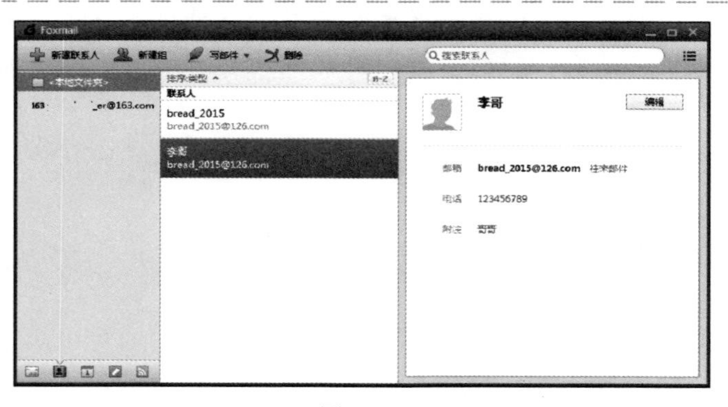

图 6-60

03 完成新建联系人

返回到地址簿界面中，可以看到已经将新建的联系人存放到地址簿中了，通过以上步骤即可完成在地址簿中新建联系人的操作，如图 6-60 所示。

教你一招

编辑联系人卡片

完成在地址簿中新建联系人后，用户可以选择需要再次编辑的联系人卡片，然后单击卡片右上角的【编辑】按钮，进行再次编辑工作。

2. 向地址簿中的联系人发送邮件

将联系人添加至地址簿中的功能之一是方便查找联系人，并向联系人发送邮件，免去了每次向对方发送邮件都需要重复输入邮箱地址的麻烦。下面介绍向地址簿中的联系人发送邮件的操作。

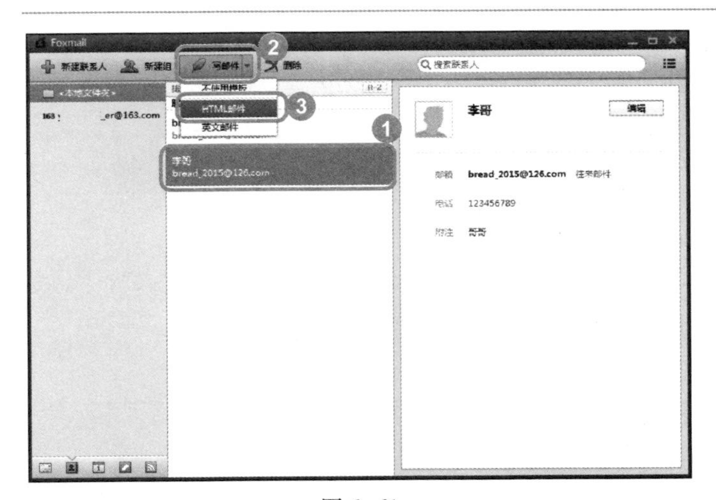

图 6-61

01 单击【写邮件】按钮

No1 进入【地址簿】页面，选择准备发送邮件的联系人。

No2 单击【写邮件】按钮 右侧的下拉箭头。

No3 在弹出的列表框中，选择【HTML 邮件】选项，如图 6-61 所示。

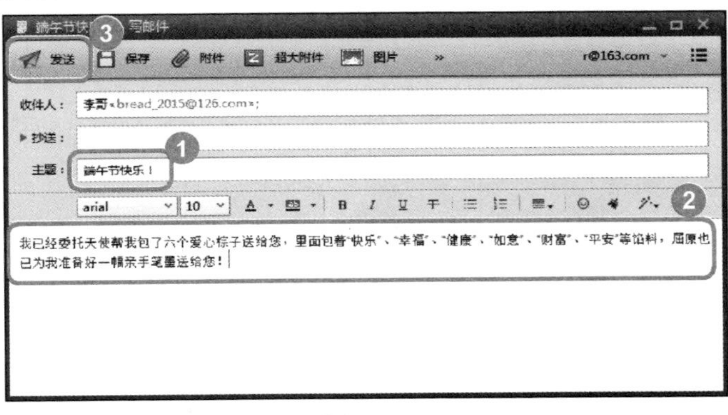

图 6-62

02 撰写邮件内容

No1 进入【写邮件】窗口，在【主题】文本框中输入邮件主题。

No2 在【书写邮件】文本框中撰写准备发送的邮件内容。

No3 单击【发送】按钮 ，如图 6-62 所示。

图 6-63

03 完成向地址簿中的联系人发送邮件的操作

弹出【发送邮件】对话框，提示用户任务成功完成，这样即可完成向地址簿中的联系人发送邮件的操作，如图 6-63 所示。

教你一招

通过右键快捷菜单向地址簿中的联系人发送邮件

进入【地址簿】页面，选择准备发送邮件的联系人并右键单击，在弹出的快捷菜单中，选择【写邮件】菜单项，即可快速给联系人发送邮件。

Section

6.5 实践案例与上机操作

本节导读

通过本章的学习，用户可以掌握收发电子邮件的知识，下面通过几个实践案例进行上机实例操作，以达到巩固学习、拓展提高的目的。

6.5.1 导出电子邮件

在每天与邮件打交道的过程中，有些邮件是非常重要的，比如财务信息、通信录这些，需要特别备份保存。下面将详细介绍导出电子邮件的操作方法。

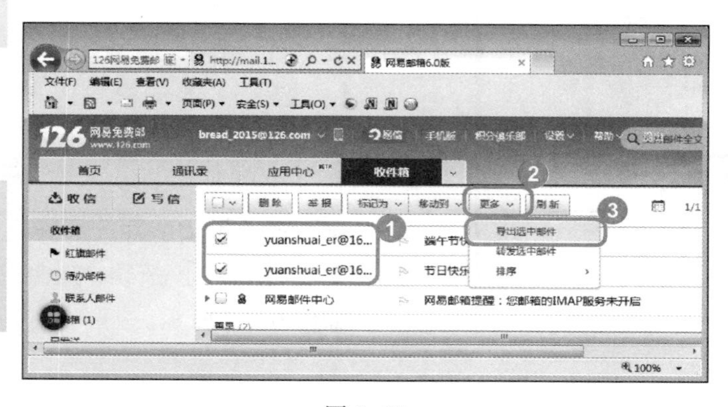

图 6-64

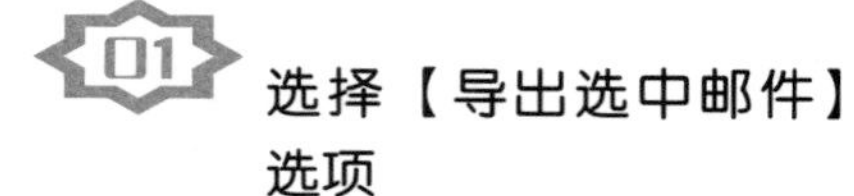

01 选择【导出选中邮件】选项

№1 进入到【收件箱】界面，选择准备导出邮件的前方的复选框。

№2 单击【更多】下拉按钮。

№3 在弹出的列表框中，选择【导出选中邮件】选项，如图 6-64 所示。

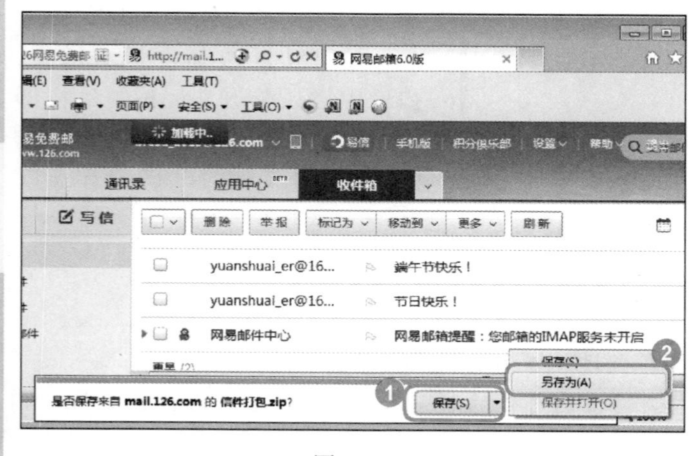

图 6-65

02 选择【另存为】选项

№1 在浏览器下方会弹出一个对话框，提示用户是否保存文件，单击【保存】按钮 保存(S) 。

№2 在弹出的列表框中，选择【另存为】选项，如图 6-65 所示。

图 6-66

03 弹出对话框，设置保存相关选项

№1 弹出【另存为】对话框，选择准备保存电子邮件文件的位置

№2 在【文件名】文本框中，输入文件名称。

№3 单击【保存】按钮，如图 6-66 所示。

图 6-67

04 单击【打开文件夹】按钮

在浏览器下方会弹出一个对话框，提示用户下载已完成，单击【打开文件夹】按钮，如图 6-67 所示。

图 6-68

05 完成导出电子邮件的操作

打开导出的电子邮件所在的位置，可以看到导出的文件，这样即可完成导出电子邮件的操作，如图 6-68 所示。

6.5.2 转发电子邮件

126 网易邮箱是国内使用最为广泛的邮箱之一，它以稳定性著称。使用 126 网易邮箱转发邮件是一件非常简单的事情，下面介绍其操作方法。

图 6-69

01 选择【转发选中邮件】选项

№1 进入到【收件箱】界面，选择准备转发邮件的前方的复选框。

№2 单击【更多】下拉按钮。

№3 在弹出的列表框中，选择【转发选中邮件】选项，如图 6-69 所示。

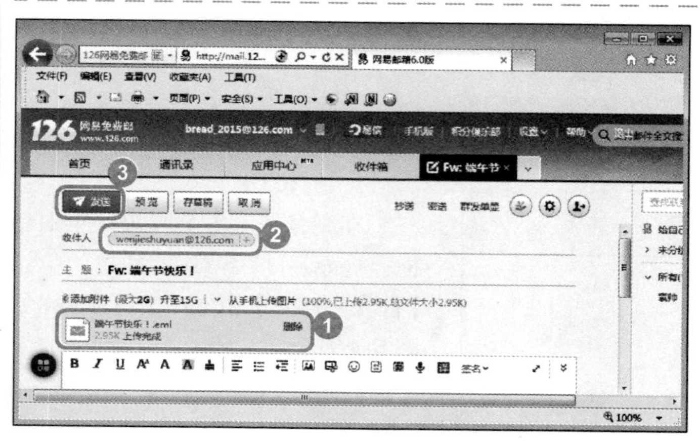

图 6-70

02 填写转发信息

№1 系统会自动进入写信页面，并且将刚刚选中的邮件内容以附件的形式上传完毕。

№2 填写收件人邮箱地址。

№3 单击【发送】按钮，如图 6-70 所示。

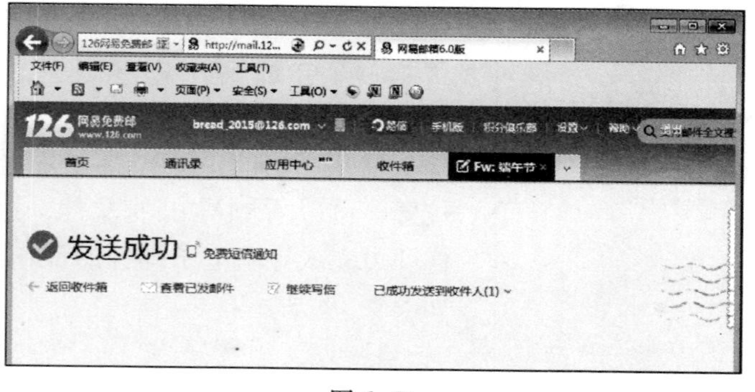

图 6-71

03 完成转发电子邮件的操作

进入下一页面，提示用户邮件发送成功，这样即可完成转发电子邮件的操作，如图 6-71 所示。

6.5.3 对 Foxmail 设置签名

平常发送邮件，经常需要在邮件和尾部写上自己的联系方法，以便对方阅读完自己的邮件之后能通过这些信息联系自己。下面将详细介绍对 Foxmail 设置签名的方法。

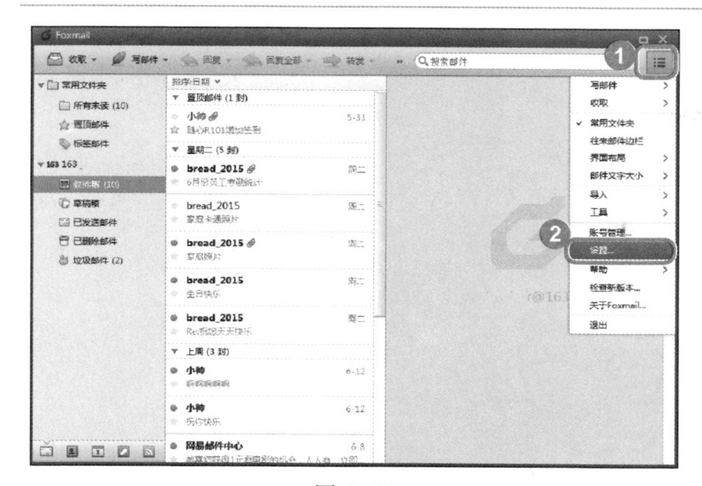

图 6-72

01 选择【设置】菜单项

No1 进入 Foxmail 程序主界面，单击右上角的三条线按钮☰。

No2 在弹出的菜单中，选择【设置】菜单项，如图 6-72 所示。

图 6-73

02 弹出对话框，设置签名内容

No1 弹出【系统设置】对话框，单击上方的【写邮件】按钮 。

No2 选择准备设置的账号。

No3 在文本框中输入详细的签名内容。

No4 选择【启用签名】复选框。

No5 单击【确定】按钮 ，如图 6-73 所示。

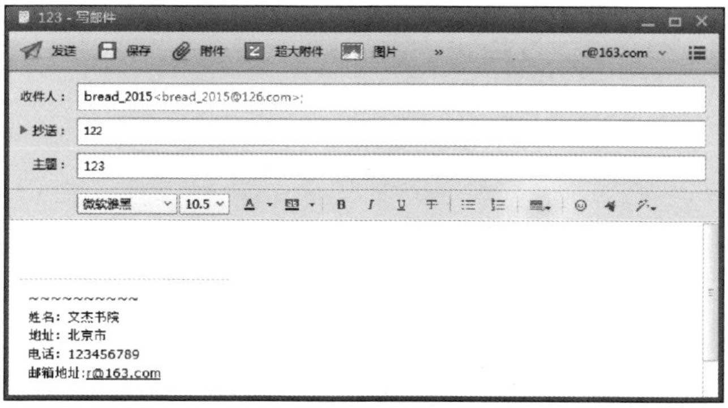

图 6-74

03 完成对 Foxmail 设置签名

打开【写邮件】窗口，可以看到在文本框中已经出现刚刚设置的签名内容，这样即可完成对 Foxmail 设置签名的操作，如图 6-74 所示。

第1章
网络游戏

本章内容导读

本章主要介绍网络游戏的知识，还讲解了QQ游戏、联众世界的操作。在本章的最后还针对实际的工作需求，详细讲解了一些实例的上机操作方法。通过本章的学习，读者可以掌握畅玩网络游戏的知识，为进一步学习电脑、手机网上的相关知识奠定了基础。

本章知识要点

- □ 简单好玩的QQ游戏
- □ 联众世界

Section

7.1 简单好玩的 QQ 游戏

本节导读

QQ 游戏是一个休闲游戏平台，包含游戏项目众多，但都属于一些休闲类的小游戏，用户可以在空闲之余玩玩这些小游戏，放松一下心情。QQ 游戏是在 QQ 用户之间进行游戏，用户还可以与自己的好友进行一场“比拼”。本节介绍 QQ 游戏的相关知识。

7.1.1 进入 QQ 游戏大厅

用户可以在网址“http://qqgame.qq.com”中进行下载 QQ 游戏大厅，安装 QQ 游戏大厅后即可进入 QQ 游戏大厅。它包含很多种休闲类游戏，如“斗地主、连连看、对对碰”等，下面将详细介绍进入 QQ 游戏大厅的操作方法。

图 7-1

01 双击 QQ 游戏大厅的图标

在电脑中找到 QQ 游戏大厅软件，双击 QQ 游戏大厅的图标，如图 7-1 所示。

图 7-2

02 登录 QQ 游戏大厅

No1 弹出【QQ 游戏 2015】对话框，在【账号】文本框中，输入 QQ 账号。

No2 在【密码】文本框中，输入 QQ 密码。

No3 单击【登录】按钮，如图 7-2 所示。

图 7-3

03 完成进入 QQ 游戏大厅的操作

打开【QQ 游戏 2015】窗口，进入到 QQ 游戏大厅，这样即可完成进入 QQ 游戏大厅的操作，如图 7-3 所示。

7.1.2 下载与安装游戏

在进行 QQ 游戏之前，需要将准备玩的游戏进行下载并且安装，下面以下载与安装“欢乐斗地主”为例，来介绍下载与安装游戏的操作方法。

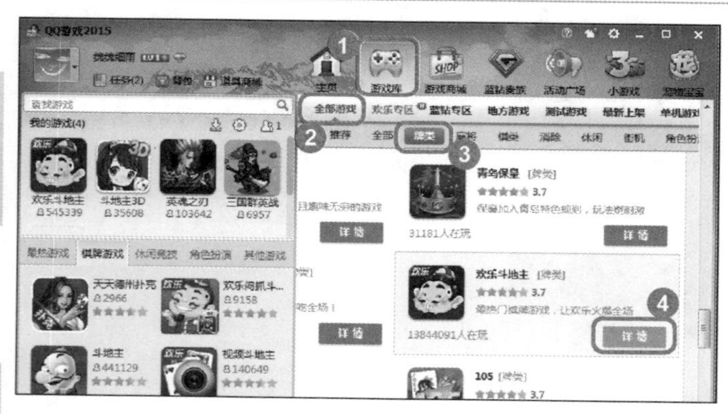

图 7-4

01 找到游戏

No1 进入到 QQ 游戏大厅，单击【游戏库】按钮。

No2 选择【全部游戏】选项。

No3 选择【牌类】选项。

No4 在其中找到“欢乐斗地主”，并单击【详情】按钮，如图 7-4 所示。

图 7-5

02 单击【开始游戏】按钮

No1 进入下一页面，选择【同意用户协议】复选框。

No2 单击【开始游戏】按钮，如图 7-5 所示。

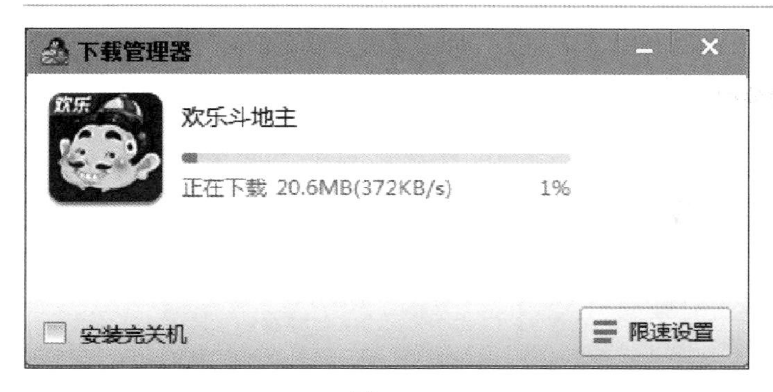

图 7-6

03 正在下载游戏

弹出【下载管理器】对话框，欢乐斗地主正在下载中，并显示其下载进度，如图 7-6 所示。

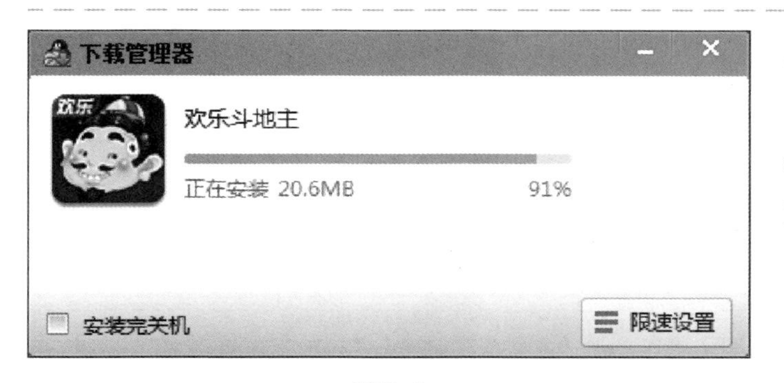

图 7-7

04 正在安装游戏

下载完成后，系统会自动进行安装游戏，并显示其安装进度，如图 7-7 所示。

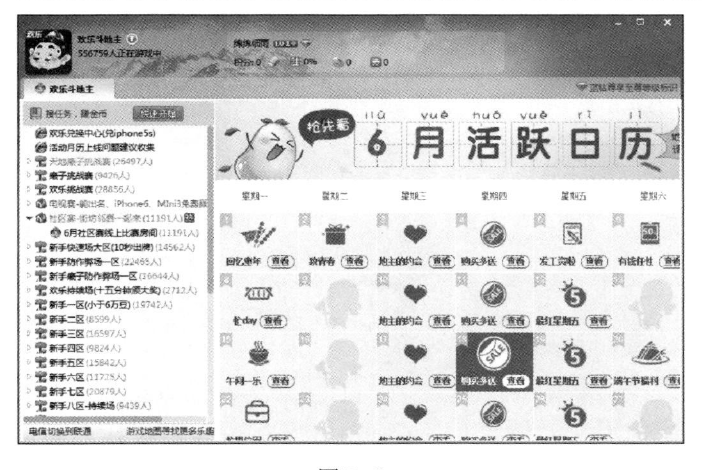

图 7-8

05 完成下载与安装游戏的操作

进入到【欢乐斗地主】界面，在其中显示游戏房间等信息，这样即可完成下载与安装游戏的操作，如图 7-8 所示。

7.1.3 参与游戏

QQ 游戏安装完成后，用户即可进入相应的游戏界面进行游戏了。下面以玩“欢乐斗地主”为例，介绍参与游戏的操作方法。

图 7-9

01 单击【欢乐斗地主】图标

进入到【QQ 游戏 2015】界面，在【我的游戏】区域下方，单击【欢乐斗地主】图标，如图 7-9 所示。

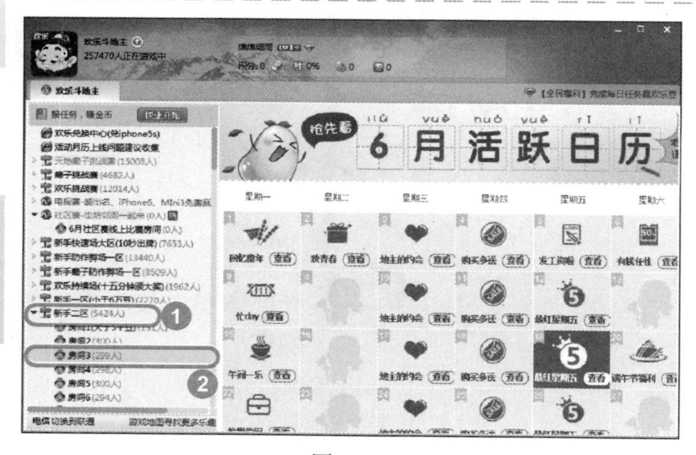

图 7-10

02 选择准备进入的游戏房间

No1 进入到【欢乐斗地主】界面，选择准备进入的游戏大区

No2 选择准备进入的游戏房间，如图 7-10 所示。

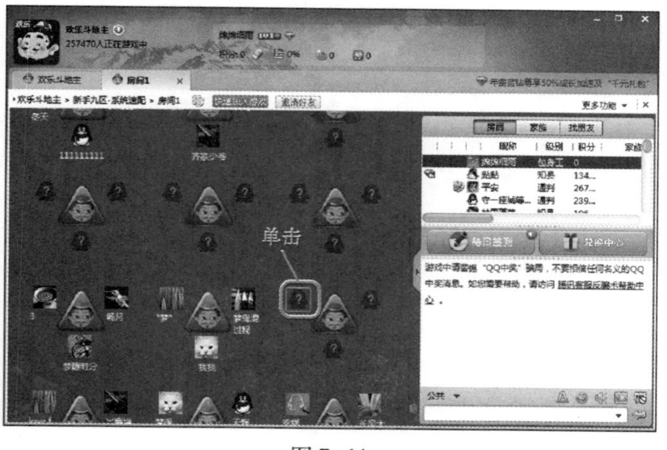

图 7-11

03 选择准备进入的游戏座位号

进入到选择的游戏房间内，在其中显示该房间内进行游戏的玩家，选择准备进入的游戏座位号，如图 7-11 所示。

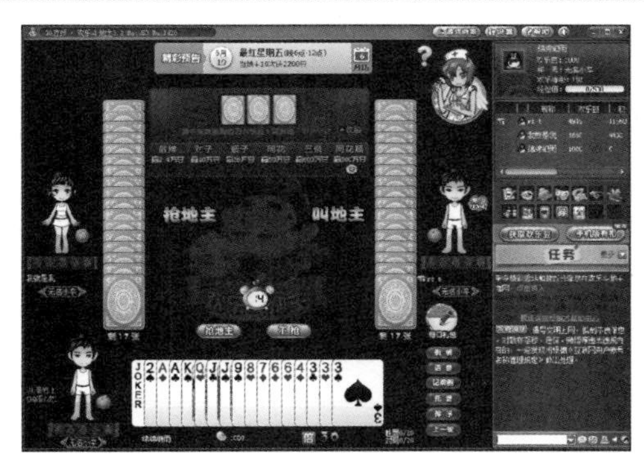

图 7-12

04 完成参与游戏

进入到欢乐斗地主游戏界面，当所有玩家都准备进行游戏后，游戏即可开始，如图 7-12 所示。

7.1.4 常见的 QQ 游戏介绍

QQ 游戏是腾讯游戏旗下品牌，定位综合性精品游戏社区平台。它已涵盖棋牌麻将、休闲竞技、桌游、策略、养成、模拟经营、角色扮演等游戏种类。下面将分别予以详细介绍这些常见的 QQ 游戏。

1. 休闲竞技游戏

休闲竞技游戏主要有 QQ 雷电、火拼俄罗斯、美女找茬、连连看、对对碰、QQ 龙珠、零用钱大作战、2D 桌球、挖金子等游戏。

2. 麻将类游戏

麻将类游戏主要有火拼麻将、欢乐麻将、QQ 麻将、四川麻将、武汉麻将、杭州麻将、长沙麻将、广东麻将等。

3. 牌类游戏

牌类游戏主要有欢乐斗地主、四人斗地主、升级、双扣、锄大地、拱猪、三打一、保皇、红十、挖坑等。

4. 棋类游戏

棋类游戏主要有四国军棋、中国象棋、新中国象棋、飞行棋、QQ 跳棋、五子棋、围棋等。

5. 桌游

桌游主要有英雄杀、千智风声等。

6. 策略

策略类游戏主要有烽火战国、后院三国、幻想之城、七雄争霸、丝路英雄、王朝霸域等。

7. 模拟经营

模拟经营类游戏主要玫瑰小镇、蛋糕心语、QQ 天堂岛、摩登城市等。

8. 养成

养成类游戏主要有 Q 宠大乐斗、宝宝乐园、小白大作战等。

9. 角色扮演

角色扮演类游戏主要有 QQ 九仙、超级明星、楚河汉界、功夫西游、江湖笑、魔幻大陆、蜀山传奇等。

Section 7.2 联众世界

本节导读

联众世界是一家服务于全球网民，以提供网络棋牌类及其他种类网络游戏为主的综合网络休闲娱乐游戏平台。本节介绍畅玩联众世界的相关知识。

7.2.1 下载联众世界游戏大厅

在使用联众世界进行游戏前，需要先下载联众世界游戏大厅的安装程序，可以在网址“www. ourgame. com”中下载游戏。下面介绍下载联众世界游戏大厅的方法。

图 7-13

01 单击【大厅下载】按钮

输入网址进入【联众大厅】网页，单击页面右侧的【大厅下载】按钮，如图 7－13 所示。

图 7-14

02 选择【另存为】选项

No1 在浏览器下方会弹出一个对话框，单击【保存】按钮 保存(S)。

No2 在弹出的列表框中，选择【另存为】选项，如图 7-14 所示。

图 7-15

03 弹出对话框，设置保存相关选项

No1 弹出【另存为】对话框，选择准备保存的位置。

No2 在【文件名】文本框中，输入准备使用的名称。

No3 单击【保存】按钮，如图 7-15 所示。

图 7-16

04 正在下载文件

返回浏览器中，可以看到浏览器下方会弹出一个对话框，显示文件下载进度，如图 7-16 所示。

图 7-17

05 完成下载联众世界游戏大厅

在线等待一段时间后，该对话框中会显示下载已完成，这样即可完成下载联众世界游戏大厅的操作，如图 7-17 所示。

7.2.2 安装联众世界游戏大厅

联众世界游戏大厅的安装程序下载完成后，需要将联众世界游戏大厅软件安装到电脑中即可使用，下面介绍安装联众游戏大厅的操作方法。

图 7-18

01 双击安装程序的图标

在电脑中找到联众世界游戏大厅安装程序，双击联众世界游戏大厅安装程序的图标，如图 7-18 所示。

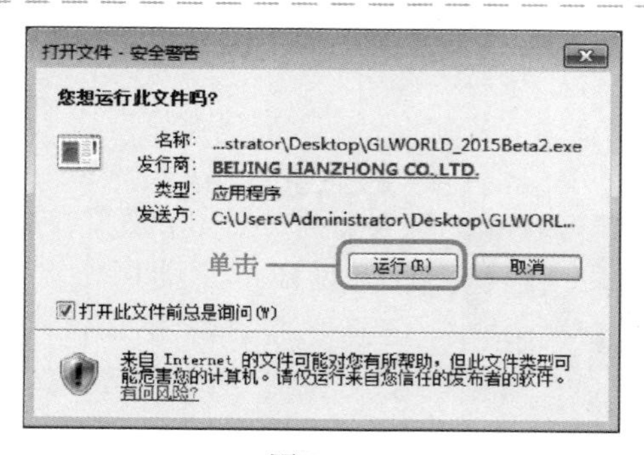

图 7-19

02 单击【运行】按钮

弹出【打开文件 - 安全警告】对话框，单击【运行】按钮运行(R)，如图 7-19 所示。

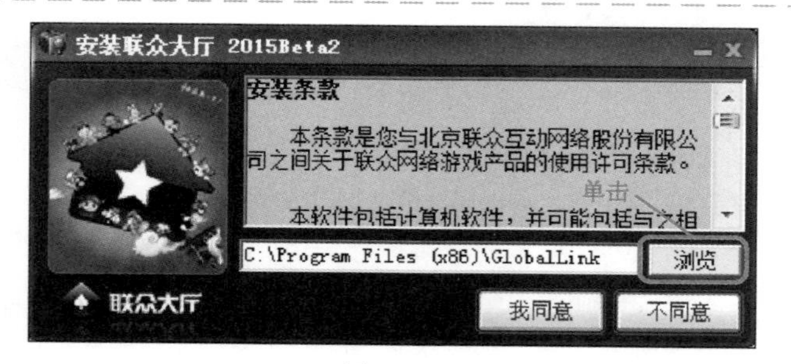

图 7-20

03 单击【浏览】按钮

弹出【安装联众大厅】对话框，在对话框中单击【浏览】按钮浏览，如图 7-20 所示。

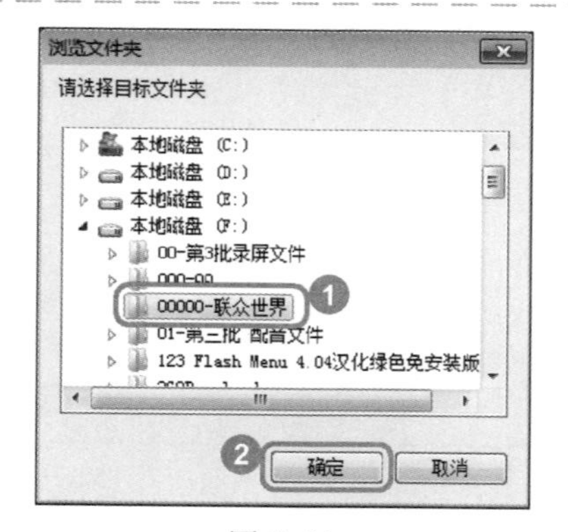

图 7-21

04 选择准备保存的位置

No1 弹出【浏览文件夹】对话框，在【请选择目标文件夹】区域中，选择准备保存的位置。

No2 单击【确定】按钮，如图 7-21 所示。

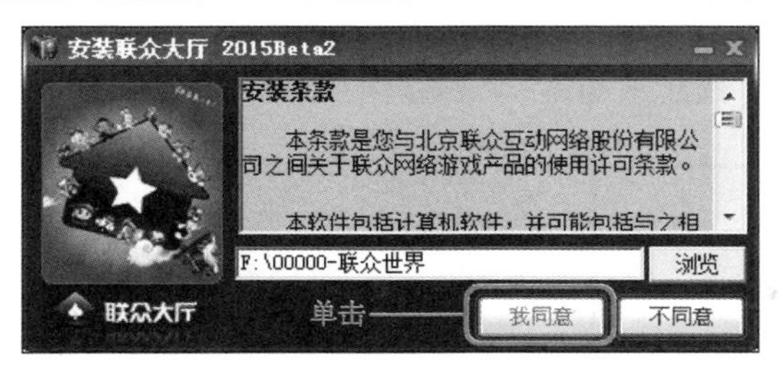

图 7-22

05 单击【我同意】按钮

返回到【安装联众大厅】对话框，单击【我同意】按钮 我同意，如图 7-22 所示。

图 7-23

06 正在安装

进入下一界面，显示安装进度，用户需要在线等待一段时间，如图 7-23 所示。

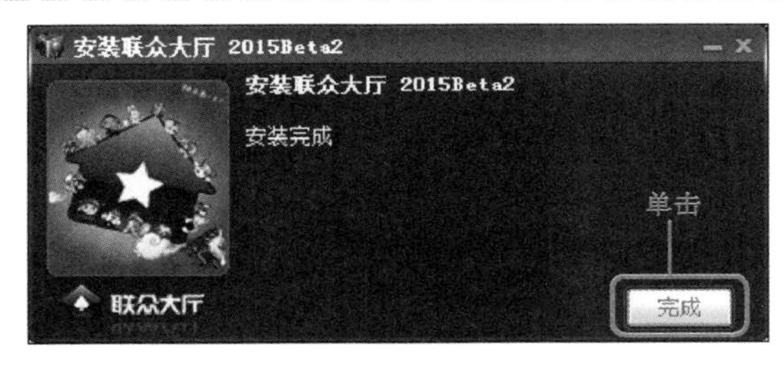

图 7-24

07 完成安装

安装完成后，对话框中提示“安装完成”信息，单击【完成】按钮 完成，即可完成安装联众世界游戏大厅的操作，如图 7-24 所示。

7.2.3 注册联众世界账号

联众世界游戏大厅下载完成后，需要申请一个联众世界的游戏账号，才可以在联众游戏大厅中进行游戏，下面介绍注册联众世界账号的方法。

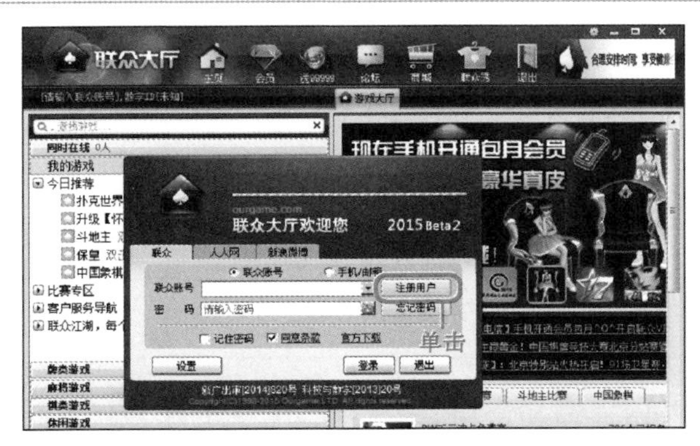

图 7-25

01 单击【注册用户】按钮

打开【联众世界】游戏大厅窗口，弹出【登录】对话框，单击【注册用户】按钮 注册用户，如图 7-25 所示。

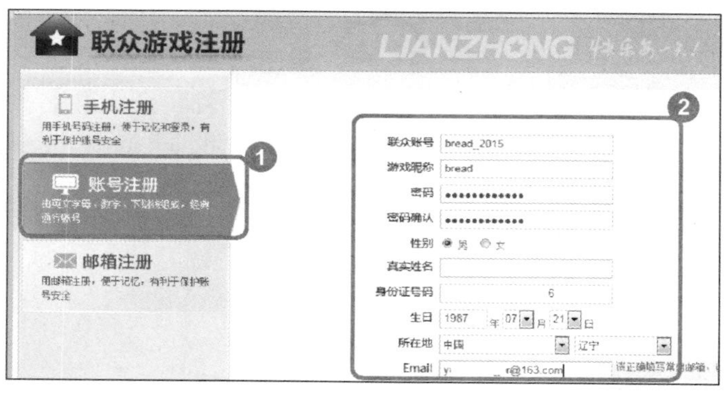

图 7–26

02 输入注册信息

No1 弹出【联众游戏注册】网页窗口，选择【账号注册】选项。

No2 输入游戏账号、昵称、密码、密码确认、身份证号和真实姓名等注册信息，如图 7–26 所示。

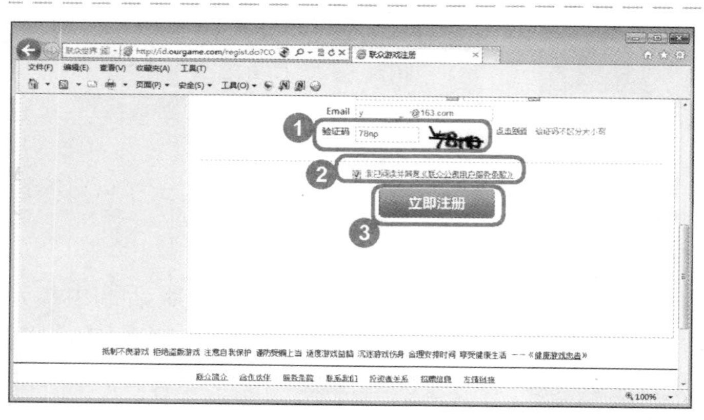

图 7–27

03 单击【立即注册】按钮

No1 输入验证码信息。

No2 选择【我已阅读并同意】复选框。

No3 单击【立即注册】按钮 立即注册，如图 7–27 所示。

图 7–28

04 完成注册联众世界账号

进入下一页面，提示用户注册成功，并显示获得的联众账号，这样即可完成注册联众世界账号的操作，如图 7–28 所示。

7.2.4 登录联众游戏大厅

联众游戏账号注册完成后，输入账号和密码即可登录联众游戏大厅进行游戏，下面介绍登录联众游戏大厅的方法。

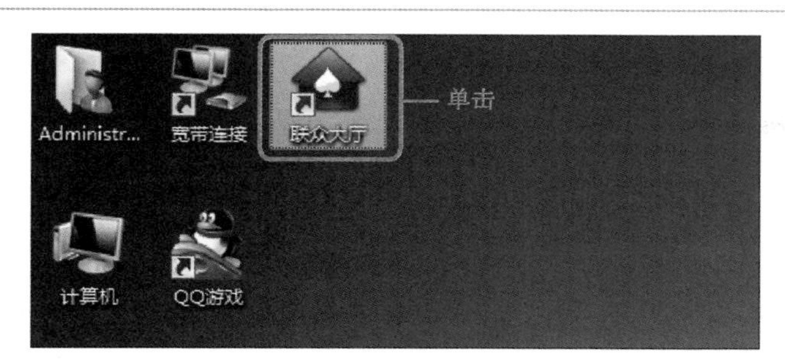

图 7-29

01 双击【联众大厅】图标

在电脑桌面上找到联众大厅快捷方式图标，双击【联众大厅】图标，如图 7-29 所示。

图 7-30

02 输入账号和密码

№1 弹出【联众大厅】游戏大厅窗口，在【登录】对话框的【联众账号】文本框中，输入游戏账号。

№2 在【密码】文本框中，输入游戏密码。

№3 单击【登录】按钮，如图 7-30 所示。

图 7-31

03 完成登录联众游戏大厅的操作

进入到【联众大厅】游戏大厅窗口，可以看到已经登录到游戏大厅中，并显示登录的账号。这样即可完成登录联众游戏大厅的操作，如图 7-31 所示。

7.2.5 安装并进行游戏

在使用联众大厅进行游戏之前，需要先将准备玩的游戏进行下载安装，然后即可进行游戏，下面将详细介绍其操作方法。

图 7-32

01 单击【点击进入】按钮

No1 在【联众大厅】窗口左侧，选择【棋类游戏】选项卡。

No2 弹出该类游戏的下拉菜单，在准备下载游戏选项右侧，单击【点击进入】按钮 点击进入 ，如图 7-32 所示。

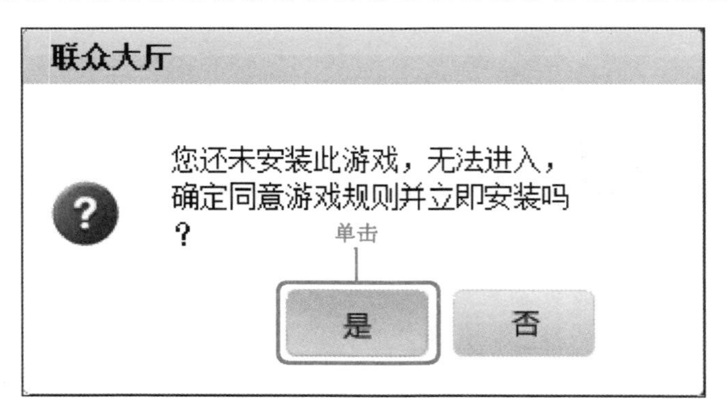

图 7-33

02 单击【是】按钮

弹出【联众大厅】对话框，提示还未安装此游戏，无法进入，需要立即安装，单击【是】按钮 是 ，如图 7-33 所示。

图 7-34

03 完成安装游戏

返回到【联众大厅】窗口左侧，可以看到选择的游戏已经完毕，并且出现该游戏图标，这样就完成了下载安装游戏的操作，如图 7-34 所示。

图 7-35

04 选择准备进行的游戏房间

No1 在【联众大厅】游戏大厅窗口左侧，选择【棋类游戏】选项卡。

No2 选择准备进行的游戏项目，如选择“中国象棋”。

No3 选择准备进入的房间，如图 7-35 所示。

图 7-36

05 正在进入房间

在【联众大厅】游戏大厅窗口中，会弹出一个小对话框，提示用户正在进入房间，如图 7-36 所示。

图 7-37

06 选择游戏座位

进入该游戏房间，显示着该游戏房间中的座位安排，在准备进入的无人游戏座位上单击，如图 7-37 所示。

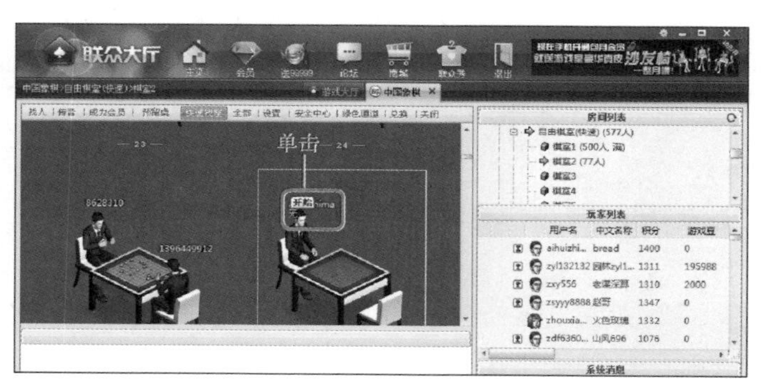

图 7-38

07 单击【开始】按钮

在座位上显示坐下的人物就是用户自己，在人物上方单击【开始】按钮开始，准备进行游戏，如图 7-38 所示。

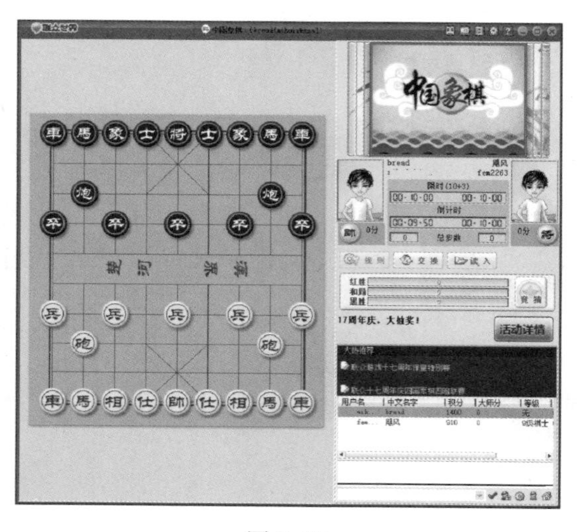

图 7-39

08 完成安装并进行游戏的操作

进入游戏界面，当所有玩家都准备进行游戏后，即可开始进行游戏，通过以上步骤即可完成安装并进行游戏的操作，如图 7-39 所示。

Section

7.3 实践案例与上机操作

本节导读

通过本章的学习，用户可以掌握畅玩网络游戏方面的知识，下面通过几个实践案例进行上机实例操作，以达到巩固学习、拓展提高的目的。

7.3.1 在 QQ 游戏大厅中做任务

QQ 游戏是平时打发时间的一个首选，游戏的种类很多，QQ 游戏大厅中有个任务系统，做任务可以得到一些丰厚奖励，下面将详细介绍其操作方法。

图 7-40

01 单击左上角的【任务】按钮

启动 QQ 游戏，进入到【QQ 游戏 2015】界面，单击左上角的【任务】按钮，如图 7-40 所示。

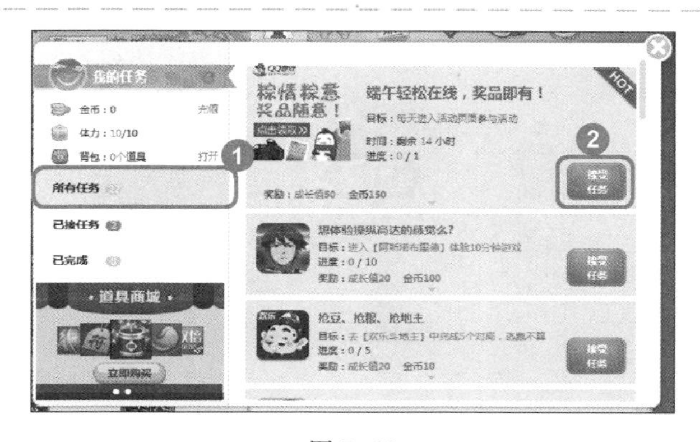

图 7-41

02 单击【接受任务】按钮

No1 弹出【我的任务】对话框，选择【所有任务】选项卡。

No1 在对话框右侧，在准备进行任务的窗格中，单击【接受任务】按钮，如图 7-41 所示。

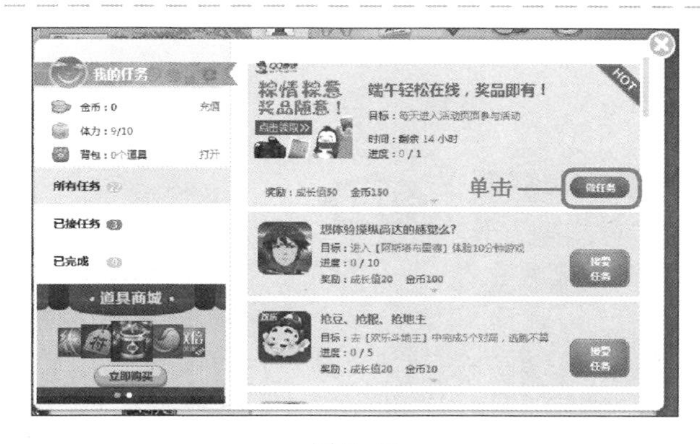

图 7-42

03 单击【做任务】按钮

该条任务中的【接受任务】按钮会变成【做任务】按钮，单击该按钮即可根据系统提示完成任务，如图 7-42 所示。

7.3.2 使用联众世界游戏大厅快速搜索进行游戏

使用联众世界游戏大厅玩游戏时，如果想快速进行一个游戏，可以通过搜索功能来迅速进入该游戏，下面将详细介绍其操作方法。

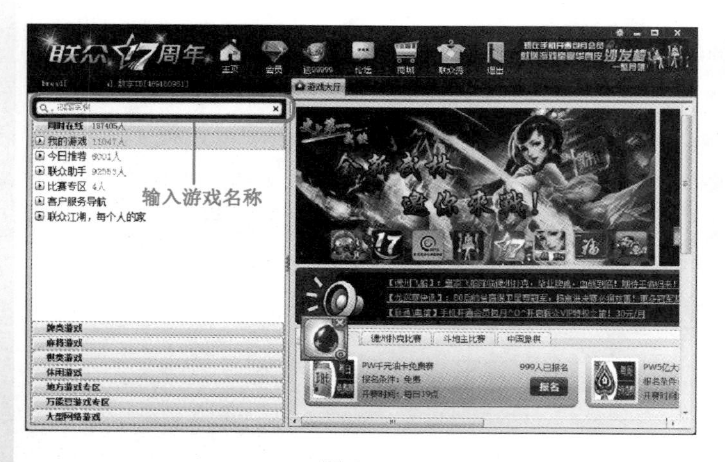

图 7-43

01 输入准备玩的游戏名称

进入到【联众大厅】游戏大厅窗口，在【搜索】文本框中，输入准备玩的游戏名称，然后按下键盘上的〈Enter〉键，如图 7-43 所示。

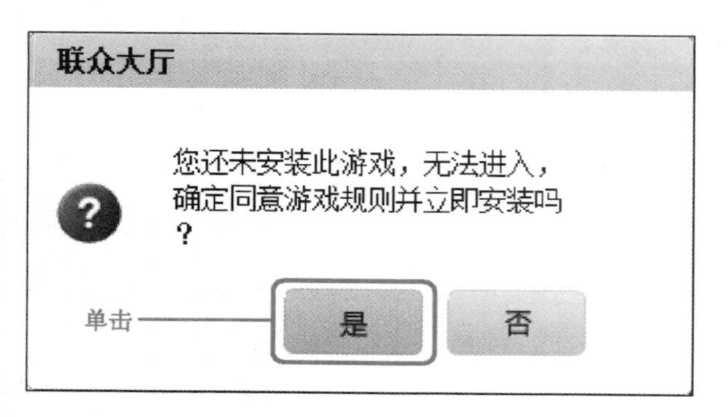

图 7-44

02 单击【是】按钮

弹出【联众大厅】对话框，提示是否安装该游戏，单击【是】按钮 是，如图 7-44 所示。

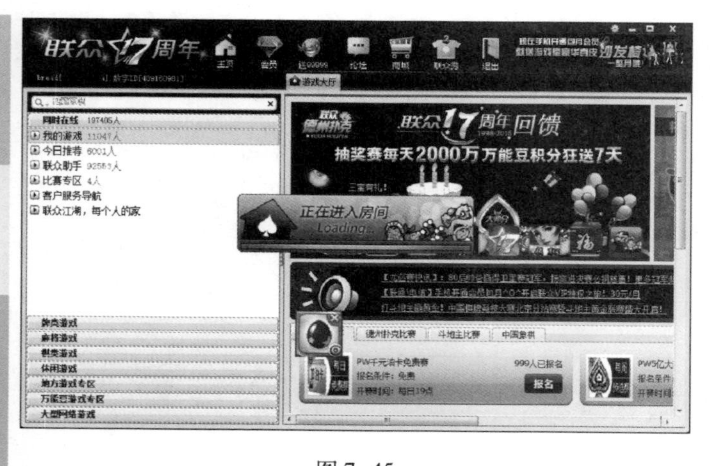

图 7-45

03 正在进入房间

在线等待一段时间后，系统会自动下载安装完毕该游戏，然后会自动进入游戏房间，显示正在进入房间信息，如图 7-45 所示。

图 7-46

04 进入到游戏房间

进入到游戏房间，显示着该游戏房间中的座位安排，然后用户即可按照 7.2.5 小节中介绍的方法进行游戏了，如图 7-46 所示。

第 8 章

网上视听新生活

本章内容导读

本章主要介绍在网上听音乐、看电影、电视和听广播等方面的知识，同时还讲解了使用 QQ 音乐播放器、酷我音乐盒、PPTV 客户端、QQ 视频、悠视直播和龙卷风播放器的操作。在本章的最后还针对实际的需求，讲解了一些实例的上机操作方法。通过本章的学习，读者可以掌握在网上听歌曲、广播和看视频方面的知识，为进一步学习电脑、手机上网的相关知识奠定了基础。

本章知识要点

- 网络音乐
- 看电影与电视
- 网络电台广播

Section

8.1 网络音乐

本节导读

在网络上听音乐，除了可以将音乐下载到本地电脑中再欣赏，还可以在线欣赏音乐。在线欣赏音乐可以通过应用软件来实现，也可以通过直接在网页上打开音乐欣赏。本节介绍有关网络音乐的相关知识及操作方法。

8.1.1 音乐网站介绍

下面介绍一些知名的音乐网站。

1. 酷我音乐

酷我音乐是一家权威在线音乐网站，向用户提供免费在线音乐试听、音乐下载和 MV 播放等服务。酷我音乐拥有海量的音乐曲库，即时更新的全球音乐排行榜，播放更流畅，音质更完美。同时提供最新版在线音乐播放器，酷我音乐客户端、酷我 K 歌、酷我听听的免费下载，满足用户全方位的听歌需求。其网址为 www. kuwo. cn。

2. 虾米音乐网

虾米网独创的基于 P2P 的网络正版音乐分销平台首次将音乐版权人、发行商和消费者三方利益进行统一，通过用户主动分享行为使得版权人的作品可以得到相应的收益。虾米网是国内首家提供包括网站、桌面软件、手机客户端、手持电脑、车载终端、机顶盒等跨平台多终端云端音乐服务的提供商。其官方网址为 www. xiami. com。

3. 音悦 Tai

音悦 Tai，是一家专注于高清 MV 在线欣赏与传播的音乐分享平台。它紧跟新歌发片速度，通过筛选网友提供的内容，第一时间为用户呈现 MV 作品。音悦 Tai 还是广大的 MV 爱好者的社交网络平台，在音悦 Tai 建设“我的家”，把自己的最爱 MV、悦单秀给大家，以找到志趣相投的悦友。其网址为 www. yinyuetai. com。

4. 一听音乐网

一听音乐网是在线音乐网站，集正版音乐、原创歌曲平台、网络电台为一体，拥有丰富的正版音乐库、原创歌曲展示平台（可乐频道）和精彩纷呈的电台节目（一听音乐台）。歌曲更新迅速，试听流畅，口碑佳。其网址为 www. 1ting. com。

5. 酷狗音乐

酷狗是中国领先的数字音乐交互服务提供商。酷狗音乐频道是酷狗最新的网页在线听歌平台，提供最新、最快、最全、最方便快捷的音乐资源在线收听服务。其网址为 www. kugou. com。

6. 百度音乐

百度音乐为用户提供海量正版高品质音乐、最极致的音乐音效和音乐体验、最权威的音乐榜单、最快的独家首发歌曲、最优质的歌曲整合歌单推荐、最契合用户的主题电台、最全的 MV 视频库、最人性化的歌曲搜索，让用户更快地找到喜爱的音乐，为用户还原音乐本色，带给全新的音乐体验。其网址为 music. baidu. com。

7. QQ 音乐

QQ 音乐是中国最大的网络音乐平台，是中国互联网领域领先的正版数字音乐服务提供商，是腾讯公司推出的一款免费音乐播放器，向广大用户提供方便流畅的在线音乐和丰富多彩的音乐社区服务，海量乐库在线试听、卡拉 OK 歌词模式、最流行新歌在线首发、手机铃声下载、超好用音乐管理，绿钻用户还可享受高品质音乐试听、正版音乐下载、免费空间背景音乐设置、MV 观看等特权。其网址为 y. qq. com。

8. 九酷音乐网

九酷音乐网是专业的在线音乐试听 MP3 下载网站。收录了网上最新歌曲和流行音乐、网络歌曲、非主流音乐、QQ 音乐、经典老歌、搞笑歌曲、儿童歌曲、英文歌曲等。其网址为 www. 9ku. com。

9. 365 音乐网

365 音乐网是一家在线音乐门户，它分享最新网络歌曲，带给用户最好听的新歌，其网址为 www. yue365. com。

10. 搜狗音乐

搜狗音乐，是搜狐公司旗下的集合音乐在线试听、下载等众多功能的音乐综合网站。其网址为 mp3. sogou. com。

8. 1. 2 在网站中听音乐

如果用户的电脑没有安装相关的音乐软件，又想听听音乐，那么可以在网页中播放在线音乐。下面以在酷我音乐网中在线听音乐为例，详细介绍在网站中听音乐的操作方法。

图 8-1

01 搜索准备收听的歌曲

No1 启动浏览器，打开酷我音乐网站首页，在文本框中输入准备收听的歌曲名称。

No2 单击【搜索】按钮，如图 8-1 所示。

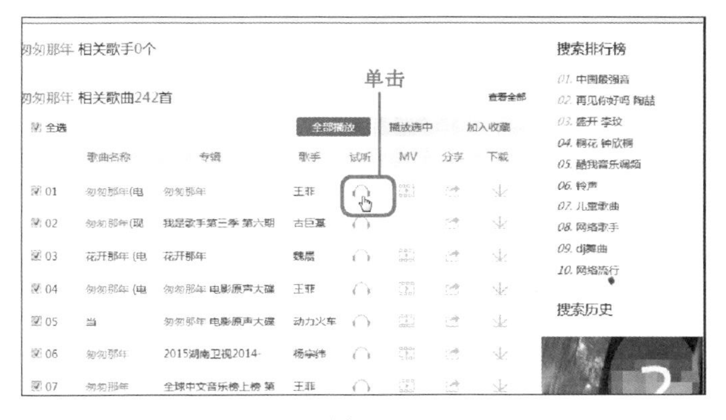

图 8-2

02 单击【试听】按钮

进入到搜索结果页面，显示所搜索出来的歌曲列表，在准备收听的歌曲右侧单击【试听】按钮，如图 8-2 所示。

图 8-3

03 播放音乐

进入到播放页面，在右侧的【播放列表】选项卡下，显示播放的歌曲，这样即可完成在网站中听音乐的操作，如图 8-3 所示。

8.1.3 收藏音乐

在线收听歌曲中，如果遇到好听的歌曲，还想下次继续收听，可以将其收藏，下面将详细介绍收藏音乐的操作方法。

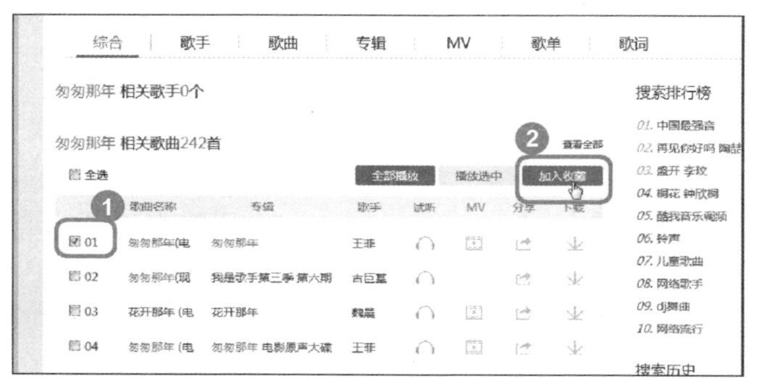

图 8-4

01 单击【加入收藏】按钮

No1 进入到搜索结果页面，选择准备收藏的歌曲前面的复选框。

No2 单击【加入收藏】按钮 加入收藏 ，如图 8-4 所示。

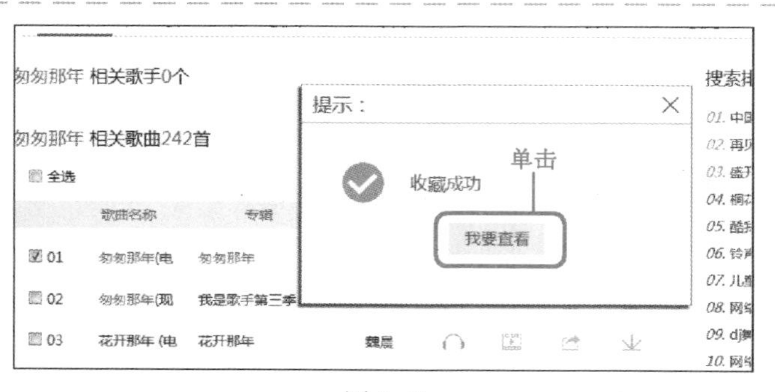

图 8-5

02 单击【我要查看】按钮

系统会弹出一个对话框，提示用户收藏成功，单击【我要查看】按钮 我要查看 ，如图 8-5 所示。

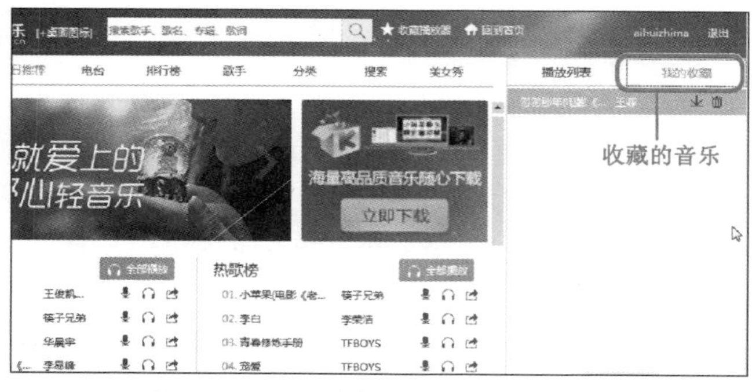

图 8-6

03 完成收藏音乐

进入到播放歌曲页面，在【我的收藏】选项卡下，就可以看到刚刚收藏的歌曲，这样即可完成收藏音乐的操作，如图 8-6 所示。

教你一招

在线下载音乐

进入到播放歌曲页面，在【我的收藏】选项卡下，用户可以单击选中歌曲中的【下载】按钮 ，直接下载该歌曲到电脑中。

8.1.4 使用 QQ 音乐播放器

QQ 音乐播放器是一款带有精彩音乐推荐功能的播放器，同时支持在线音乐和本地音乐的播放，是国内内容最丰富的音乐平台。下面将详细介绍使用 QQ 音乐播放器的操作方法。

图 8-7

01 搜索准备收听的歌曲

No1 启动 QQ 音乐播放器，在文本框中输入准备收听的歌曲名称。

No2 单击【搜索】按钮 ，如图 8-7 所示。

图 8-8

02 单击【播放】按钮

进入到搜索结果页面，显示所搜索出来的歌曲列表，在准备收听的歌曲右侧单击【播放】按钮 ，如图 8-8 所示。

图 8-9

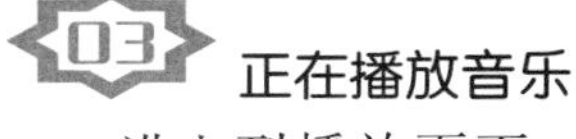

03 正在播放音乐

进入到播放页面，可以看到刚刚单击的【播放】按钮 已变为【暂停】按钮 ，并在主程序界面下方显示正在播放该歌曲，如图 8-9 所示。

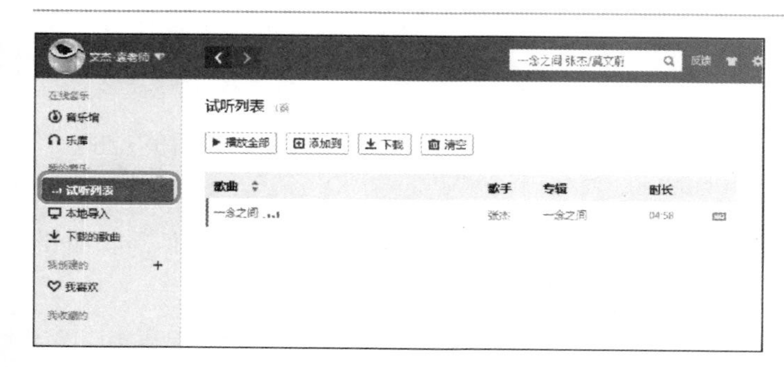

图 8-10

04 查看试听歌曲

用户可以在主界面左侧，选择【试听列表】选项来查看试听过的歌曲，如图 8-10 所示。

图 8-11

05 搜索歌手

No1 用户还可以通过搜索歌手来收听歌曲。在主界面左侧，选择【乐库】选项。

No2 单击准备搜索歌手名字的首字母，如单击字母“Y”，如图 8-11 所示。

图 8-12

06 选择歌手

进入到歌手名字首字母为“Y”的搜索结果页面，在其中单击准备收听歌曲的歌手，如图 8-12 所示。

图 8-13

07 进入到歌手专题页面

进入到该歌手的专题页面，在这里用户就可以查找到该歌手所演唱的所有歌曲了，选择准备收听的歌曲即可开始畅听了，如图 8-13 所示。

8.1.5 使用酷我音乐盒听音乐

酷我音乐盒是一款集歌曲和 MV 搜索、在线播放、同步歌词为一体的音乐聚合播放器，是国内首创的多种音乐资源聚合的播放软件，具有“全”、“快”、“炫”三大特点。功能包含一键即播，海量的歌词库支持，图片欣赏，同步歌词等，下面将详细介绍使用酷我音乐盒听音乐的操作方法。

图 8-14

01 搜索准备收听的歌曲

No1 启动酷我音乐盒，在文本框中输入准备收听的歌曲名称。

No2 单击【搜索】按钮，如图 8-14 所示。

图 8-15

02 单击【播放】按钮

进入到搜索结果页面，显示所搜索出来的歌曲列表，在准备收听的歌曲右侧单击【播放】按钮，如图 8-15 所示。

图 8-16

03 正在播放歌曲

系统会开始播放该歌曲，将该歌曲自动添加到主界面右侧的【默认列表】选项卡中，并在界面底端显示播放该歌曲的小窗口，单击左下角的头像图标，如图 8-16 所示。

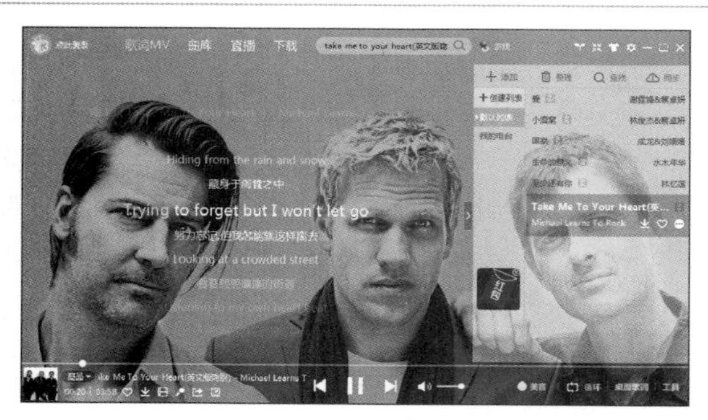

图 8-17

04 完成收听音乐

系统会切换到具有图片欣赏和同步歌词等功能的界面，通过以上步骤即可完成使用酷我音乐盒听音乐的操作，如图 8-17 所示。

Section

8.2 看电影与电视

本节导读

用户可以通过下载专门的网络电视软件，搜索互联网中的视频资源，收看网络中的视频。除了使用视频软件欣赏视频节目外，进入免费的在线播放电影的网站同样可以找到符合自己要求的电影视频，本节介绍在网络中收看视频的方法。

8.2.1 在网站中看电影

观看网络中的电影播放形式即为在线电影，下面以在优酷网上观看电影为例，来详细介绍在网站中看电影的操作方法，优酷网的网址为 www. youku. com。

图 8-18

01 搜索准备收看的电影

No1 进入优酷网首页后，在搜索文本框中输入准备观看的电影名称。

No2 单击【搜库】按钮 搜库，如图 8-18 所示。

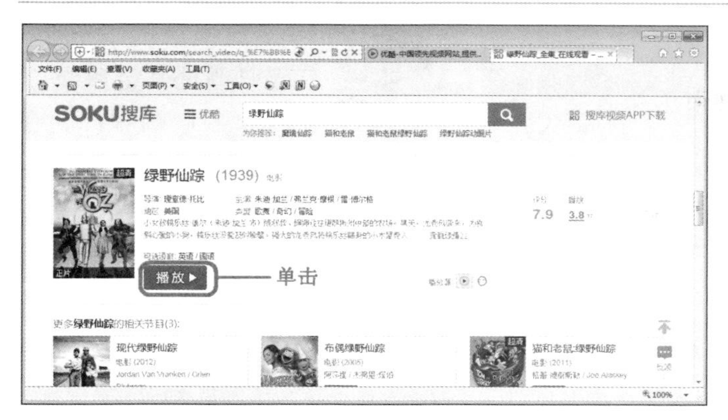

图 8-19

02 单击【播放】按钮

进入搜索结果页面，显示所搜索出来的影片列表，在准备播放的电影下方，单击【播放】按钮 播放 ▶，如图 8-19 所示。

图 8-20

03 缓冲电影

进入到播放页面，显示正在缓冲影片，用户需要在线等待一段时间，如图 8-20 所示。

图 8-21

04 完成在网站中看电影的操作

完成以上操作后，即可在播放界面观看选中的影片，在播放界面中下方的进度条显示电影播放的进度，如图 8-21 所示。

8.2.2 使用 PPTV 客户端观看电视直播内容

PPTV 网络电视是由上海聚力传媒技术有限公司开发运营在线视频软件，下面将详细介绍使用 PPTV 客户端观看电视直播的操作方法。

图 8-22

01 单击【直播】链接项

启动 PPTV 客户端程序，在主界面的上方，单击【直播】链接项，如图 8-22 所示。

图 8-23

02 选择电视频道

进入到【直播】页面，显示正在直播的一些界面频道，在这里用户可以选择自己喜欢的频道进行观看直播，如选择【北京卫视】链接项，如图 8-23 所示。

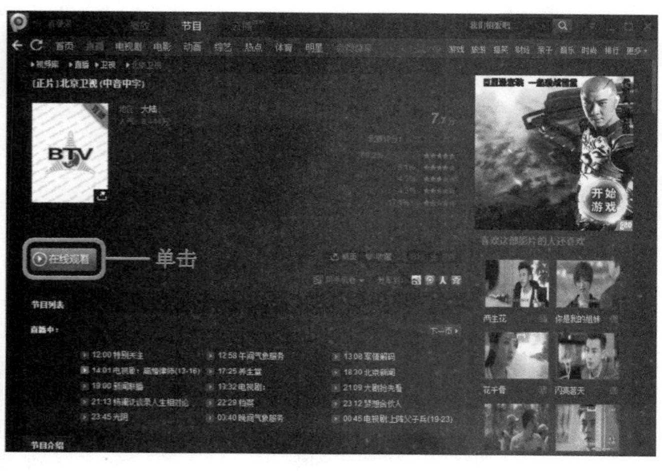

图 8-24

03 单击【在线观看】按钮

进入到【北京卫视】页面，在页面下方显示该频道所播出的节目时间列表，单击【在线观看】按钮在线观看，如图 8-24 所示。

图 8-25

04 播放广告

进入到播放页面，在右侧显示正在播放的节目名称和该频道所有时间段所播出的节目列表。播放界面会有一段视频广告，用户需要在线等待一段时间，如图 8-25 所示。

图 8-26

05 完成使用 PPTV 客户端观看电视直播内容

完成以上步骤后，即可开始播放电视节目，并且用户可以在该界面底端进行暂停、调整声音大小等操作，如图 8-26 所示。

教你一招

去除广告观看 PPTV 直播

使用 PPTV 观看视频直播时，每次打开都会有广告播放，用户可以通过注册并办理 VIP 会员来去除广告。需要注意的是，办理完会员必须登录账号才能使用去除广告功能。

8.2.3 使用 QQ 视频观看电视剧

QQ 视频即腾讯视频，其以丰富的内容、极致的观看体验、便捷的登录方式、24 小时多平台无缝应用体验以及快捷分享的产品特性，满足用户在线观看视频的需求。下面将详细介绍使用 QQ 视频的操作方法。

图 8-27

01 搜索准备收看的电影

No1 启动 QQ 视频程序，在主界面的上方的文本框中输入准备收看的电视剧名称。

No2 单击【搜全网】按钮 搜全网，如图 8-27 所示。

图 8-28

02 选择准备收看的电视剧

进入到搜索结果页面，显示了一些搜索到的节目列表，单击准备收看的电视剧名称链接，如图 8-28 所示。

图 8-29

03 正在缓冲

进入到播放界面，在中间的播放区域中显示正在缓冲，用户需要在线等待一段时间，如图 8-29 所示。

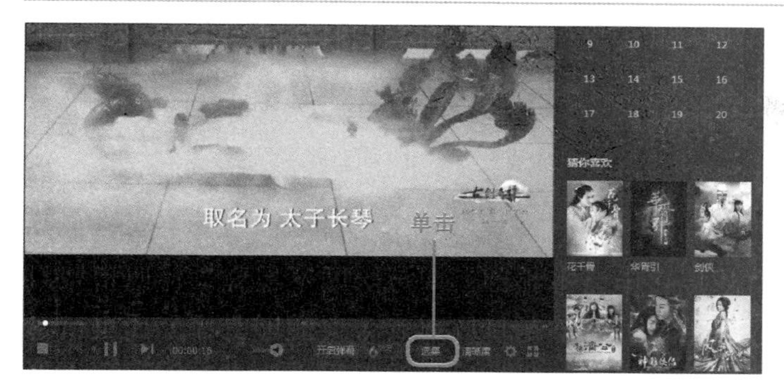

图 8-30

04 单击【选集】按钮

在界面中间的播放区域中会播放该电视剧，系统会默认播放第 1 集，如果准备选择其他集数，可以单击下方的【选集】按钮 选集，如图 8-30 所示。

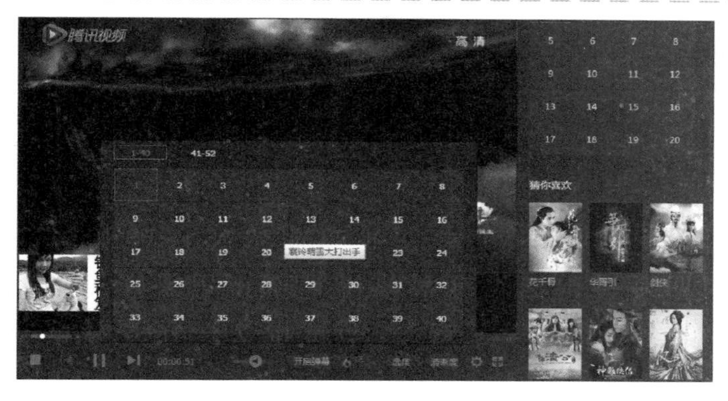
图 8-31

05 完成使用 QQ 视频观看电视剧

系统会弹出一个对话框，显示该电视剧的集数列表，用户可以在这里选择需要观看的集数，通过以上步骤即可完成使用 QQ 视频观看电视剧的操作，如图 8-31 所示。

Section 8.3 网络电台广播

本节导读

许多人仍然保有收听广播的习惯，但是传统的收音机收听广播节目的效果良莠不齐，接收的频道数量也比较有限。而在电脑中使用网络收音机无论是在接收效果还接收频道的数目上均比传统收音机优越。本节介绍网络电台广播的相关操作。

8.3.1 在线收听广播

FIFM. CN 是最大、最全的广播电台在线收听网站，收集了国内外几千个广播电台，包含财经、娱乐、社会新闻、外语电台、流行歌曲、摇滚乐、爵士乐、民乐、交响乐等领域，其网址为“http://www. fifm. cn”。下面介绍在 FIFM. CN 网站中收听广播的操作方法。

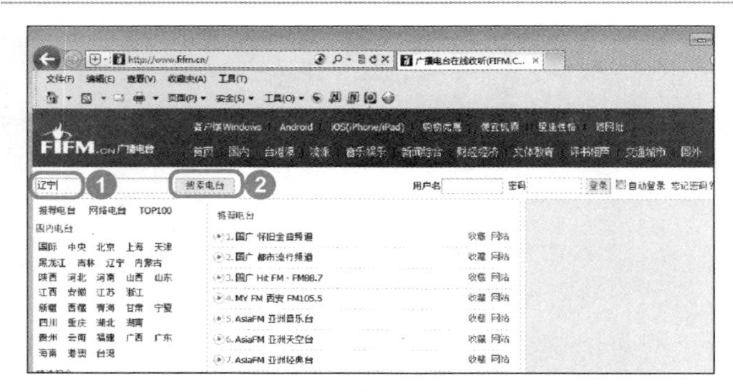

图 8-32

01 搜索准备收听的电台

№1 启动 IE 浏览器，打开 FIFM. CN 网站首页，在搜索文本框中输入准备收听的电台关键字。

№2 单击【搜索电台】按钮 搜索电台 ，如图 8-32 所示。

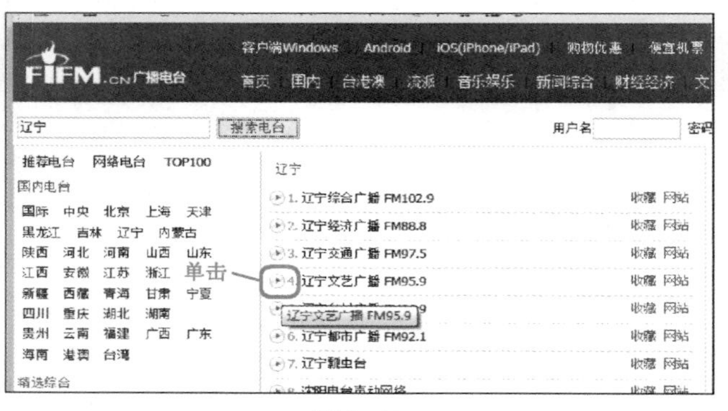

图 8-33

02 单击【播放】按钮

在页面中间会显示搜索出来的电台列表，单击准备收听的电台前面的【播放】按钮，如图 8-33 所示。

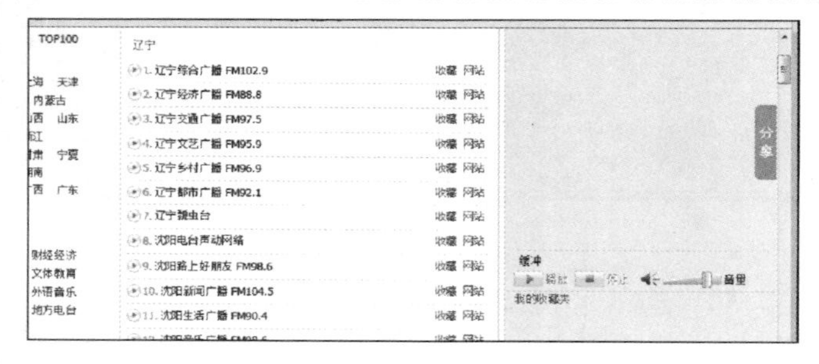

图 8-34

03 正在缓冲电台

在页面右侧会出现一个网页播放器，显示正在缓冲，用户需要在线等待一段时间，如图 8-34 所示。

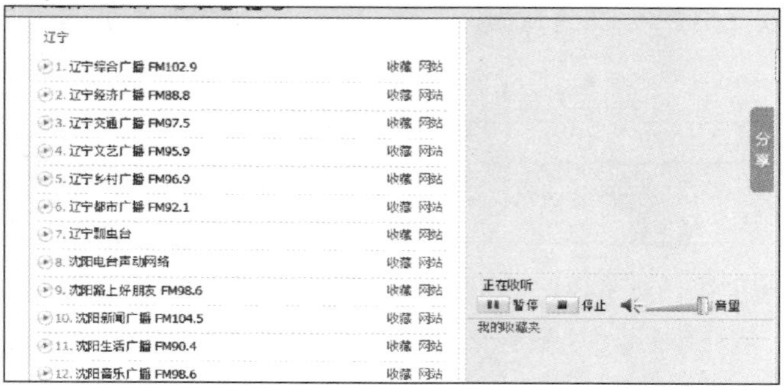

图 8-35

04 正在收听广播

当播放器上方显示“正在收听”时，用户即可开始在线收听该电台广播了，同时还可以通过网页播放器进行暂停、停止和调节音量等操作，如图 8-35 所示。

8.3.2 使用播放器收听广播节目

使用网络收音机可以在不同分类列表下找到自己满意的广播节目，下面以使用龙卷风为例，详细介绍使用播放器收听广播节目的操作方法。

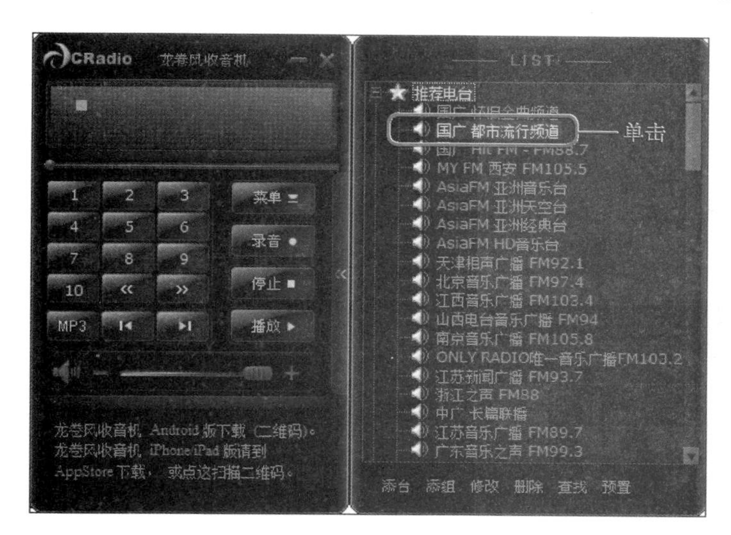

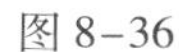
图 8-36

选择准备播放的频道

启动龙卷风网络广播，在【LIST】窗格中，用户可以选择准备收听的广播频道，单击该频道的名称，如图 8-36 所示。

举一反三

如果网络中断，单击【播放】按钮 播放 可以重新连接该频道。

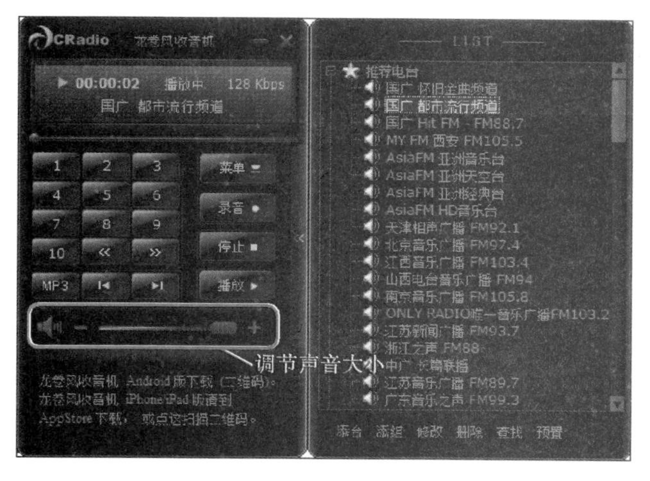

图 8-37

完成播放器收听广播节目

在播放界面中显示该频道的播放信息，按住并拖动音量调节滑块，即可调整收听音量，通过以上步骤即可完成使用播放器收听广播节目，如图 8-37 所示。

Section 8.4 实践案例与上机操作

本章导读

通过本章的学习，用户可以掌握在网上听音乐、看视频和听广播等方面的知识，下面通过几个实践案例进行上机实例操作，以达到巩固学习、拓展提高的目的。

8.4.1 使用 QQ 视频下载电视剧

在腾讯视频中观看影视剧的时候，有时会遇到一些不错的想保存下来的视频。下面介绍下载视频的操作方法。

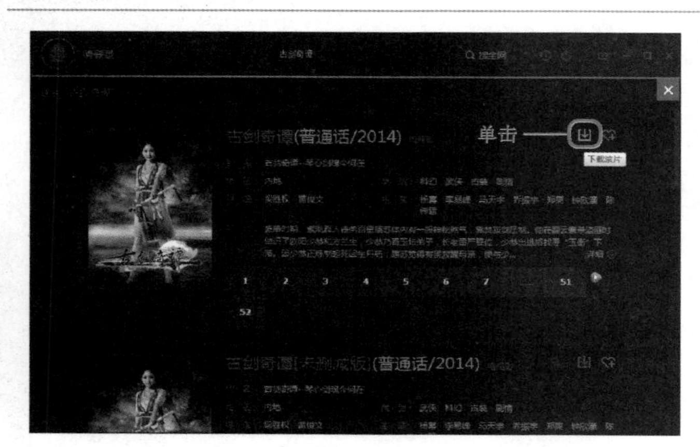

图 8-38

01 单击【下载】按钮

进入到准备下载的电视剧搜索结果页面，单击该电视剧名称右侧的【下载】按钮，如图 8-38 所示。

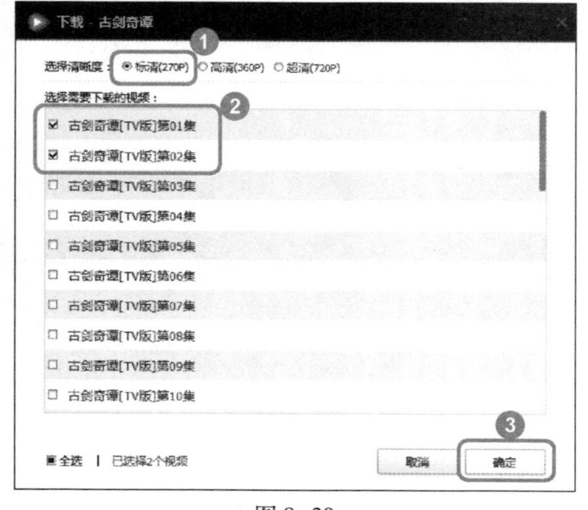

图 8-39

02 选择准备下载的视频

No1 弹出【下载】对话框，选择所要下载的清晰度选项。

No2 选择准备下载的视频。

No3 单击【确定】按钮，如图 8-39 所示。

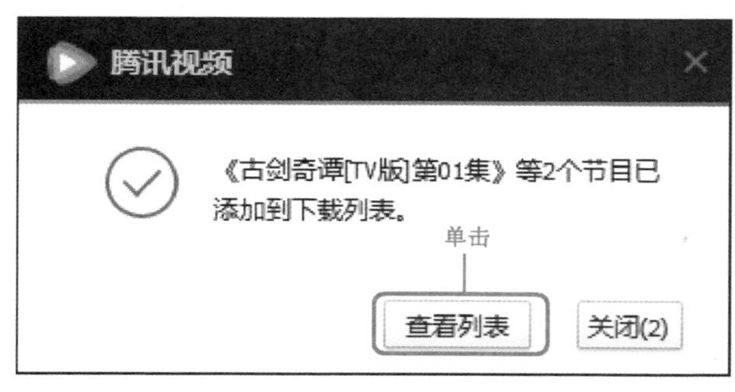

图 8-40

03 单击【查看列表】按钮

弹出【腾讯视频】对话框，显示已添加到下载的节目个数，单击【查看列表】按钮 查看列表，如图 8-40 所示。

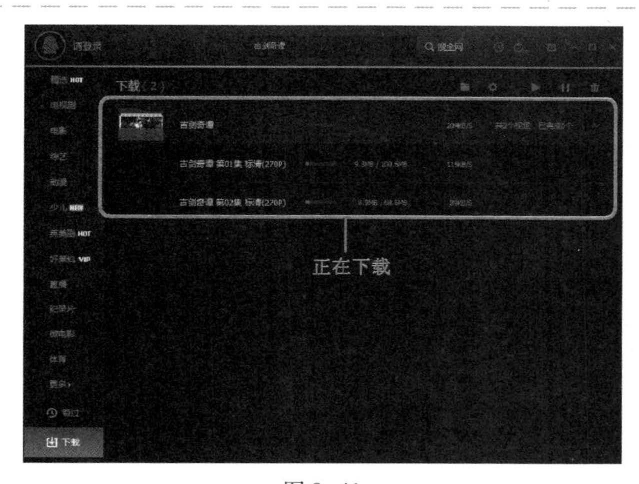

图 8-41

04 完成使用 QQ 视频下载电视剧

进入到【下载列表】界面，显示当前正在下载的视频信息，包括下载速度、视频大小等，当视频下载完成后，用户即可离线观看视频了，如图 8-41 所示。

8.4.2 使用酷我音乐盒观看 MV

使用酷我音乐盒，不仅能听到好听的歌曲，还可以进行观看精彩的 MV，下面介绍使用酷我音乐盒观看 MV 的操作方法。

图 8-42

01 选择准备观看的 MV 专栏

No1 进入到酷我音乐盒主界面中，选择【曲库】分类选项。

No2 选择【MV】选项。

No3 在页面中，选择准备观看的 MV 专栏，如选择“华语经典”如图 8-42 所示。

图 8-43

02 选择准备进行观看的 MV

No1 进入到【华语经典】页面，选择【首发】选项卡。

No2 选择准备进行观看的 MV，如图 8-43 所示。

图 8-44

03 使用酷我音乐盒观看 MV

进入到播放 MV 页面，用户可以在下方进行调节声音大小、暂停等操作，通过以上步骤即可完成使用酷我音乐盒观看 MV 的操作，如图 8-44 所示。

第9章

网络论坛与人人网

本章内容导读

本章主要介绍了网络论坛与人人网方面的知识，同时还讲解了畅游天涯网络论坛和使用人人网联络朋友的相关操作，在本章的最后还针对实际的需求，讲解了一些实例的上机操作方法。通过本章的学习，读者可以掌握网络论坛与人人网方面的知识，为进一步学习电脑、手机上网的相关知识奠定了基础。

本章知识要点

- **认识网络论坛**
- **畅游网络论坛**
- **使用人人网联络朋友**

Section 9.1 认识网络论坛

本节导读

论坛是 Internet 上的一种电子信息服务系统。它提供了一块公共电子白板，每个用户都可以在上面进行书写，可发布信息或提出看法，并获得各种信息服务，进行讨论和聊天等。本节介绍网络论坛的相关知识。

9.1.1 认识论坛

网络论坛以独特的形式和强大的功能赢得了广大网友的欢迎，其为广大网民提供了畅所欲言机会。一个用户可以加入到多个讨论组中，而且讨论的话题也非常广泛，是全世界电脑用户交流的园地。在网络论坛中用户可以发表自己对某个话题的看法，还可以参与某个话题的讨论，更重要的是可以在论坛中寻求帮助，向更多的人请教，从而提高自身的素质。

9.1.2 国内知名的网上论坛

论坛几乎涵盖了人们生活的每个方面，几乎每一个人都可以找到自己感兴趣或者需要了解的专题性论坛。下面介绍一些国内知名的网上论坛。

1. 天涯社区

天涯社区，创办于1999年3月1日，是一个极具影响力的网络社区。自创立以来，以其开放、包容、充满人文关怀的特色受到了全球华人网民的推崇、已经成为以论坛、博客、微博为基础交流方式，综合提供个人空间、相册、音乐盒子、分类信息、站内消息、虚拟商店、来吧、问答、企业品牌家园等一系列功能服务，并以人文情感为核心的综合性虚拟社区和大型网络社交平台，其网站网址为“http://focus.tianya.cn”。

2. 猫扑网

猫扑网的雏形是猫扑大杂烩，是国内知名的中文网络社区之一。目前，它已发展成为集猫扑大杂烩、猫扑贴贴论坛、猫扑小说、猫扑乐加、猫扑游戏、猫扑地方站等产品为一体的

综合性富媒体娱乐互动平台。该网站中发明了许多网络词汇，是国内网络词汇的发源地之一。网站网址为“http://www.mop.com”。

3. 百度贴吧

百度贴吧是百度旗下独立品牌，是结合搜索引擎建立的一个在线的交流平台。贴吧是一种基于关键词的主题交流社区，它与搜索紧密结合，准确把握用户需求，为兴趣而生。其网站网址为“http://tieba.baidu.com”。

4. 豆瓣

豆瓣是一个社区网站，该网站提供关于书籍、电影、音乐等作品的信息，无论描述还是评论都由用户提供，是很有特色的一个网站。网站还提供书影音推荐、线下同城活动、小组话题交流等多种服务功能，它更像一个集品味系统（读书、电影、音乐）、表达系统（我读、我看、我听）和交流系统（同城、小组、友邻）于一体的创新网络服务。其网站网址为“http://www.douban.com”。

5. 凤凰论坛

凤凰论坛是凤凰网旗下的论坛，它已经由原来纯粹的节目互动区逐步发展为内容全面的综合性论坛，涵盖了社会、军事、娱乐、生活、情感、文化等热门元素。其网站网址为“http://bbs.ifeng.com”。

Section 9.2 畅游网络论坛

本节导读

了解了关于论坛的一些基本知识后，用户就可以选择自己喜欢的论坛畅游网络论坛了。本节将以天涯社区为例，主要介绍注册与登录网络论坛、设置个人资料、在论坛中查看帖子、发表帖子和回复帖子的有关的方法。

9.2.1 注册与登录网络论坛

在网络论坛中首先需要注册成为该论坛的用户，然后登录该网络论坛，才能与网友们进行交流，下面将详细介绍注册与登录网络论坛的操作方法。

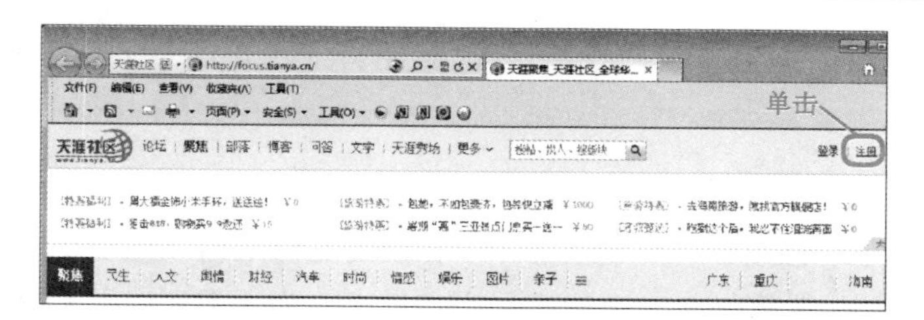

图 9-1

01 单击右上角的【注册】链接项

输入网址，打开天涯社区网站首页，单击页面右上角的【注册】链接，如图 9-1 所示。

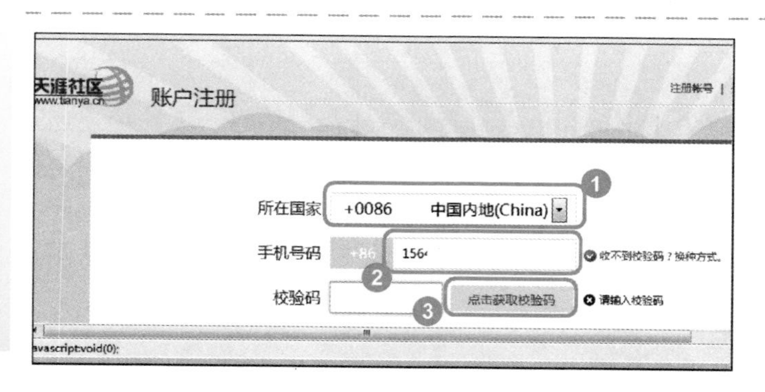

图 9-2

02 单击【点击获取校验码】按钮

No1 进入【账户注册】页面，选择所在国家。

No2 输入手机号码。

No3 单击【点击获取校验码】按钮，如图 9-2 所示。

图 9-3

03 输入下方的代码

No1 弹出对话框，在【验证码】文本框中，输入下方的代码。

No2 单击【确定】按钮，如图 9-3 所示。

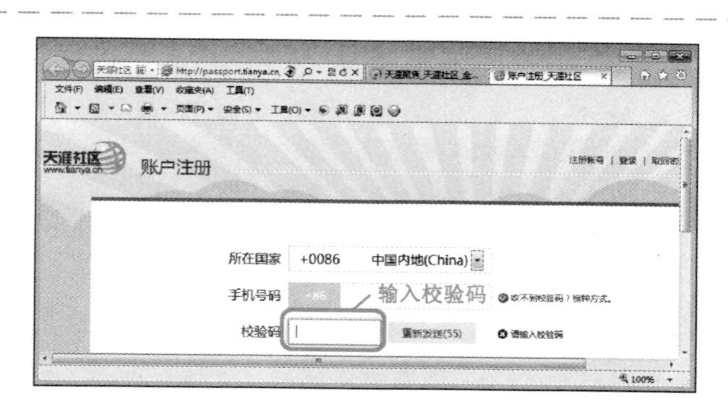

图 9-4

04 输入发送到手机上的校验码

返回到【账户注册】页面，在【校验码】文本框中，输入发送到手机上的校验码，如图 9-4 所示。

图 9–5

单击【立即注册】按钮

No1　输入准备创建的用户名。

No2　输入密码和确认密码。

No3　单击【立即注册】按钮立即注册，如图 9–5 所示。

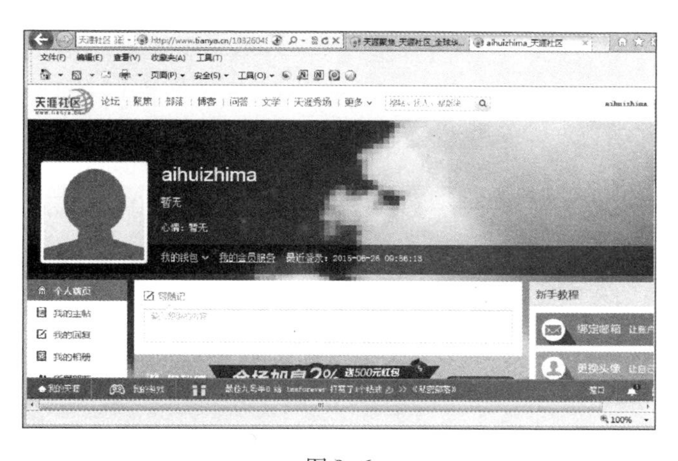

图 9–6

06 完成注册论坛账户的操作

系统会自动跳转到个人首页的页面，显示刚刚注册的账户信息，这样即可完成注册论坛账户的操作，如图 9–6 所示。

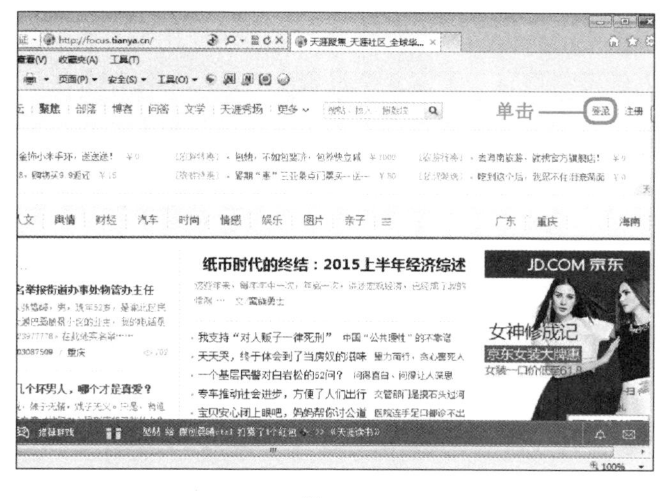

图 9–7

07 单击右上角的【登录】链接项

当用户退出个人页面，再次打开浏览器，进入天涯社区就需要重新登录账户了，进入到天涯社区网站首页，单击页面右上角的【登录】链接，如图 9–7 所示。

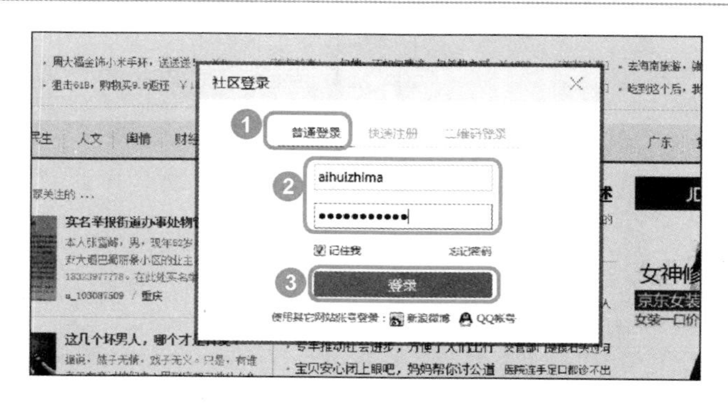

图 9-8

08 登录社区

No1 弹出【社区登录】对话框，选择【普通登录】选项卡。

No2 输入刚刚注册的账户和密码。

No3 单击【登录】按钮，如图 9-8 所示。

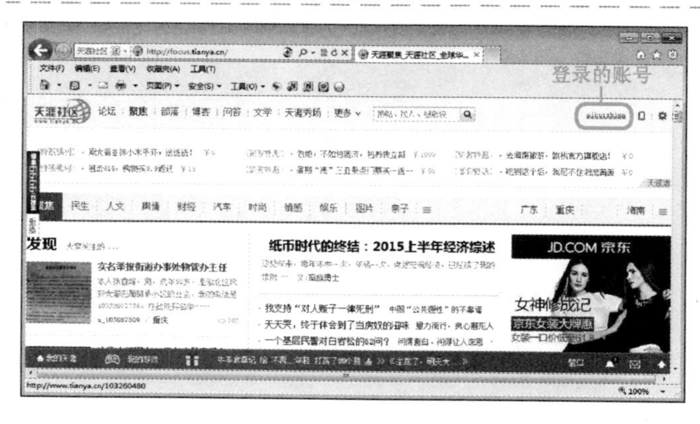

图 9-9

09 完成登录社区

返回到天涯社区网站首页，可以看到在页面右上角处出现输入的账户信息，这样即可完成登录社区的操作，如图 9-9 所示。

9.2.2 设置个人资料

如果准备美化和丰富自己的天涯社区中的个人信息，可以将漂亮的图片作为头像上传到天涯社区中，也可以详细填写一下个人的资料信息。下面介绍设置个人资料的操作方法。

图 9-10

01 单击【编辑头像】链接项

登录账户后，单击个人的账户链接项，进入到个人首页的页面，将鼠标指针移动到头像处，会出现【编辑头像】链接，单击该链接，如图 9-10 所示。

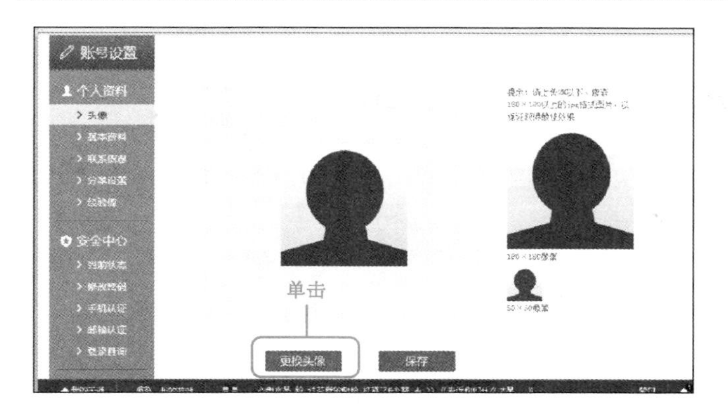

图 9-11

02 单击【更换头像】按钮

进入到【账号设置 - 头像】页面，单击页面下方的【更换头像】按钮 更换头像，如图 9 - 11 所示。

图 9-12

03 选择准备作为头像的图片

№1 弹出【选择要加载的文件】对话框，选择准备上传图片保存的位置。

№2 选择准备上传的图片。

№3 单击【打开】按钮 打开(O)，如图 9-12 所示。

图 9-13

04 正在上传图片

返回到【账号设置 - 头像】页面，可以看到在图片上传区域中，显示图片正在上传，用户需要在线等待一段时间，如图 9-13 所示。

图 9-14

05 调整显示图片的区域

№1 当图片上传完毕后，拖动鼠标指针调整显示图片的区域。

№2 单击【保存】按钮 保存，如图 9-14 所示。

图 9-15

06 完成设置头像

系统会弹出一条信息，显示“头像保存成功!”这样即可完成设置头像的操作，如图 9-15 所示。

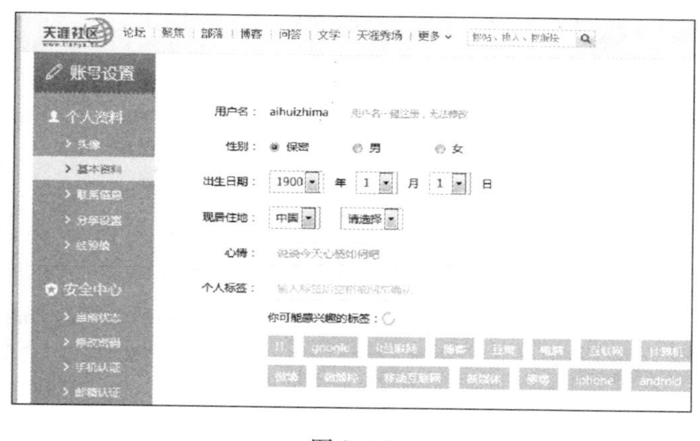

图 9-16

07 编辑基本资料

用户还可以在【账号设置】页面中，选择【基本资料】选项卡，然后编辑一些个人的基本信息，如性别、出生日期、现居住地、心情和个人标签等，如图 9-16 所示。

9.2.3 翻看帖子

登录论坛后即可在论坛中查看关于生活、职业和旅游等方方面面的帖子，下面将详细介绍在论坛中查看帖子的有关操作方法。

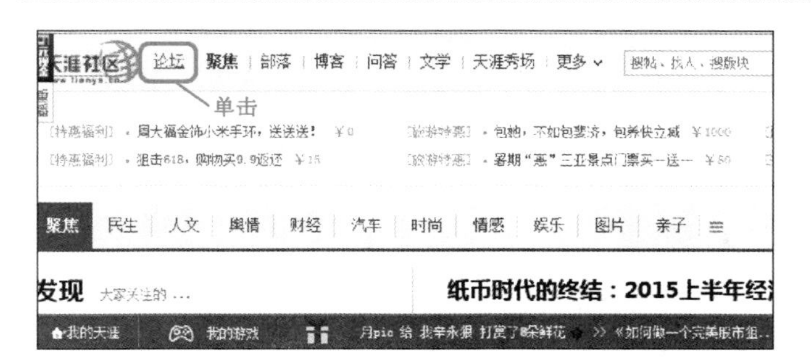

图 9-17

01 单击窗口左上方【论坛】链接项

进入到天涯社区首页，并登录账号后，单击窗口左上方【论坛】链接项，如图 9-17 所示。

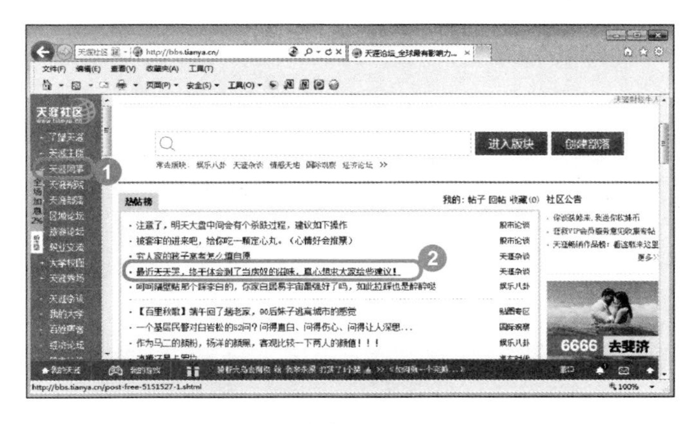

图 9-18

02 选择准备翻看的帖子

No1 进入到【天涯论坛】页面，在左侧选择准备查看的板块。

No2 在【热帖榜】区域下方，选择准备翻看的帖子题目链接，如图 9-18 所示。

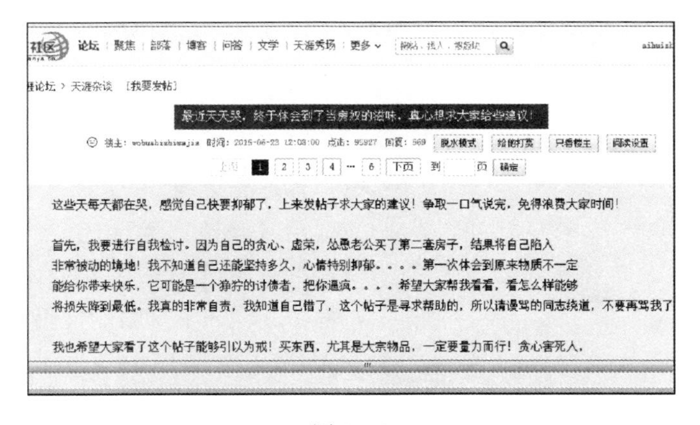

图 9-19

03 完成翻看帖子

可以看到该论坛帖子的内容已被打开，这样即可完成翻看帖子的操作，如图 9-19 所示。

9.2.4 发表帖子

在论坛中可以将自己的喜欢的、感兴趣的和对网友有益的东西，写成帖子发表在论坛中与大家共同分享，下面将介绍在天涯论坛中发表帖子的操作。

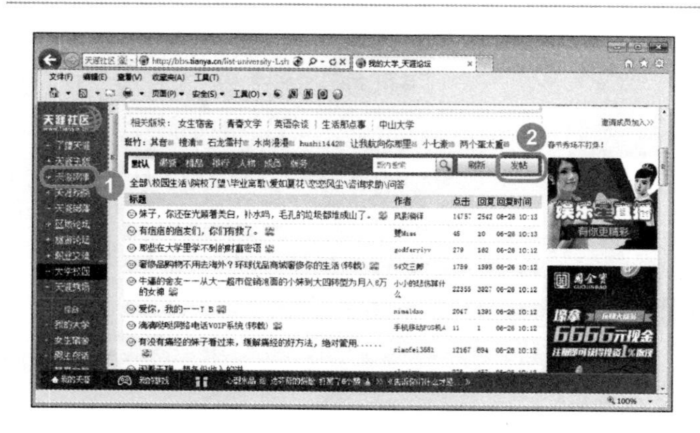

图 9-20

01 单击【发帖】按钮

No1 进入到【天涯论坛】页面，在左侧选择准备发表帖子的板块。

No2 在该页面的右侧，单击【发帖】按钮 发帖 ，如图 9-20 所示。

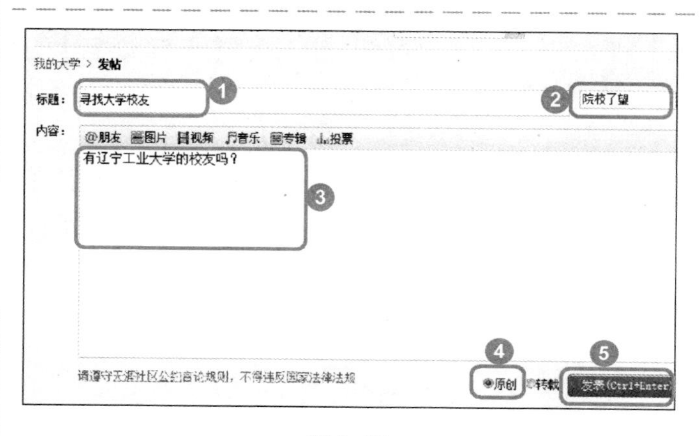

图 9-21

02 编辑帖子

No1 进入到【发帖】页面，在【标题】文本框中输入帖子的标题。

No2 选择帖子的类型。

No3 在【内容】文本框中输入帖子内容。

No4 选择【原创】单选项。

No5 单击【发表】按钮 发表(Ctrl+Enter) ，如图 9-21 所示。

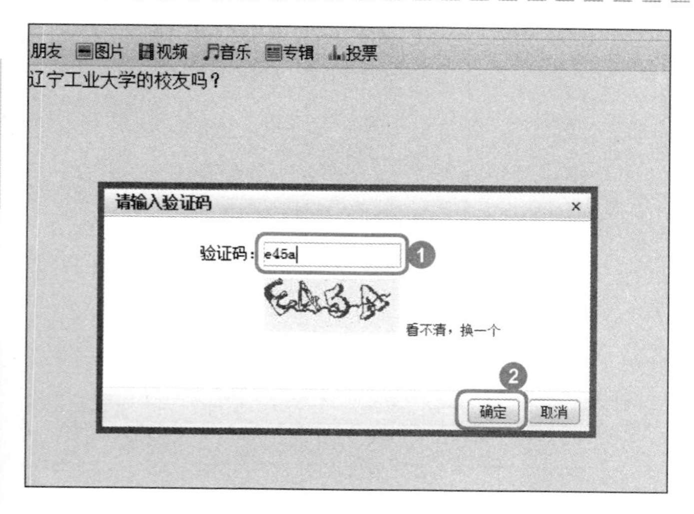

图 9-22

03 输入验证码

No1 弹出【请输入验证码】对话框，在【验证码】文本框中，输入下方给的代码。

No2 单击【确定】按钮 确定 ，如图 9-22 所示。

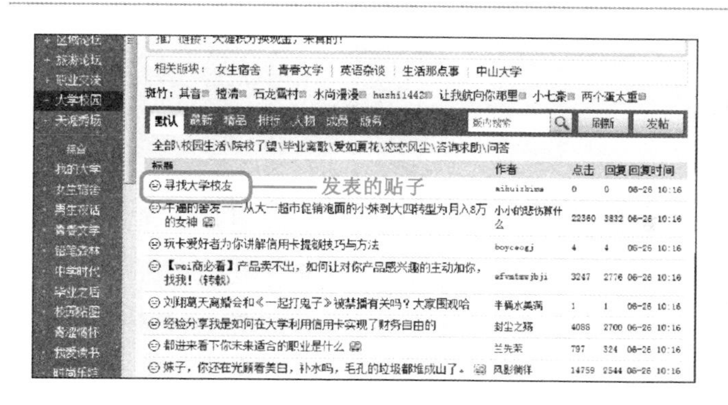

图 9-23

04 完成发表帖子

系统会自动跳转到该板块的论坛首页，可以看到刚刚发布的帖子已在该板块中，这样即完成了发表帖子的操作，如图 9-23 所示。

9.2.5 回复帖子

发布个人帖子后，如果有人评论了帖子后，可以通过回复帖子与其互动，下面将详细介绍在论坛中回复帖子的操作方法。

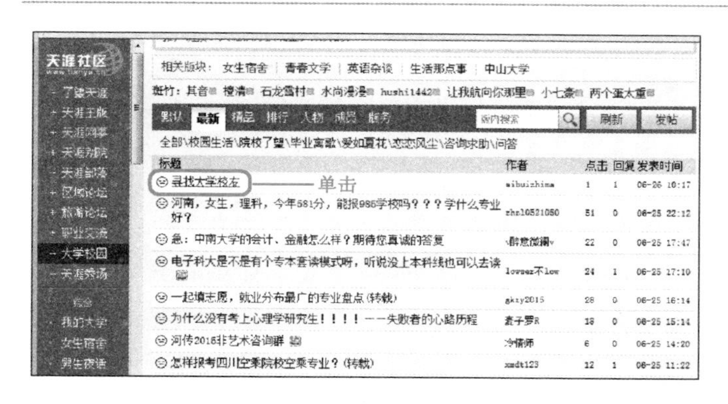

图 9-24

01 单击帖子的标题链接项

进入到发布帖子所在的板块，在【标题】区域中，找到自己发布的帖子，单击该帖子的标题链接项，如图 9-24 所示。

图 9-25

02 单击右下角的【回复】链接项

找到需要回复的作者评论贴，单击右下角的【回复】链接项，如图 9-25 所示。

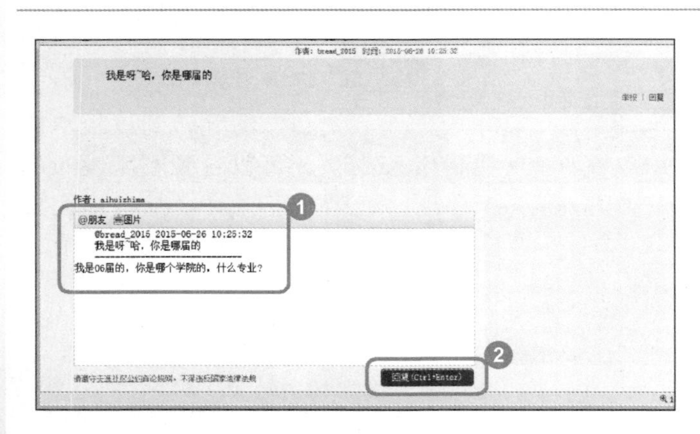

图 9-26

03 回复帖子

No1 系统会自动跳转到【回复】文本框中，并在上方显示回复的帖子信息，输入准备回复的内容。

No2 单击【回复】按钮回复(Ctrl+Enter)，如图 9-26 所示。

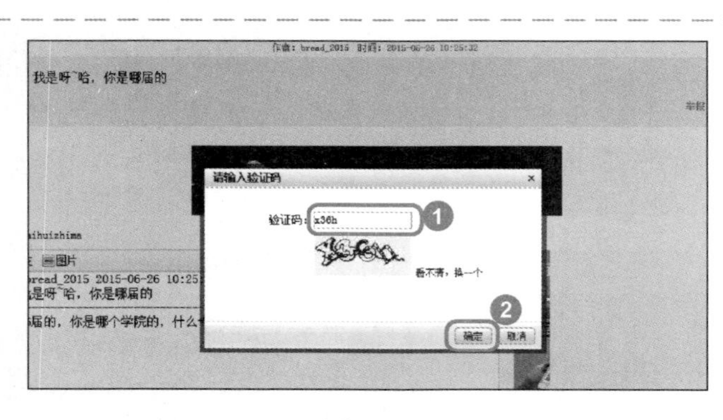

图 9-27

04 输入验证码

No1 弹出【请输入验证码】对话框，在【验证码】文本框中，输入下方给的代码。

No2 单击【确定】按钮确定，如图 9-27 所示。

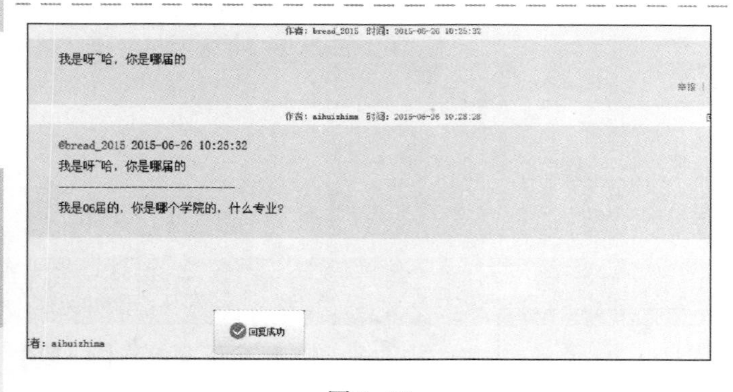

图 9-28

05 完成回复帖子

系统会弹出一条信息，显示回复成功，这样即可完成回复帖子的操作，如图 9-28 所示。

教你一招

快速发布回复帖子

编辑完回复的帖子内容后，用户可以直接按下键盘上的〈Ctrl + Enter〉键，快速发布回复的帖子。

Section

9.3 使用人人网联络朋友

本节导读

人人网是一个应用广泛的实名制社交网络平台。加入人人网，用户可以联络朋友，了解他们的最新动态，和朋友分享相片、音乐和电影，还能找到老同学，结识新朋友等。本节介绍使用人人网的相关知识。

9.3.1 注册进入人人网

人人网的网站网址为“http://www. renren. com”，在使用人人网进行联络朋友之前，需要进行注册的操作，下面将详细介绍其操作方法。

图 9-29

01 单击页面左侧的【注册】按钮

输入网址，进入到人人网首页，单击页面左侧的【注册】按钮 注册 ，如图 9-29 所示。

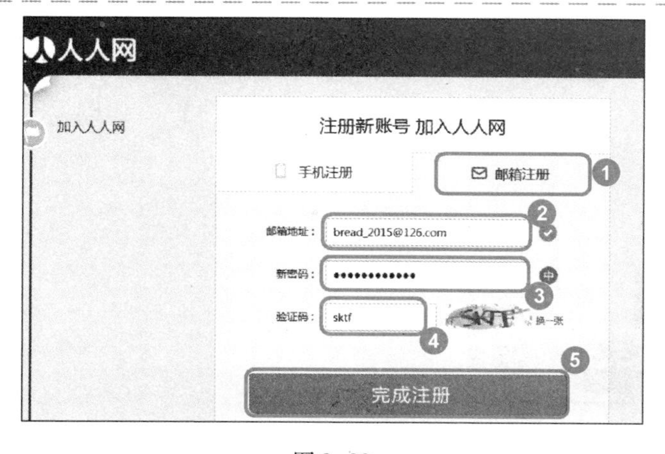

图 9-30

03 输入注册信息

No1 进入到【注册新账号加入人人网】页面，选择【邮箱注册】选项卡

No2 输入邮箱地址。

No3 输入新密码。

No4 输入右侧给出的验证码

No5 单击【完成注册】按钮，如图 9-30 所示。

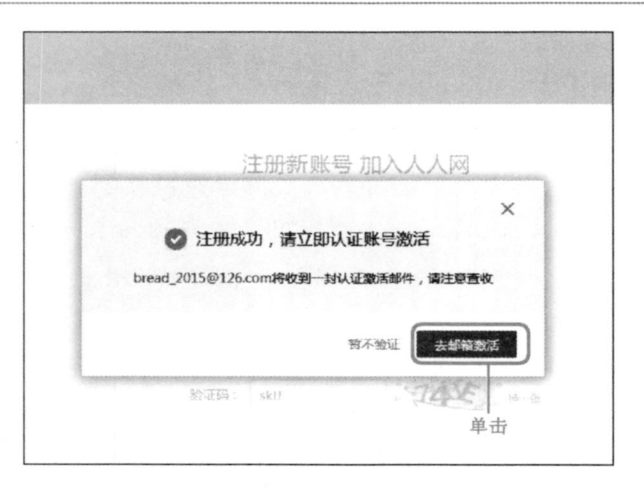

图 9-31

03 单击【去邮箱激活】按钮

弹出一个对话框，提示“注册成功，请立即认证账号激活”，单击【去邮箱激活】按钮，如图 9-31 所示。

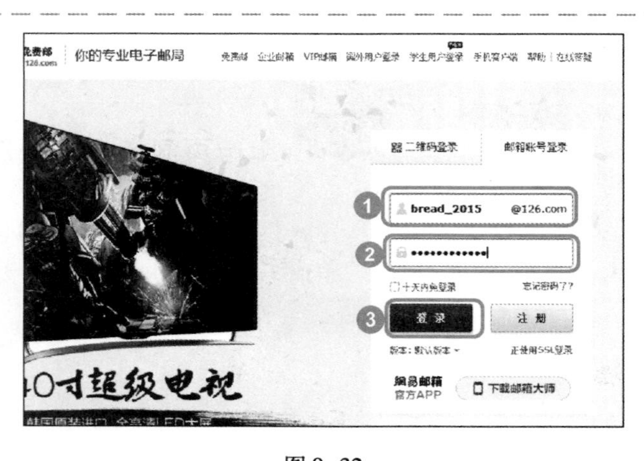

图 9-32

04 登录邮箱

No1 进入到【邮箱登录】界面，输入邮箱账号。

No2 输入邮箱密码。

No3 单击【登录】按钮，如图 9-32 所示。

图 9-33

05 单击【未读邮件】按钮

进入到邮箱首页，单击页面中的【未读邮件】，如图 9-33 所示。

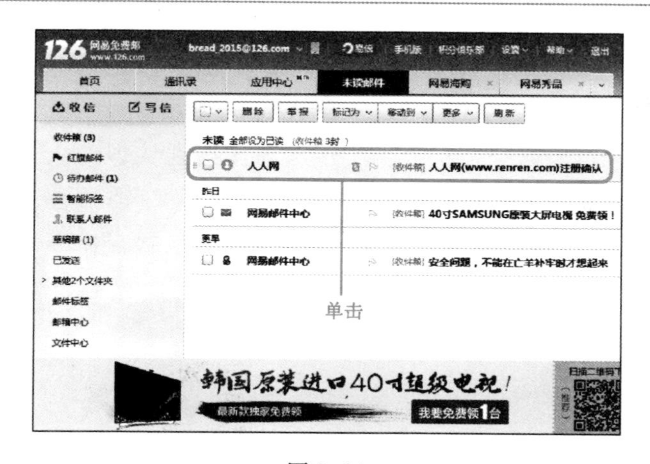

图 9-34

06 单击人人网发送过来的未读邮件链接项

进入到【未读邮件】界面，单击人人网发送过来的未读邮件链接，如图 9-34 所示。

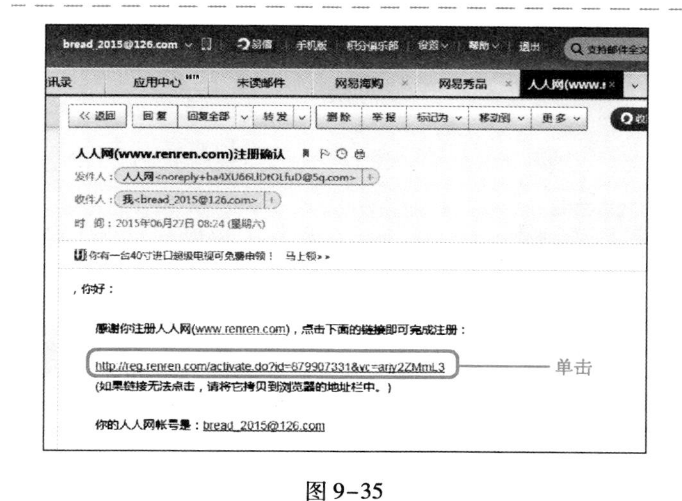

图 9-35

07 单击链接项进行激活

打开该邮件，显示邮件内容，单击“点击下面的链接即可完成注册”下方的链接，如图 9-35 所示。

图 9-36

08 填写基本信息

No1 进入到【填写基本信息】页面，输入一些基本信息，如真实姓名、生日、学校、工作地、所在地。

No2 单击【保存并继续】按钮 保存并继续，如图 9-36 所示。

图 9-37

09 单击【保存并进入人人网】按钮

进入到【找到认识的人】页面，用户可以在这里直接选择一些认识的朋友进行关注，单击【保存并进入人人网】按钮，如图 9-37 所示。

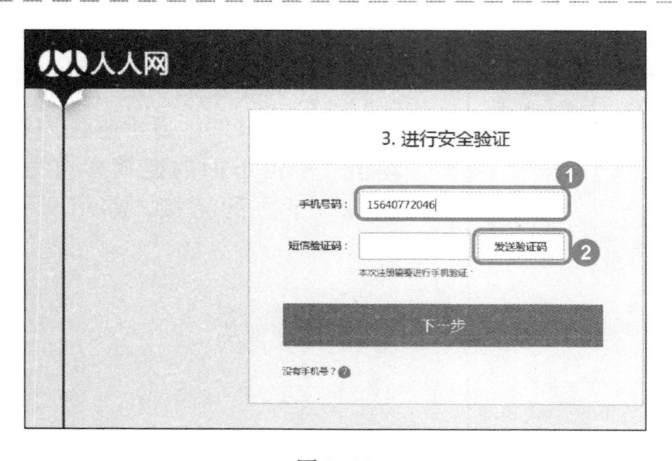

图 9-38

10 输入手机号码

No1 进入到【进行安全验证】页面，输入手机号码。

No2 单击【短信验证码】右侧的【发送验证码】按钮，如图 9-38 所示。

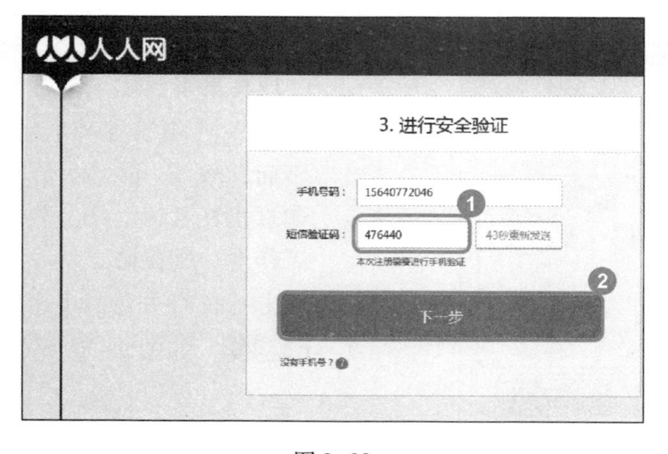

图 9-39

11 输入发送到手机中的验证码

No1 在【短信验证码】文本框中，输入发送到手机中的验证码。

No2 单击【下一步】按钮，如图 9-39 所示。

图 9-40

12 完成注册进入人人网的操作

进入到人人网主界面，显示人人网的布局及功能，通过以上步骤即可完成注册进入人人网的操作，如图 9-40 所示。

9.3.2 在人人网中上传头像

进入人人网后，为了更加方便朋友们认出自己或美化个人资料，可以在人人网中上传头像，下面将详细介绍其操作方法。

图 9-41

01 单击【用户名】链接项

进入到人人网主界面，单击右上角的【用户名】链接，如图 9-41 所示。

图 9-42

02 单击【编辑头像】按钮

进入到【个人主页】页面，将鼠标指针移动到【头像】边框内，系统会弹出【编辑头像】按钮，单击该按钮，如图 9-42 所示。

图 9-43

03 单击【点击上传头像】链接项

弹出【编辑头像】对话框，单击【点击上传头像】链接项，如图 9-43 所示。

图 9-44

04 选择准备上传的图片

No1 弹出【选择要上传的文件】对话框，选择所上传的图片所在的位置。

No2 选择准备上传的图片。

No3 单击【打开】按钮，如图 9-44 所示。

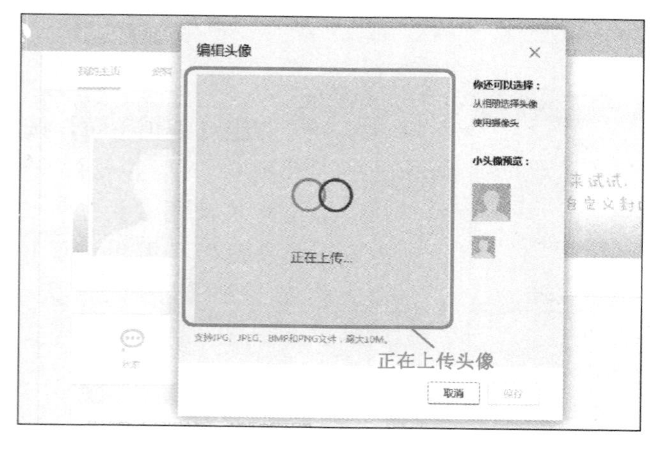

图 9-45

05 正在上传头像

弹出【编辑头像】对话框，系统会显示正在上传头像，用户需要在线等待一段时间，如图 9-45 所示。

图 9-46

06 调整显示图片的区域

No1 完成上传图片后，拖动鼠标指针调整显示图片的区域。

No2 单击【保存】[保存]，如图 9-46 所示。

图 9-47

07 完成上传头像

系统会弹出一条信息，提示“修改头像成功”，这样即可完成在人人网中上传头像的操作，如图 9-47 所示。

9.3.3 关注朋友

使用人人网关注朋友，可以随时了解朋友们的动态，并可以详细地查看朋友们的一些基本信息资料。关注朋友的方法很简单，在人人网主界面，选择准备关注朋友的类型，如选择【找大学同学】选项，然后在右侧选择准备关注的朋友即可，如图 9-48 所示。

图 9-48

9.3.4 发布自己的新鲜事

使用人人网，发布一条自己的新鲜事，让关注自己的朋友们了解自己的生活和状态，从而让朋友们更加了解自己的近况。下面介绍发布新鲜事的方法。

图 9-49

01 单击【发布新鲜事】文本框

№1 进入到人人网首页，选择【新鲜事】栏目。

№2 单击下方的【发布新鲜事】文本框，如图 9-49 所示。

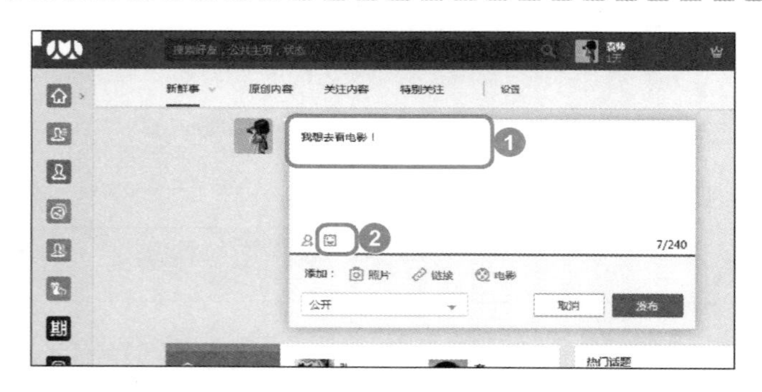

图 9-50

02 输入新鲜事内容

№1 系统会弹出一个对话框，在文本框中输入准备发送的新鲜事内容。

№2 单击【表情】按钮，如图 9-50 所示。

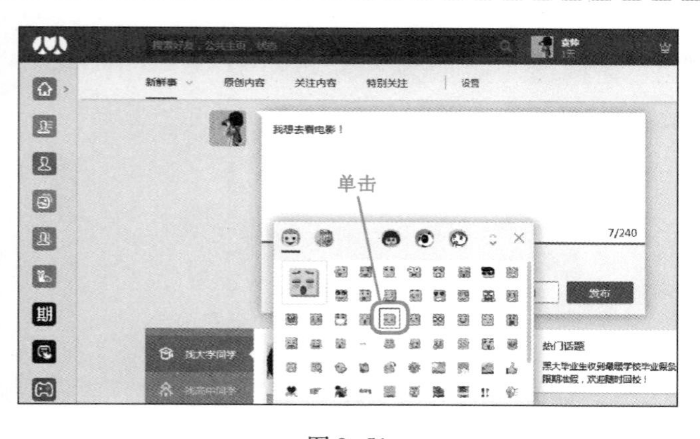

图 9-51

03 选择准备使用的表情

系统会弹出一个表情对话框，列出一些丰富的表情图标，用户可以在其中选择准备应用的表情图标，如图 9-51 所示。

图 9-52

04 单击【照片】按钮

No1 可以看到在文本框中已经添加了刚刚选择的表情图标。

No2 单击下方的【照片】按钮 照片，如图 9-52 所示。

图 9-53

05 单击下方的【点击上传本地照片】链接项

系统会弹出一个上传照片的对话框，单击下方的【点击上传本地照片】链接，如图 9-53 所示。

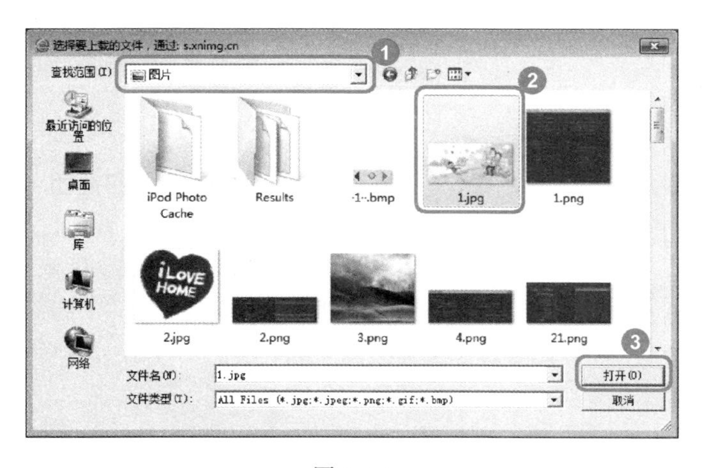

图 9-54

06 选择准备上传的图片

No1 弹出【选择要上传的文件】对话框，选择所上传的图片所在的位置。

No2 选择准备上传的图片。

No3 单击【打开】按钮 打开(O)，如图 9-54 所示。

图 9-55

07 单击【发布】按钮

可以看到选择的照片已被上传完毕，单击右下角的【发布】按钮，这样即可完成发布自己的新鲜事，如图 9-55 所示。

9.3.5 加入社团

“社团人”是人人网针对学生团体创建的社 团管理及互动平台，为学生团体的运作及发展提供有效的支持和帮助。下面将详细介绍加入社团的操作方法。

图 9-56

01 单击【社团人】按钮

进入到人人网首页，在右侧的侧栏按钮中，单击【社团人】按钮，如图 9-56 所示。

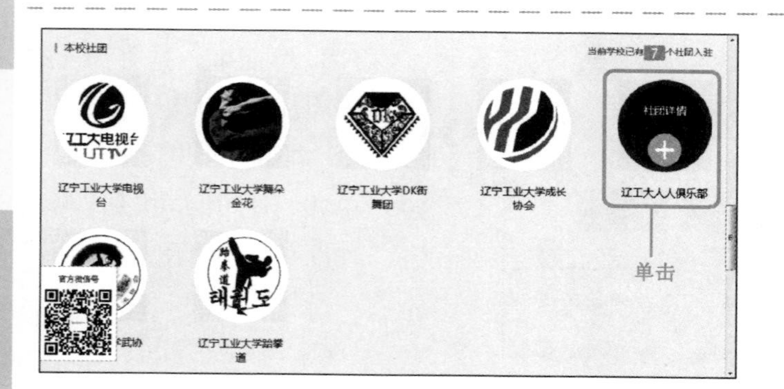

图 9-57

02 选择准备加入的社团

进入到【社团人】页面，用户可以在这里根据所在学校或机构，选择一些需要加入的社团，如图 9-57 所示。

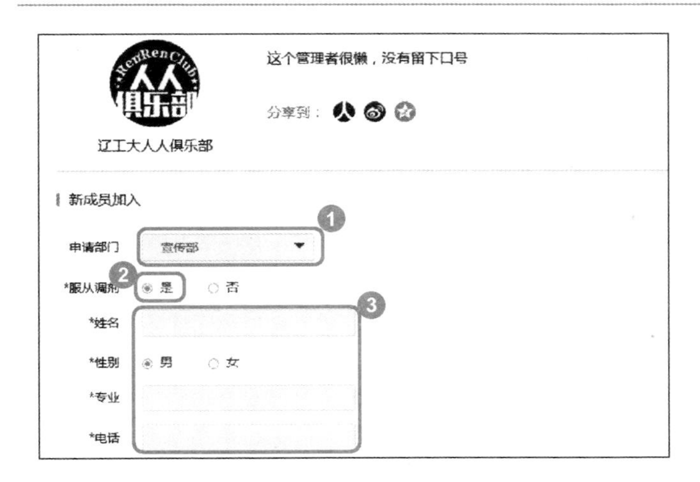

图 9-58

03 设置加入信息

No1 进入到【新成员加入】页面，选择准备申请的部门。

No2 选择是否服从调剂。

No3 输入一些基本资料，如姓名、性别、专业、电话等，如图 9-58 所示。

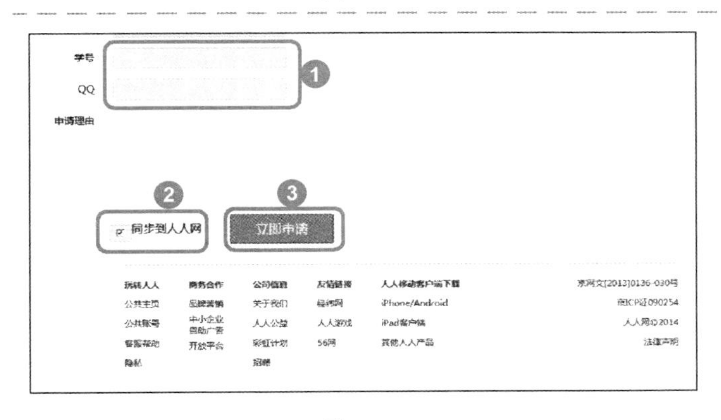

图 9-59

04 单击【立即申请】按钮

No1 继续设置一些其他信息资料。

No2 选择【同步到人人网】复选框。

No3 单击【立即申请】按钮 立即申请，如图 9-59 所示。

Section 9.4 实践案例与上机操作

本节导读

通过本章的学习，用户可以基本掌握网络论坛与人人网方面的知识，下面通过几个实践案例进行上机实例操作，以达到巩固学习、拓展提高的目的。

9.4.1 使用人人网写一篇日志

写日志是一种很好的生活习惯，可以记录生活，留下回忆，提高自己语言文字功底，并且可以和朋友们分享自己的一些生活状态。下面介绍使用人人网写一篇日志的操作方法。

图 9-60

01 单击【写日志】按钮

进入到人人网首页，在【发布新鲜事】文本框下方，单击【写日志】按钮，如图 9-60 所示。

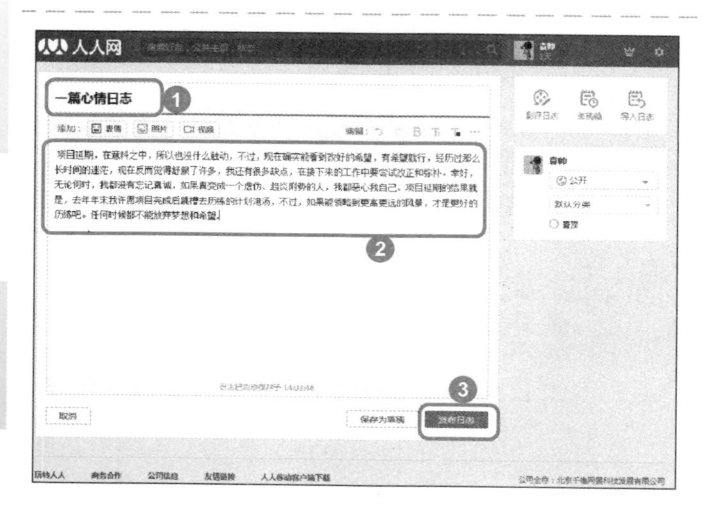

图 9-61

02 编写日志

No1 进入到【写日志】页面，输入日志标题。

No2 输入准备发布的日志内容。

No3 单击【发布日志】按钮，如图 9-61 所示。

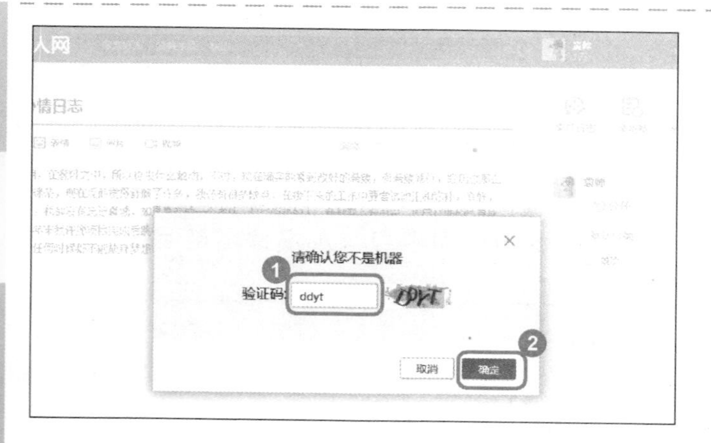

图 9-62

03 输入验证码

No1 弹出对话框，在【验证码】文本框中，输入右侧给出的验证码。

No2 单击【确定】按钮，如图 9-62 所示。

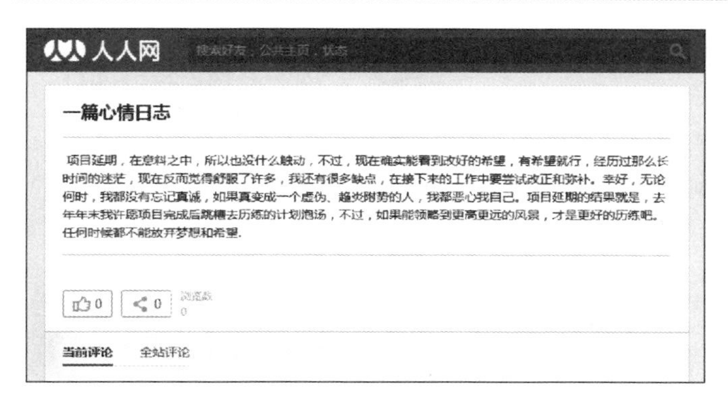

图 9-63

04 完成使用人人网写一篇日志

可以看到编写的日志已发表出来，这样即可完成使用人人网写一篇日志的操作，如图 9-63 所示。

9.4.2　自定义人人网个人封面

一个精美漂亮又符合主题的封面可以让用户的主页锦上添花，更能表达出用户的风格，让其他用户更加喜欢进入自己的主页，下面将详细介绍自定义封面的方法。

图 9-64

01 单击【个人主页】按钮

进入到人人网首页，在右侧的侧栏按钮中，单击【个人主页】按钮，如图 9-64 所示。

图 9-65

02 单击【添加封面】按钮

No1 进入到个人主页，单击右上方的【添加封面】按钮添加封面。

No2 在弹出的列表框中，选择【上传图片】选项，如图 9-65 所示。

图 9-66

03 选择准备上传的图片

No1 弹出【选择要上传的文件】对话框，选择所上传的图片所在的位置。

No2 选择准备上传的图片。

No3 单击【打开】按钮，如图 9-66 所示。

图 9-67

04 正在上图片状态

返回到个人主页页面，可以看到显示正在上传图片状态，用户需要在线等待一段时间，如图 9-67 所示。

图 9-68

05 单击【保存】按钮

图片上传完毕后，用户可以根据需要在图片上拖动鼠标调整封面照片的位置，单击【保存】按钮，如图 9-68 所示。

图 9-69

06 完成自定义人人网个人封面

可以看到图片已经作为主页封面显示，这样即可完成自定义人人网个人封面，如图 9-69 所示。

第 10 章

博客与微博

本章内容导读

本章主要介绍了博客与微博方面的知识，同时还讲解了使用新浪博客和新浪微博的相关操作，在本章的最后还针对实际的需求，讲解了一些实例的上机操作方法。通过本章的学习，读者可以掌握博客与微博方面的知识，为进一步学习电脑、手机网上的相关知识奠定了基础。

本章知识要点

- ☐ 开通与编辑博客
- ☐ 微博

Section
10.1 开通与编辑博客

本节导读

在使用博客表达自己的思想和感情前，需要首先开通一个属于自己的博客，在该博客中即可发表自己的所见、所作和所思。本节介绍开通与编辑博客的相关知识及操作方法。

10.1.1 注册博客通行证

下面以注册新浪博客为例，来详细介绍注册博客通行证的方法，其网址为“http://blog. sina. com. cn”。

图 10-1

01 单击右上角的【注册】链接项

启动 IE 浏览器，输入网址“blog. sina. com. cn”，进入新浪博客主页面，单击页面右上角的【注册】链接，如图 10-1 所示。

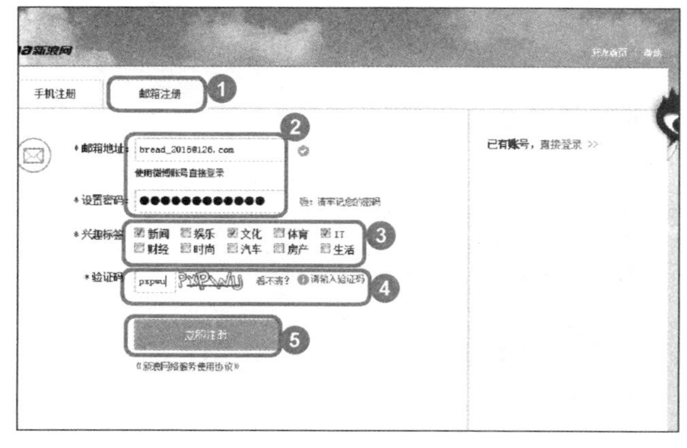

图 10-2

02 填写注册信息

No1 进入到【注册新账号】页面，选择【邮箱注册】选项卡

No2 输入邮箱地址及密码。

No3 设置兴趣标签。

No4 输入右侧给出的验证码

No5 单击【立即注册】按钮，如图 10-2 所示。

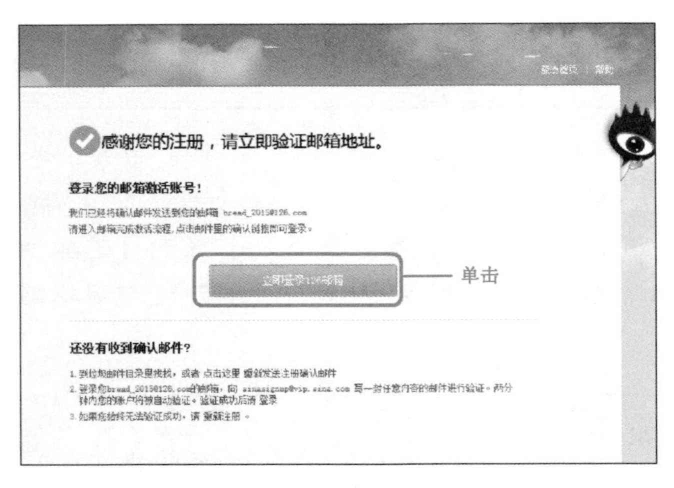

图 10-3

03 单击【立即登录 126 邮箱】按钮

进入到下一页面，显示“感谢您的注册，请立即验证邮箱地址”，单击【立即登录 126 邮箱】按钮，如图 10-3 所示。

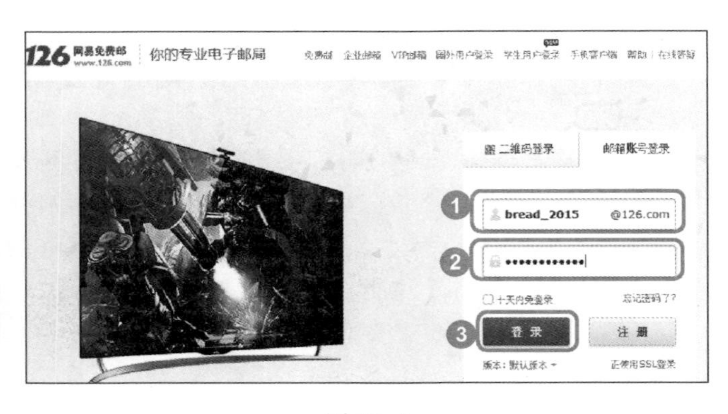

图 10-4

04 登录邮箱

No1 进入到【126 邮箱登录】界面，输入邮箱账号。

No2 输入邮箱密码。

No3 单击【登录】按钮，如图 10-4 所示。

图 10-5

05 单击【未读邮件】按钮

进入到 126 邮箱首页，单击页面中的【未读邮件】，如图 10-5 所示。

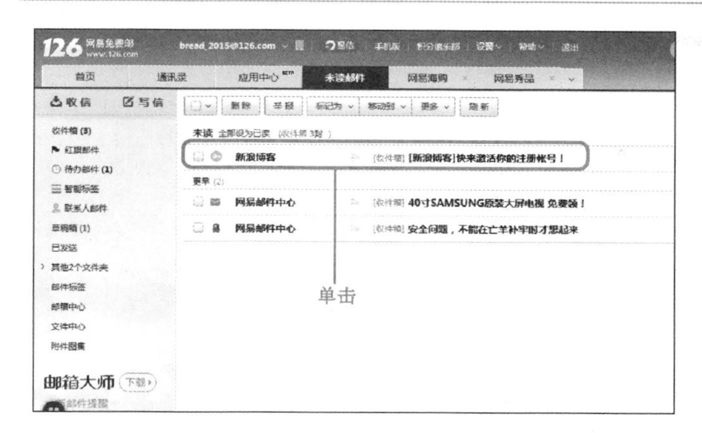

图 10-6

06 单击新浪博客发送过来的未读邮件链接

进入到【未读邮件】界面，单击新浪博客发送过来的未读邮件链接，如图 10-6 所示。

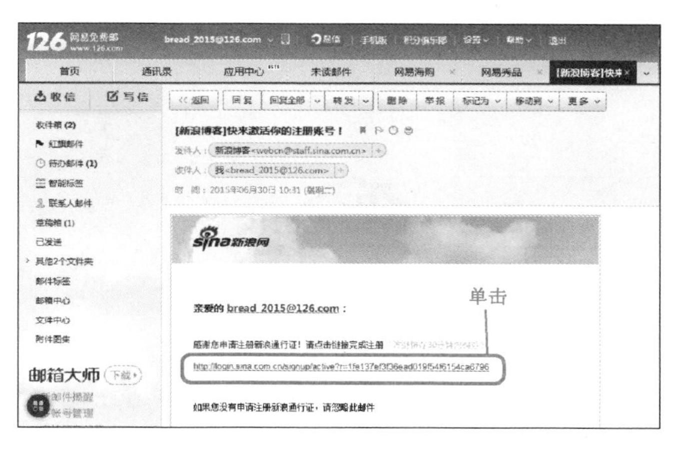

图 10-7

07 单击链接激活

打开该邮件，显示邮件内容，单击“感谢您申请注册新浪通行证！请点击链接完成注册”下方的链接项，如图 10-7 所示。

图 10-8

08 完成注册新浪博客通行证

进入到新浪通行证主界面，显示新浪服务及相关功能，通过以上步骤即可完成注册新浪博客通行证的操作，如图 10-8 所示。

10.1.2 登录自己的博客

拥有自己的博客通行证后，即可登录到自己的博客主页，进行博客的相关操作了，下面介绍登录博客的操作方法。

图 10-9

01 单击右上角的【登录】链接项

进入到新浪博客主页面，单击页面右上角的【登录】链接，如图 10-9 所示。

图 10-10

02 登录账号

No1 系统会弹出一个登录框，输入新浪账号。

No2 输入密码。

No3 单击【登录】按钮 登录 ，如图 10-10 所示。

图 10-11

03 选择【我的博客】选项

No1 可以看到刚才的【登录】链接变成一个小眼睛按钮，单击该按钮。

No2 在弹出来的列表框中，选择【我的博客】选项，如图 10-11 所示。

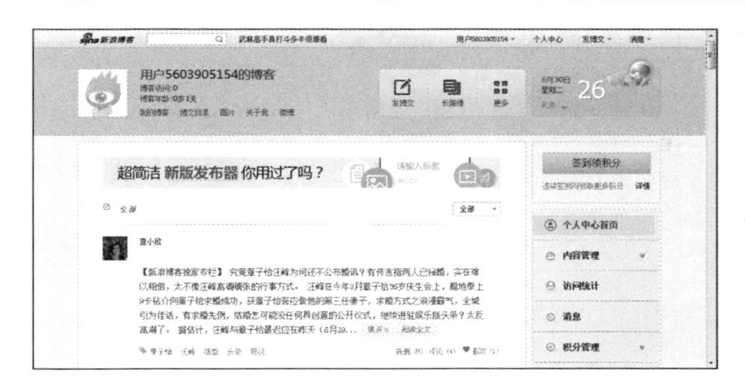

04 登录自己的博客

进入到用户的个人中心首页，显示相关博客内容，这样即完成登录自己的博客的操作了，如图 10-12 所示。

图 10-12

10.1.3 设置个人博客

首次登录自己的博客时，博客风格是默认的。设置具有个人特色的博客风格，不仅使自己的博客更加美观也可以凸显博客主人的个人风格。下面介绍设置个人博客的相关操作。

01 单击【用户博客】链接项

进入到用户的个人中心首页，单击左上角的【用户博客】链接项，如图 10-13 所示。

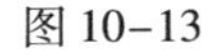

图 10-13

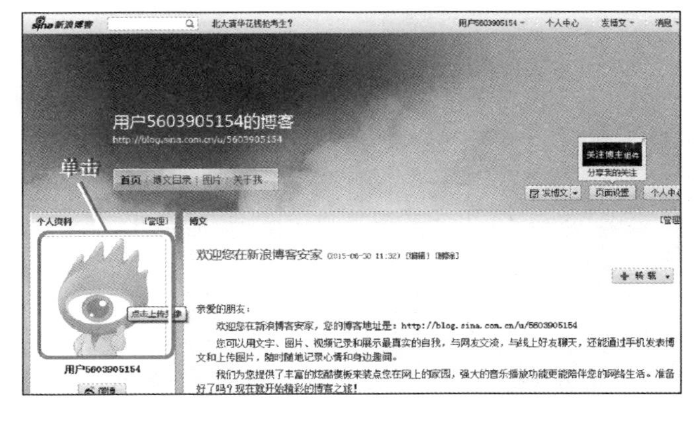

02 单击头像框

进入到个人博客主页，将鼠标指针移动到【个人资料】下方的头像框上，移动会弹出“点击上传头像”信息，单击该方框，如图 10-14 所示。

图 10-14

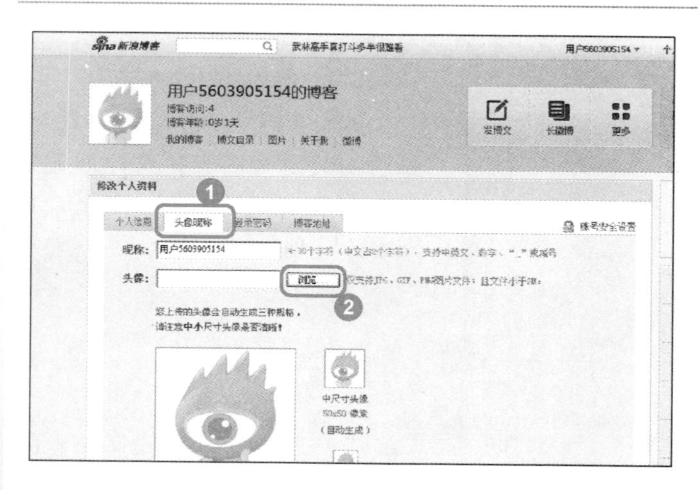

图 10-15

03 单击【浏览】按钮

No1 进入到【修改个人资料】页面，选择【头像昵称】选项。

No2 单击【浏览】按钮 浏览... ，如图 10-15 所示。

图 10-16

04 选择准备上传的图片

No1 弹出【选择要上传的文件】对话框，选择所上传的图片所在的位置。

No2 选择准备上传的图片。

No3 单击【打开】按钮 打开(O) ，如图 10-16 所示。

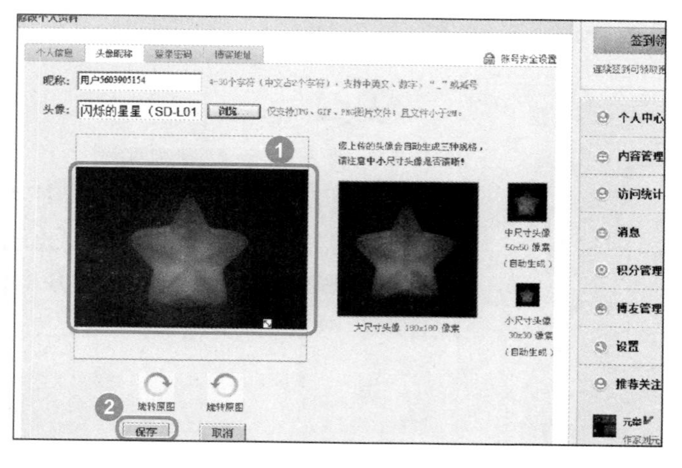

图 10-17

05 调整显示图片的区域

No1 完成上传图片后，拖动鼠标指针调整显示图片的区域。

No2 单击【保存】 保存 ，如图 10-17 所示。

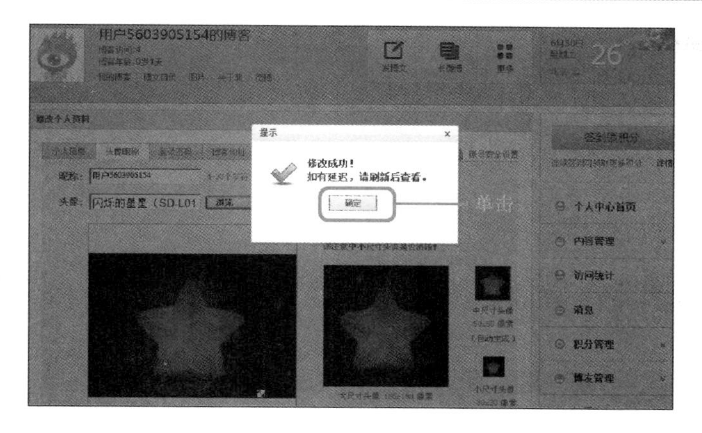

图 10-18

06 弹出对话框，单击【确定】按钮

系统会弹出【提示】对话框，显示“修改成功！如有延迟，请刷新后查看”信息，单击【确定】按钮 确定 ，如图 10-18 所示。

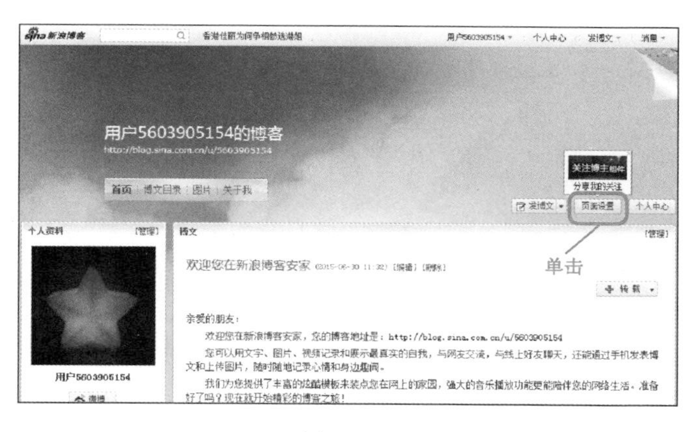

图 10-19

07 单击【页面设置】按钮

返回到个人博客主页，可以看到在【个人资料】下方的方框中已经显示刚刚上传的头像，单击页面右上角的【页面设置】按钮 页面设置 ，如图 10-19 所示。

图 10-20

08 选择准备应用的风格样式

No1 进入到【页面设置】页面，选择【风格设置】选项卡。

No2 选择准备应用的风格样式，如图 10-20 所示。

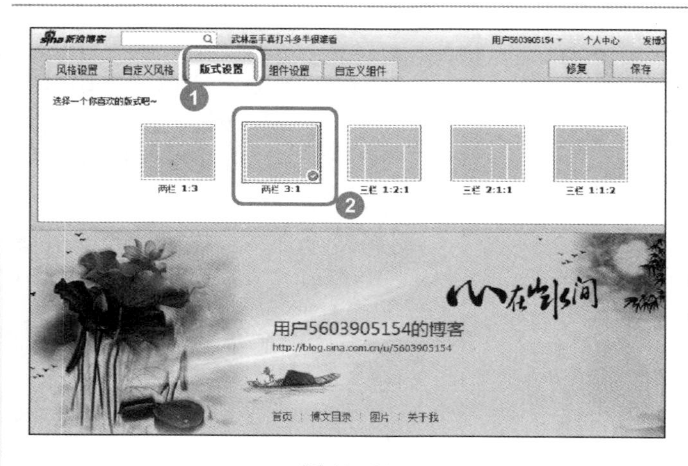

图 10-21

09 设置页面板式

No1 选择【板式设置】选项卡。

No2 在【选择一个喜欢的板式】区域下方，选择准备使用的页面板式，如图 10-21 所示。

图 10-22

10 设置组件

No1 选择【组件设置】选项卡。

No2 选择【基础组件】选项。

No3 在右侧的复选框区域中，选择准备在页面中显示的组件复选框。

No4 单击【保存】按钮 开始上传 ，如图 10-22 所示。

图 10-23

11 完成设置个人博客的操作

返回到用户的个人中心首页，可以看到头像以及页面板块已经按照刚刚设置的内容显示，这样即可完成设置个人博客的操作，如图 10-23 所示。

10.1.4 添加文章分类

在博客中发表文章前，需要先设置添加文章分类，以方便访客的阅读以及自己对博客文章进行管理，下面介绍添加博客文章分类的操作方法。

图 10-24

01 单击【博文目录】链接项

进入到个人博客主页，单击【博文目录】链接项，如图 10-24 所示。

图 10-25

02 单击【管理】链接项

进入到【博文】页面，在左侧的【博文】任务窗格中，单击右上角的【管理】链接，如图 10-25 所示。

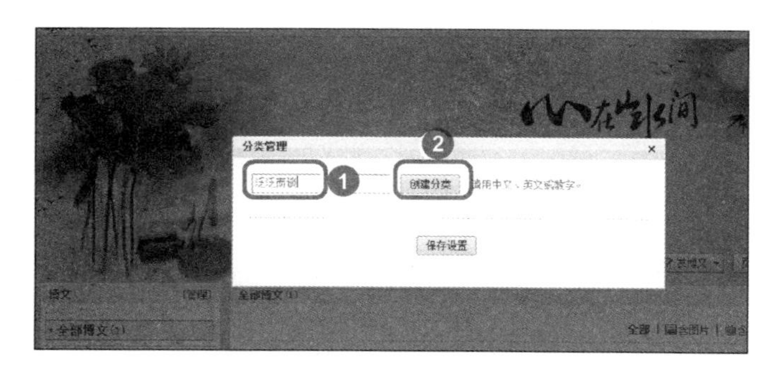

图 10-26

03 输入准备添加的分类名称

No1 弹出【分类管理】对话框，在文本框中输入准备添加的分类名称。

No2 单击【创建分类】按钮 创建分类 ，如图 10-26 所示。

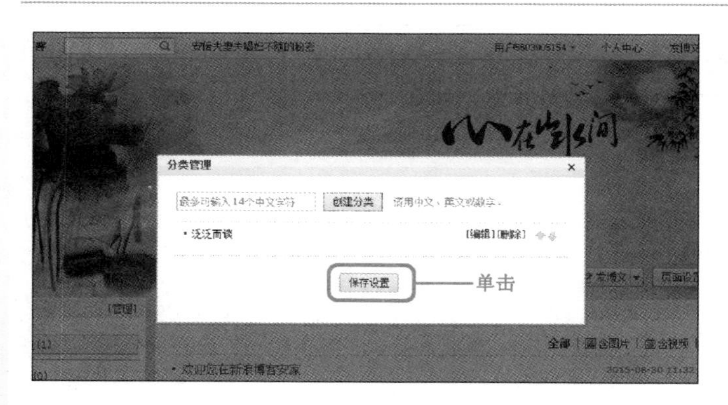

图 10-27

04 单击【保存设置】按钮

可以看到输入的分类已经生效，单击【保存设置】按钮，如图 10-27 所示。

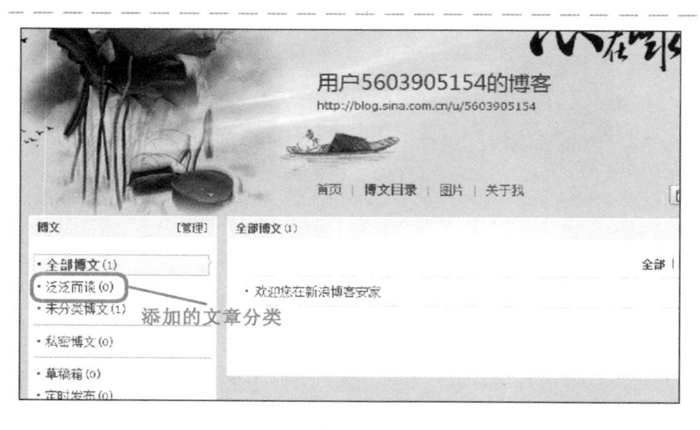

图 10-28

05 完成添加文章分类的操作

返回到【博文】页面，在左侧的【博文】任务窗格中，可以看到刚刚添加的博文分类已经完成添加，这样即可完成添加文章分类的操作，如图 10-28 所示。

10. 1. 5 编辑并发表博客文章

将写好的博客文章发表在博客上即可与大家共享自己的博文，下面介绍编辑并发表文章的操作。

图 10-29

01 单击【发博文】下拉按钮

№1 进入到个人博客主页，单击【发博文】下拉按钮。

№2 在弹出来的下拉列表框中，选择【写 365】选项，如图 10-29 所示。

图 10–30

02 输入博文内容

No1 进入到【发博文】页面，在【标题】文本框中，输入博文标题。

No2 在文章文本框中，输入准备发表的正文，如图 10–30 所示。

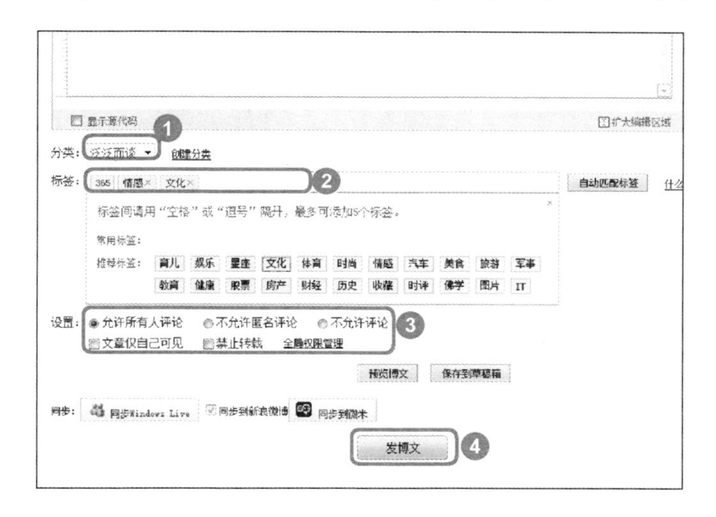

图 10–31

03 设置博文相关设置

No1 在【分类】下拉列表框中，选择准备发表到的博文分类。

No2 设置标签内容。

No3 设置文章分享权限。

No4 单击【发博文】按钮 发博文 ，如图 10–31 所示。

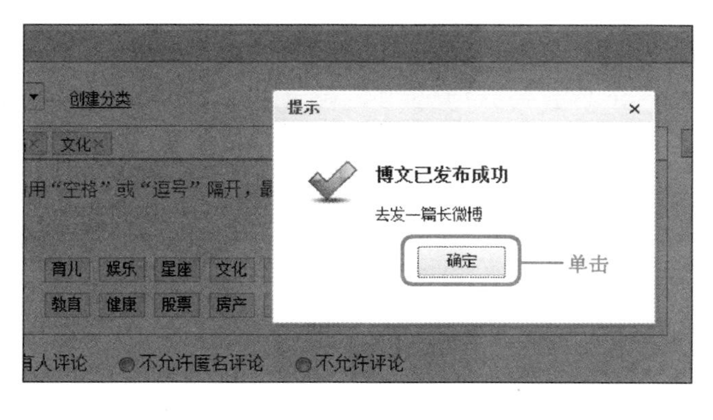

图 10–32

04 弹出对话框，单击【确定】按钮

弹出【提示】对话框，提示“博文已发布成功”信息，单击【确定】按钮 确定 ，如图 10–32 所示。

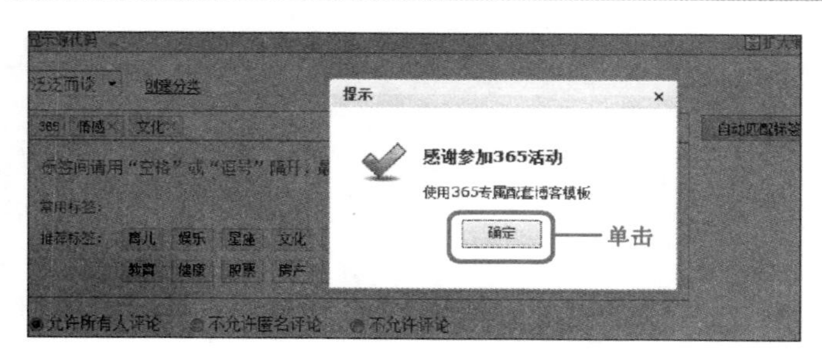

图 10-33

05 弹出对话框，单击【确定】按钮

系统会再次弹出【提示】对话框，单击单击【确定】按钮 确定 ，如图 10-33 所示。

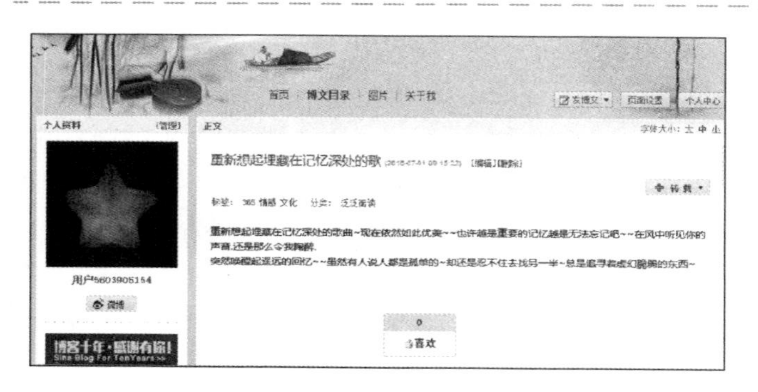

图 10-34

06 完成编辑并发表博客文章的操作

返回到个人博客主页，可以看到刚刚编辑完的博文已经发布出来，这样即完成编辑并发表博客文章的操作了，如图 10-34 所示。

Section 10.2 微博

本节导读

微博是现在使用最广泛最火爆的网络产品之一，用户可以将看到的、听到的、想到的事情写成一句话，或发一张图片，通过电脑或者手机随时随地分享给朋友，让大家一起分享、讨论。本节介绍有关微博的相关知识及操作方法。

10.2.1 博客与微博的区别

微博是一个基于用户关系的信息分享、传播以及获取的平台，以 140 字左右的文字更新信息，并实现即时分享。微博的短小、精炼大大提高了它的有效传播的速度，以及发布的速度。

博客是一种由个人进行管理，不定期的发表文章。大多数是个人的感想、事物的评价或是对生活、工作、学习中的一些事情的感想。它没有字数的限制，一篇完整的描述才能成为

一篇博客。比如作者自己的观点、情绪、动态、对某些事件看法的平台。同时，博客又被称为网络日志，博客上的文章通常根据张贴时间，以倒序方式由新到旧排列。许多博客专注在特定的课题上提供评论或新闻，其他则被作为比较个人的日记。

微博能够通过手机迅速发布，并且可以随地随时的了解社会事件、新闻的动态，使得微博不受地域、平台的限制。但是博客因为发布工具上的限制，不能够像微博一样随时随地的发布。微博内容简洁，而博客则需要长篇大论。随着中国网民对互联网知识的普及，大多数人已不再去查看那些长篇大论了，相较而言，微博更适应我们生活的需求，满足了我们的要求。

10.2.2 注册新浪微博

在使用微博进行之前需要先进行注册一个账号，现在微博使用最广泛的就是新浪微博，新浪微博的网站网址为“http://weibo.com”，下面将详细介绍注册新浪微博的操作方法。

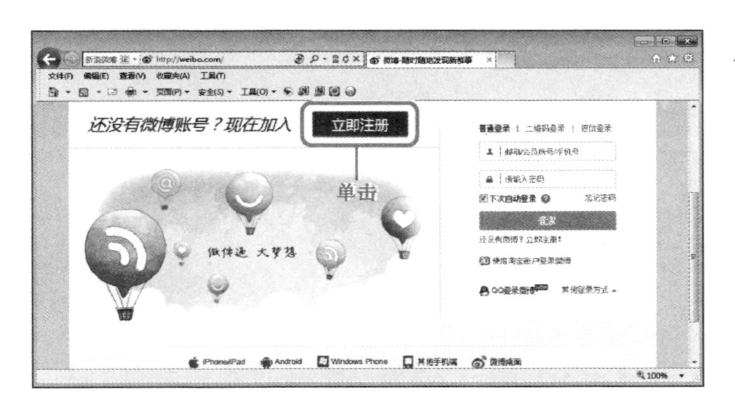

图 10-35

01 单击【立即注册】按钮

启动 IE 浏览器，输入网址，进入新浪微博首页，单击【立即注册】按钮 立即注册 ，如图 10-35 所示。

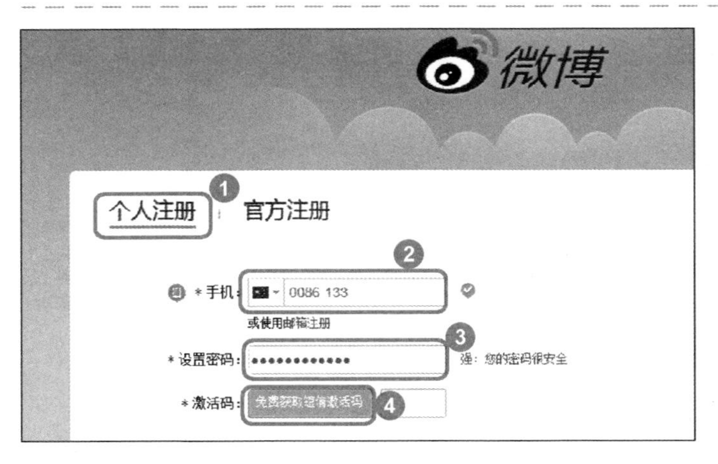

图 10-36

02 设置账号密码

No1 进入到注册页面，选择【个人注册】选项卡。

No2 输入手机号码。

No3 设置密码。

No4 单击【激活码】右侧的按钮，如图 10-36 所示。

图 10-37

03 单击【立即注册】按钮

No1 在【激活码】右侧的文本框中输入发送到手机中的验证码。

No2 单击【立即注册】按钮 立即注册，如图 10－37 所示。

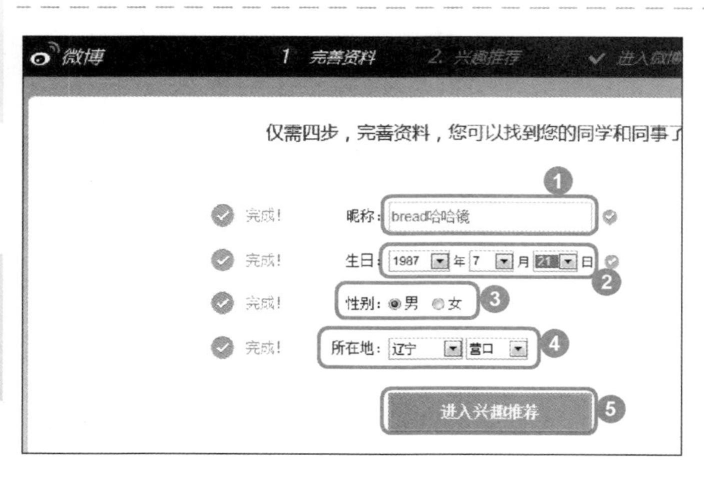

图 10-38

04 完善资料

No1 进入到【完善资料】页面，输入昵称。

No2 设置生日。

No3 设置性别。

No4 设置所在地。

No5 单击【进入兴趣推荐】按钮 进入兴趣推荐，如图 10－38 所示。

图 10-39

05 兴趣推荐

No1 进入到【兴趣推荐】页面，选择用户感兴趣的栏目。

No2 单击【进入微博】按钮 进入微博，如图10-39 所示。

图 10-40

06 完成注册新浪微博的操作

进入到新浪微博个人主页，这样即可完成注册新浪微博的操作，如图 10-40 所示。

10.2.3 查看微博并发表观点

注册新浪微博后，用户就可以查看自己感兴趣的微博内容并进行评论了，下面介绍查看微博并发表观点的操作方法。

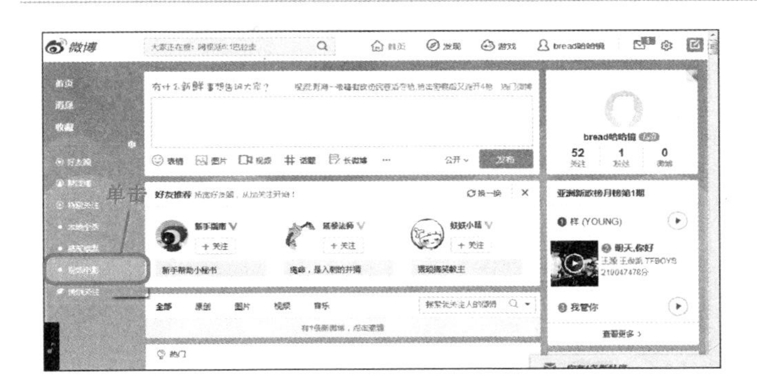

图 10-41

01 选择微博圈子

进入到新浪微博个人主页，单击左侧功能栏中用户感兴趣的微博圈子，如选择“视频电影”，如图 10-41 所示。

图 10-42

02 单击【播放】按钮

在微博首页中间，可以看到该圈子中所有的微博内容，如遇到有小视频的微博，可以单击【播放】按钮 播放，如图 10-42 所示。

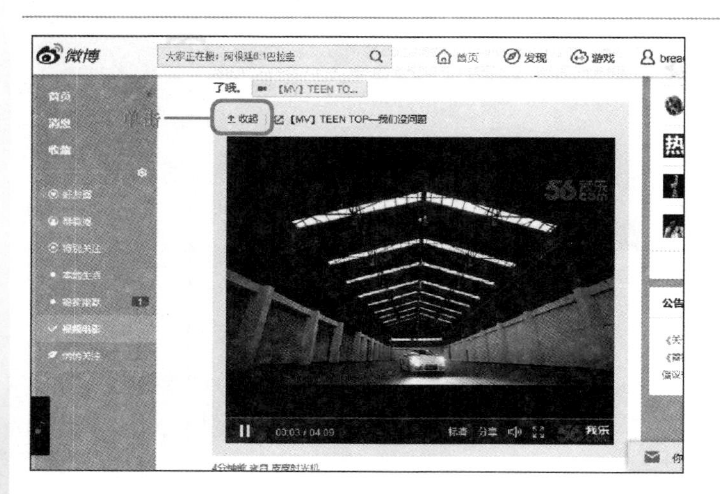

图 10-43

03 单击【收起】按钮

该微博内容中的视频会自动播放，观看完视频后单击【收起】按钮 收起，如图 10-43 所示。

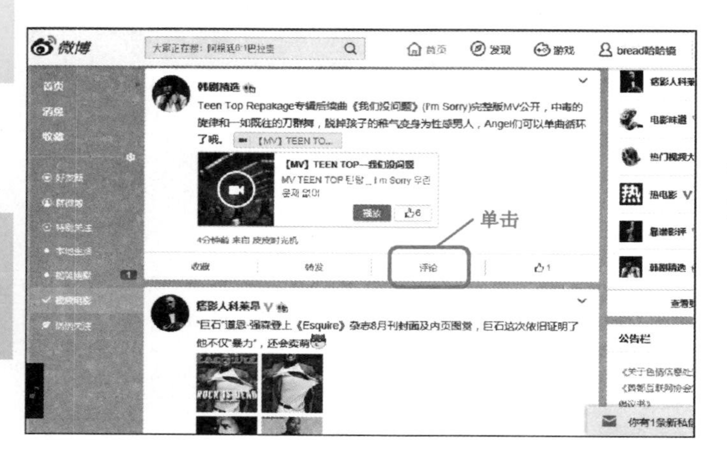

图 10-44

04 单击【评论】按钮

该条微博内容会回复原样，单击下方的【评论】按钮 评论，如图 10-44 所示。

图 10-45

05 发表评论

No1 系统会弹出一个评论框，在文本框中输入准备发表的评论内容。

No2 单击【发布】按钮 发布，如图 10-45 所示。

图 10-46

06 完成查看微博并发表观点的操作

可以看到发表的评论已经在该条微博下方显示，通过以上步骤即可完成查看微博并发表观点的操作，如图 10-46 所示。

10.2.4 撰写并发表微博

使用新浪微博，用户可以用简单的一句话随意记录自己的生活，将自己的所见所闻，心路历程发表出来。下面介绍撰写并发表微博的方法。

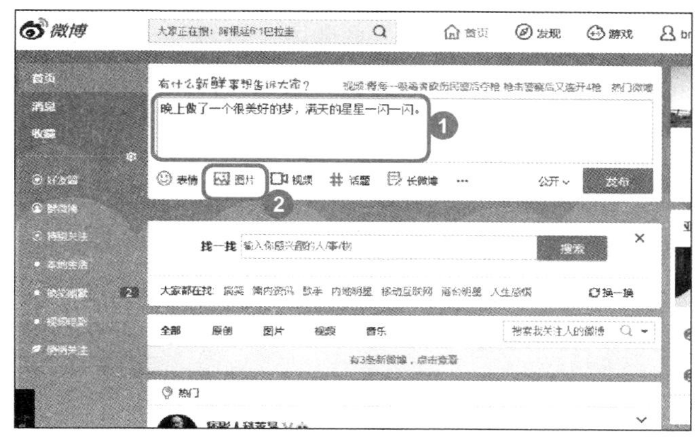

图 10-47

01 输入准备发表的微博内容

No1 进入新浪微博个人主页，在【有什么新鲜事想告诉大家?】区域下方的文本框中，输入准备发表的微博内容。

No2 单击【图片】按钮 图片，如图 10-47 所示。

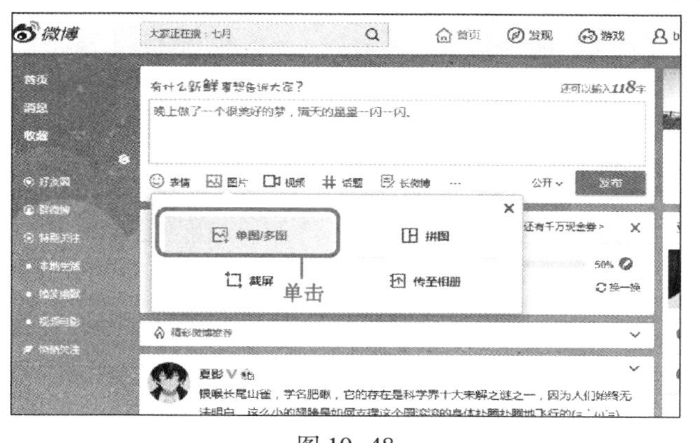

图 10-48

02 选择准备插入的图片类型

系统会弹出一个对话框，在其中选择准备插入的图片类型，如选择"单图/多图"，如图 10-48 所示。

图 10–49

03 选择准备上传的图片

No1 弹出【选择要上传的文件】对话框，选择所上传的图片所在的位置。

No2 选择准备上传的图片。

No3 单击【打开】按钮，如图 10–49 所示。

图 10–50

04 单击【发布】按钮

返回到新浪微博个人主页，可以看到选择的图片已被插入进来，如果还想继续插入其他图片，用户还可以单击【本地上传】对话框中的【加号】按钮。单击【发布】按钮，如图 10–50 所示。

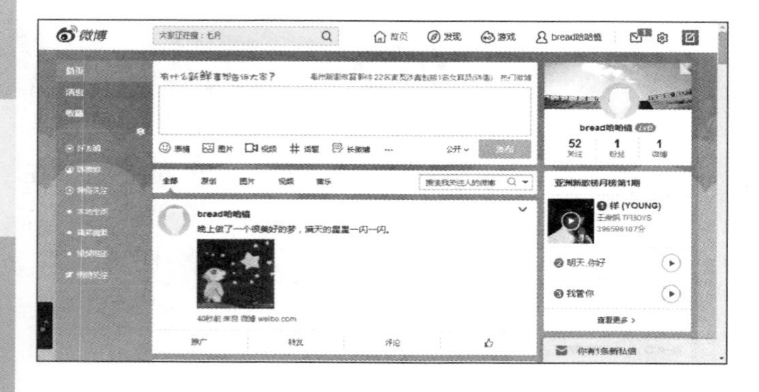

图 10–51

05 完成撰写并发表微博的操作

可以看到刚刚撰写好的微博内容已被发布出来，这样即可完成撰写并发表微博的操作，如图 10–51 所示。

10.2.5 添加好友微博关注

我们在玩新浪微博的时候，会不断发现自己感兴趣的博主想把他添加为好友，那么该怎么操作呢？

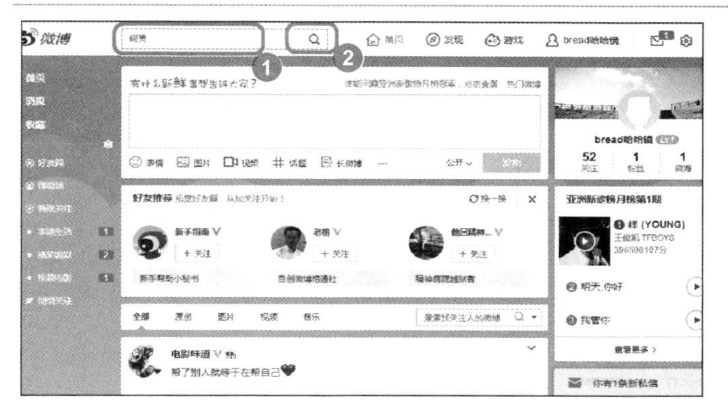

图 10-52

01 输入准备添加关注的名称

No1 进入新浪微博个人主页，在最上面的【搜索】文本框中，输入准备添加关注的名称。

No2 单击【搜索】按钮，如图 10-52 所示。

图 10-53

02 单击头像右侧的【关注】按钮

进入到搜索结果页面，显示搜索出来的人，单击头像右侧的【关注】按钮 ，如图 10-53 所示。

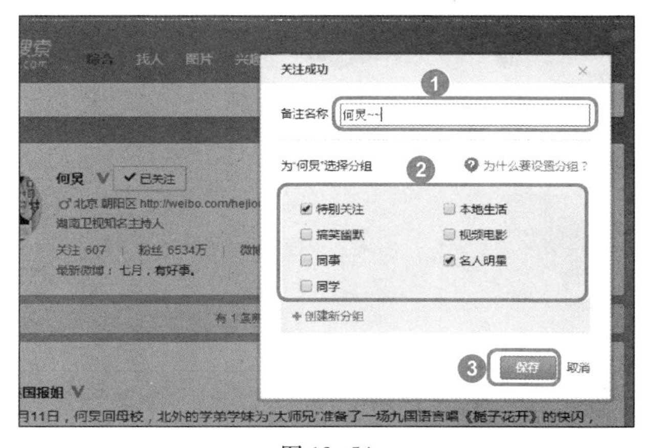

图 10-54

03 弹出对话框，设置关注选项

No1 弹出【关注成功】对话框，设置备注名称。

No2 为所关注的人设置准备添加进去的分组。

No3 单击【保存】按钮，如图 10-54 所示。

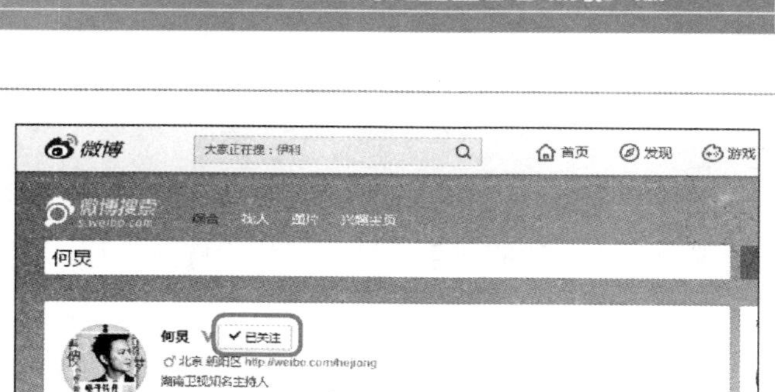

图 10-55

04 完成添加好友微博关注

返回到搜索结果页面，可以看到头像右侧的【关注】按钮 已变为【已关注】按钮 ，这样即可完成添加好友微博关注的操作，如图 10-55 所示。

Section

10.3 实践案例与上机操作

本节导读

通过本章的学习，用户可以掌握博客与微博方面的知识，下面通过几个实践案例进行上机实例操作，以达到巩固学习、拓展提高的目的。

10.3.1 查看私信并进行对话

新浪微博是一个大众的交流平台，在这里可以接触很多的明星或者朋友。有时候也会收到某个好友发来的私信。好友发了私信以后，一般系统会提示，用户也可以自己查找私信的并进行对话。下面将详细介绍查看私信并进行对话的方法。

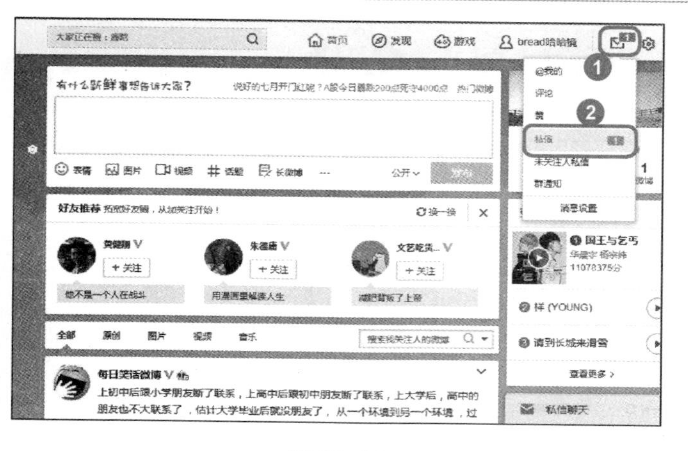

图 10-56

01 选择【私信】选项

No1 进入到新浪微博个人主页，单击右上角的【信件】按钮 。

No2 在弹出来的列表框中，选择【私信】选项，如图 10-56 所示。

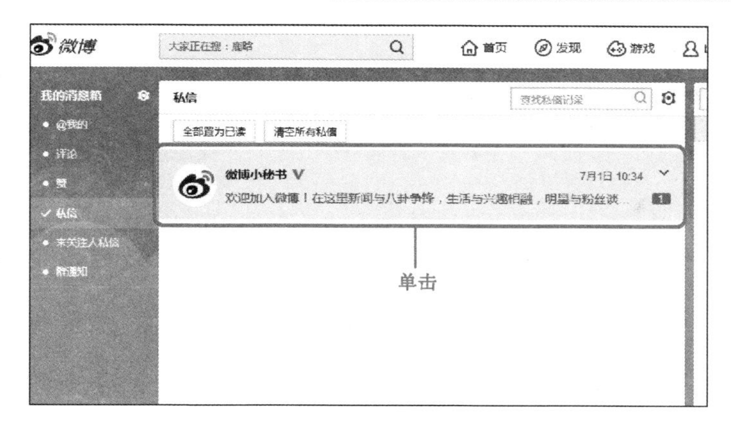

图 10–57

02 选择准备查看的私信

进入到【私信】页面，在这里用户可以找到所有的私信信息，选择准备查看的私信，如图 10–57 所示。

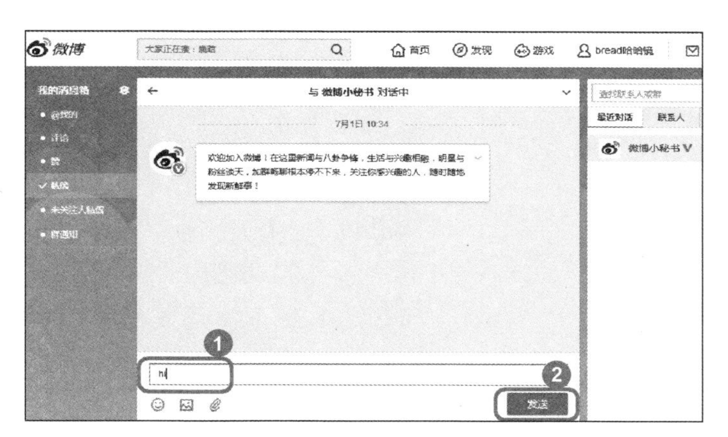

图 10–58

03 进行私信对话

No1 进入到与该私信发件人的对话页面，在文本框中输入准备进行对话的内容。

No2 单击【发送】按钮，如图 10–58 所示。

图 10–59

04 完成查看私信并进行对话

可以看到聊天内容已被发送到接收信息面板中，通过以上步骤即可完成查看私信并进行对话的操作，如图 10–59 所示。

10.3.2 收藏微博

看到好的微博，用户可以将其收藏起来方便以后再看，下面将详细介绍收藏微博的操作方法。

图 10-60

01 单击【收藏】按钮

进入到新浪微博个人主页，找到准备进行收藏的微博信息，单击下方的【收藏】按钮，如图 10-60 所示。

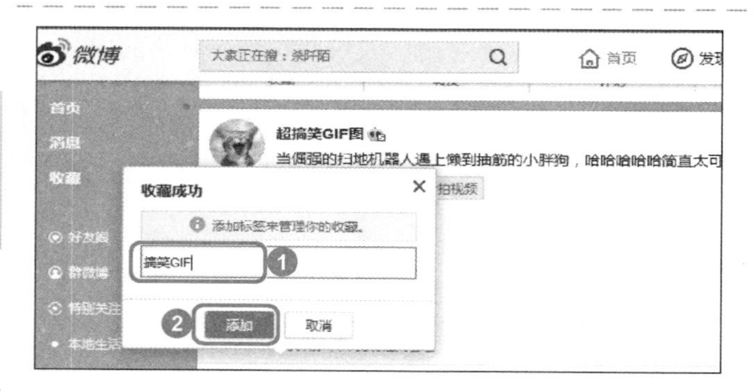

图 10-61

02 弹出对话框，单击【添加】按钮

No1 弹出【收藏成功】对话框，在文本框中输入准备添加的标签名称。

No2 单击【添加】按钮 添加，如图 10-61 所示。

图 10-62

03 完成收藏微博

用户可以单击左侧功能栏中的【收藏】选项来查看所有已收藏的微博信息，这样即可完成收藏微博的操作，如图 10-62 所示。

10.3.3 使用微博发文件

新浪微博不仅可以发博文，还可以发一些文件，下面介绍使用微博发文件的操作方法。

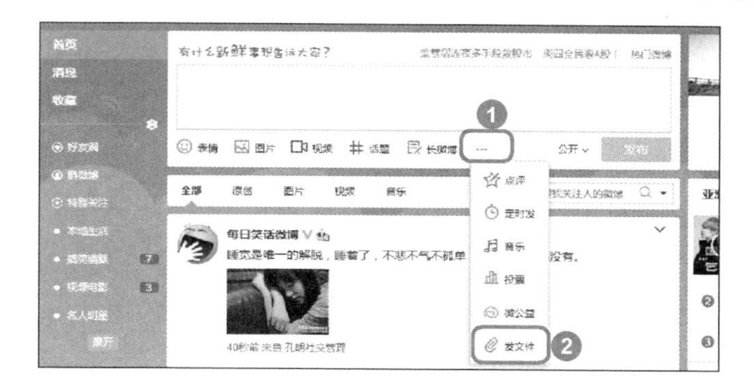

图 10-63

01 选择【发文件】选项

No1 在【发布新鲜事】文本框的下方，单击【···】按钮 ··· 。

No2 在弹出的列表框中，选择【发文件】选项，如图 10-63 所示。

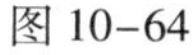

图 10-64

02 选择准备上传文件的方式

系统会弹出一个对话框，选择准备上传文件的方式，如选择“从本地上传”，如图 10-64 所示。

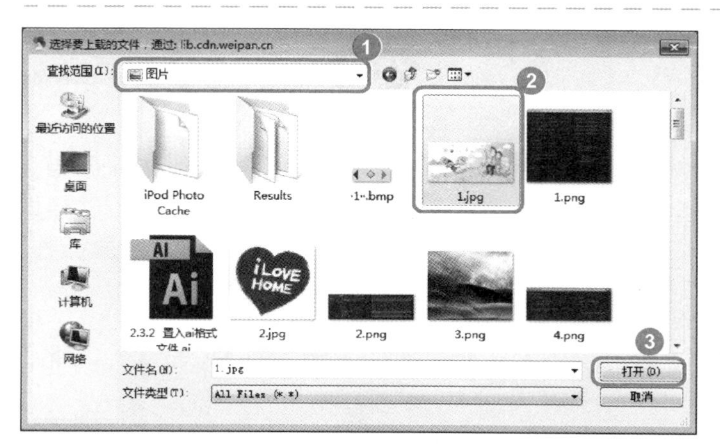

图 10-65

03 选择准备上传的文件

No1 弹出【选择要上传的文件】对话框，选择所上传的文件所在的位置。

No2 选择准备上传的文件。

No3 单击【打开】按钮 打开(O) ，如图 10-65 所示。

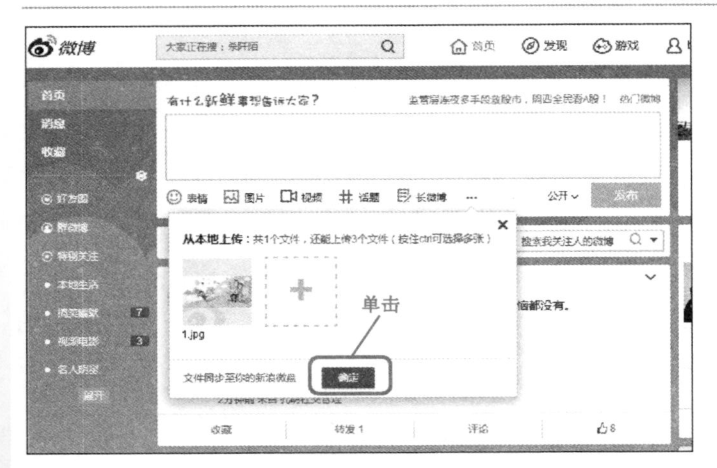

图 10-66

04 显示上传的文件预览，单击【确定】按钮

返回到新浪微博个人首页，可以看到有一个【从本地上传】对话框，在其中显示刚刚上传的文件预览，单击【确定】按钮 确定 ，如图 10-66 所示。

图 10-67

05 单击【发布】按钮

系统会自动在【新鲜事】文本框中填写发送文件的相关信息，单击【发布】按钮 发布 ，如图 10-67 所示。

图 10-68

06 完成使用微博发文件的操作

可以看到发送的文件已经显示到微博信息接收栏中，这样即可完成使用微博发文件的操作，如图 10-68 所示。

第11章
生活服务

本章内容导读

本章主要介绍了在生活中需要用到的网络知识，同时还讲解了网上阅读图书、网上求职、网上查询出行信息、使用58同城的操作，在本章的最后还针对实际的需求，讲解了一些实例的上机操作方法。通过本章的学习，读者可以掌握通过网络改变生活品质的知识，为进一步学习电脑、手机网上的相关知识奠定了基础。

本章知识要点

- 网上图书馆
- 网上求职
- 网上查询出行信息
- 58 同城

Section

11.1 网上图书馆

本节导读

超星数字图书馆是目前世界最大的中文在线数字图书馆，拥有丰富的电子图书资源供广大网络用户阅读。本节将以超星数字图书馆为例，介绍有关网上图书馆的相关知识。

11.1.1 注册与登录

在使用超星数字图书馆阅读之前，需要先注册账户才可以登录，超星的网站网址为“www. chaoxing. com”，下面将详细介绍注册与登录超星阅览器账户的方法。

图 11-1

01 单击右上角的【注册】链接项

启动 IE 浏览器，输入网址，打开超星发现首页，单击右上角的【注册】链接，如图 11 - 1 所示。

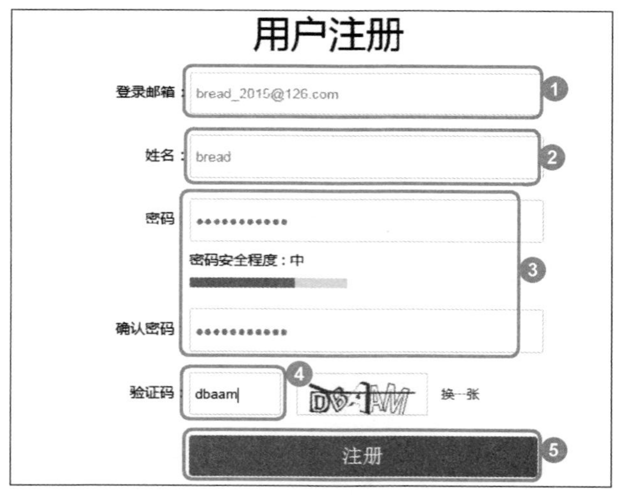

图 11-2

02 输入注册信息

No1 进入到【用户注册】页面，输入登录邮箱。

No2 在【姓名】文本框中，输入用户姓名。

No3 输入密码和确认密码。

No4 在【验证码】文本框中，输入右侧系统给出的验证码。

No5 单击【注册】按钮 注册，如图 11-2 所示。

图 11-3

03 弹出对话框，提示注册成功

系统会弹出【恭喜注册成功!】对话框，等待一会后，该对话框会自动消失，如图 11－3 所示。

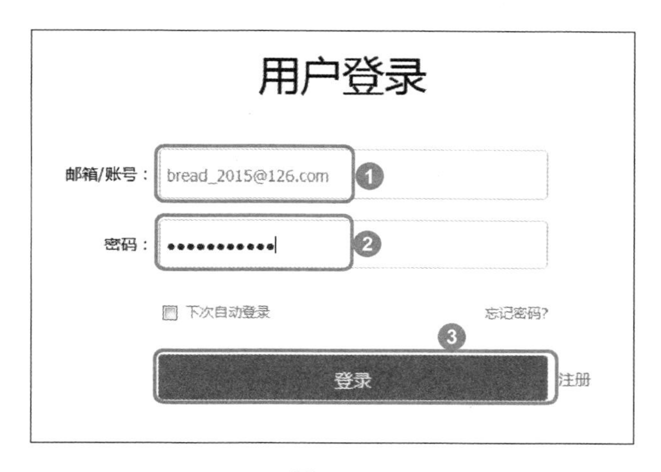

图 11-4

04 用户登录

No1 进入到【用户登录】页面，在【邮箱/账号】文本框中，输入刚刚注册的登录邮箱。

No2 在【密码】文本框中，输入密码。

No3 单击【登录】按钮 ，如图 11-4 所示。

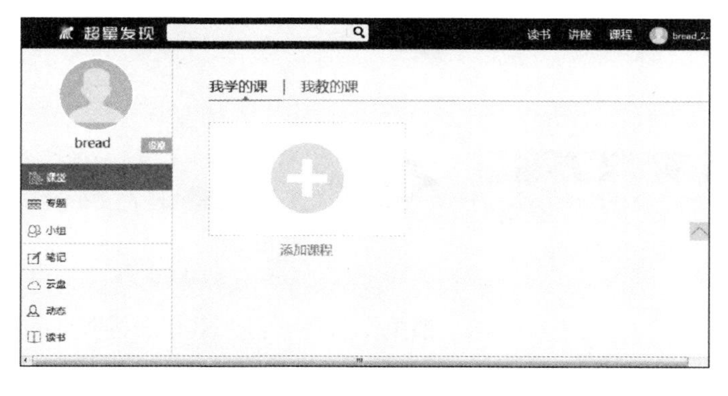

图 11-5

05 完成注册与登录

进入到用户个人中心页面，显示相关功能格局，通过以上步骤即可完成注册与登录的操作，如图 11-5 所示。

11. 1. 2 在线查找与阅读图书

注册完账户之后，便可以在线查找并阅读图书了。下面介绍在线查找与阅读图书的操作方法。

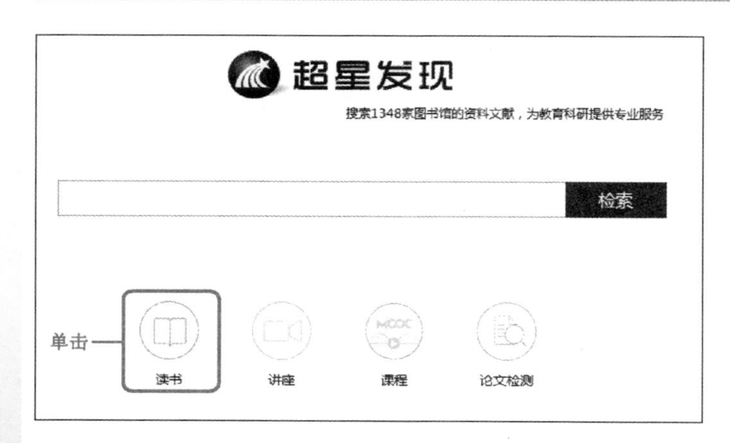

图 11-6

01 单击【读书】按钮

进入到超星发现首页，单击【检索】文本框下方的【读书】按钮，如图 11-6 所示。

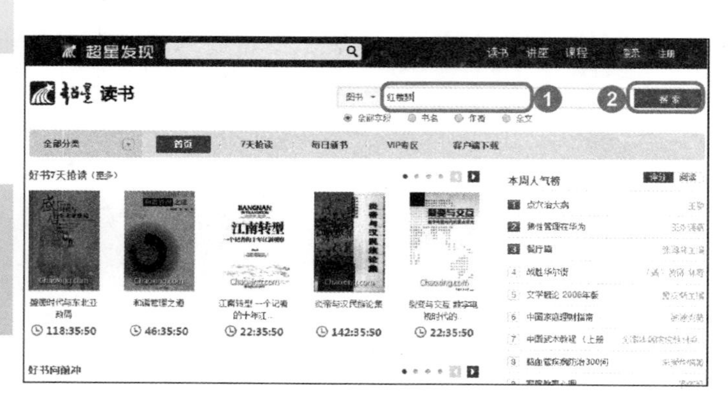

图 11-7

02 输入准备查找的书名

No1 进入到【超星读书】页面，在【搜索】文本框中，输入准备查找的书名。

No2 单击【搜索】按钮 搜索，如图 11-7 所示。

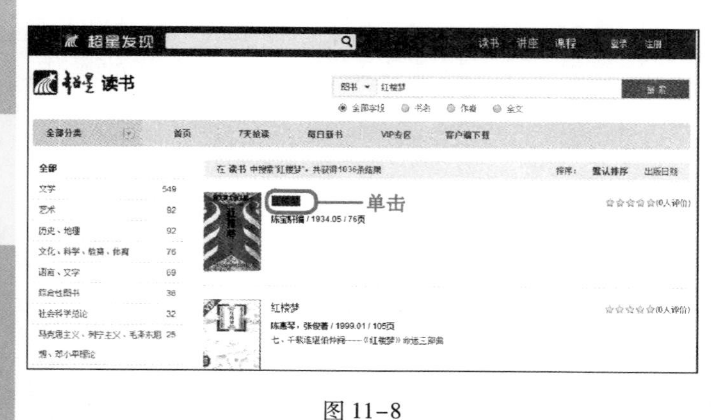

图 11-8

03 选择准备进行阅读的图书

进入到搜索结果页面，显示根据关键字所搜索出来的所有的书籍，单击准备进行阅读的图书书名链接，如图 11-8 所示。

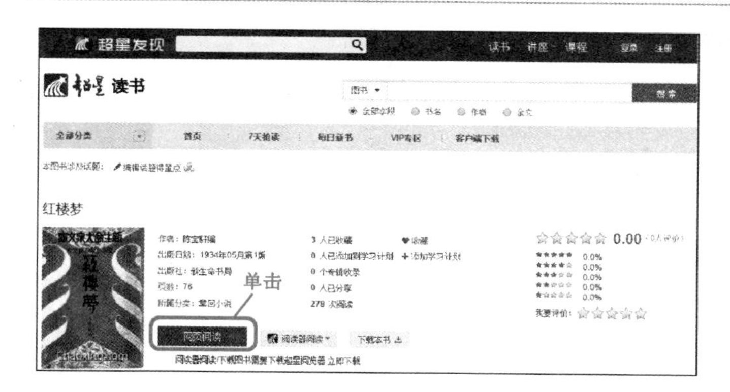

图 11-9

04 单击【网页阅读】按钮

进入到该图书简介页面，显示图书简介以及相关评价，单击【网页阅读】按钮，如图 11-9 所示。

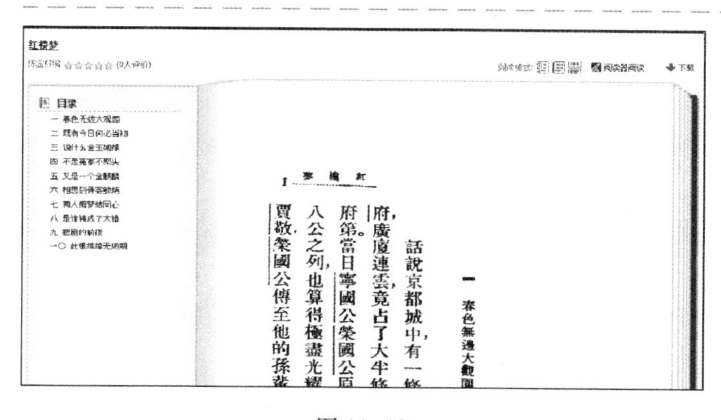

图 11-10

05 完成在线查找与阅读图书的操作

进入到阅读图书页面，在左侧显示该书的目录，右侧为正文，用户可以通过选择目录来进行阅读，这样即可完成在线查找并阅读图书的操作，如图 11-10 所示。

11.1.3 收看讲座

在工作之余给自己充充电，享受下文化的灌溉，能够给自己的工作和生活带来一些惊喜。下面介绍收看讲座的操作方法。

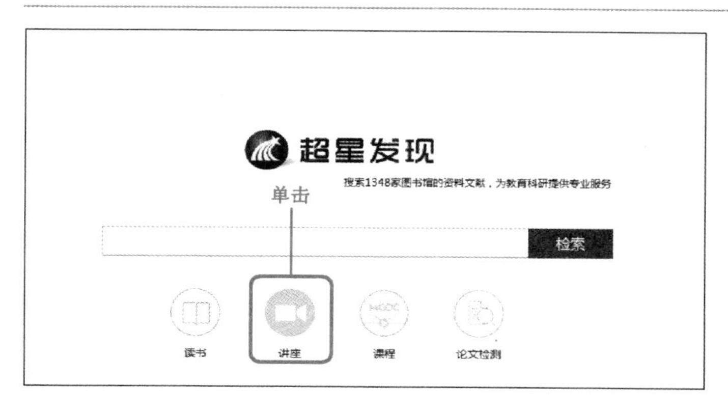

图 11-11

01 单击【讲座】按钮

进入到超星发现首页，单击【检索】文本框下方的【讲座】按钮，如图 11-11 所示。

图 11-12

02 选择准备进行观看的讲座

No1 进入到【超星学术视频】页面，可以看到红色导航栏中有全部分类、排行榜、名师、名校、公开课等，选择【全部分类】选项。

No2 选择准备进行观看的讲座，如选择【热播排行】区域下方的讲座，如图 11-12 所示。

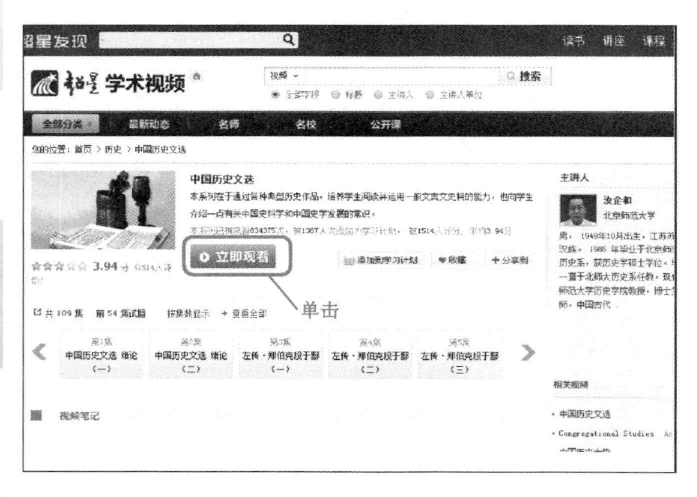

图 11-13

03 单击【立即观看】按钮

进入到该讲座页面，显示该课程的一些简介、主讲人以及集数等，单击【立即观看】按钮 立即观看，如图 11-13 所示。

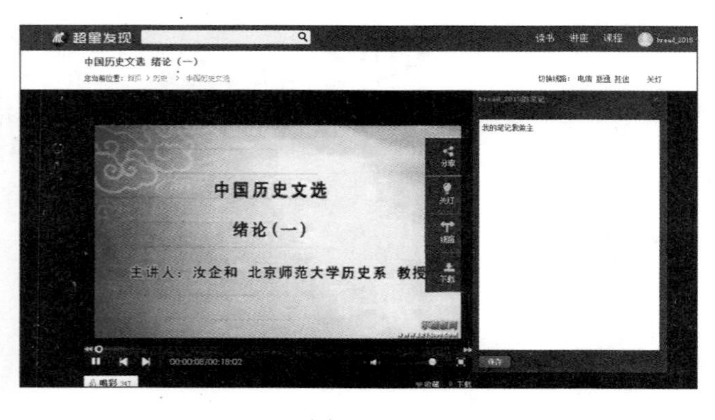

图 11-14

04 完成收看讲座

进入到视频播放页面，系统会默认播放第 1 集内容，用户可以在右侧做一些笔记，这样即可完成收看讲座的操作，如图 11-14 所示。

11.1.4 在网上图书馆中检索图书

用户可以通过检索功能查找想要看到的相关图书文献。下面介绍检索图书的操作方法。

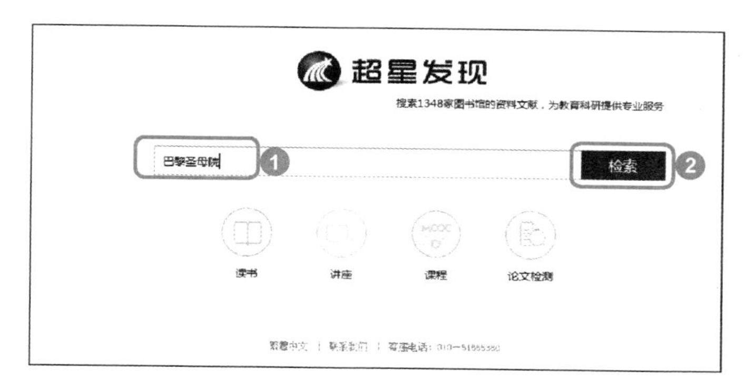

图 11-15

01 单击【检索】按钮

No1 进入到超星发现首页，在【检索】文本框中，输入准备检索的书名。

No2 单击【检索】按钮，如图 11-15 所示。

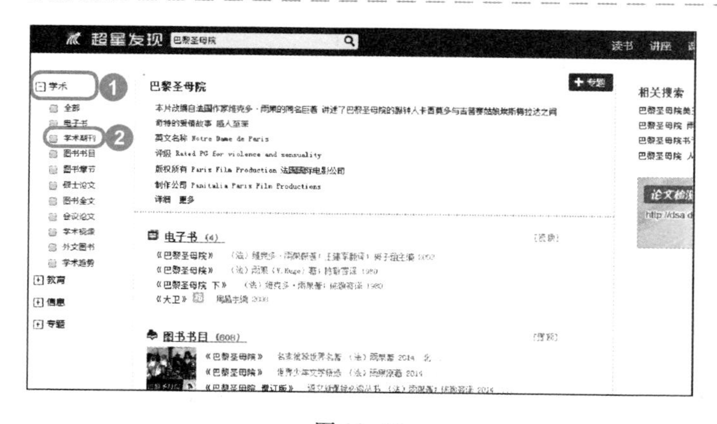

图 11-16

02 选择准备检索的图书类别

No1 进入到检索结果页面，用户可以选择准备检索的类别，如选择【学术】选项。

No2 在展开的列表中，选择【学术期刊】选项，如图 11-16 所示。

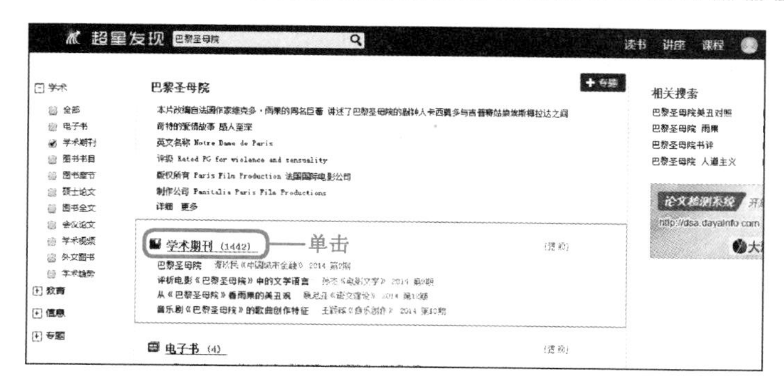

图 11-17

03 单击【学术期刊】链接项

系统会弹出一个【学术期刊】选框，单击【学术期刊】链接，如图 11-17 所示。

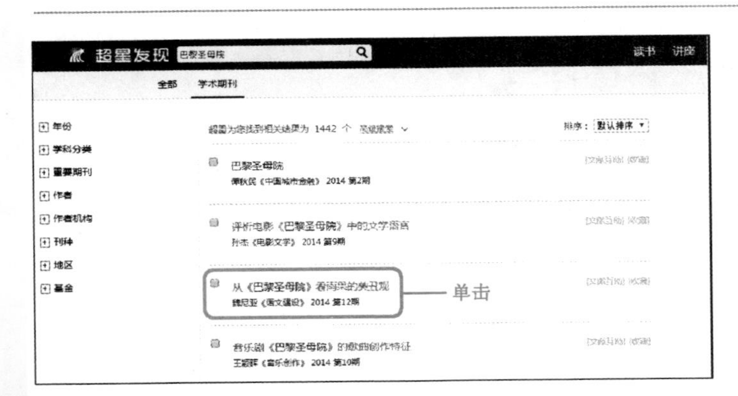

图 11–18

04 选择准备进行查看的图书资料

进入到搜索“学术期刊”结果页面，选择准备进行查看的图书资料，如图 11–18 所示。

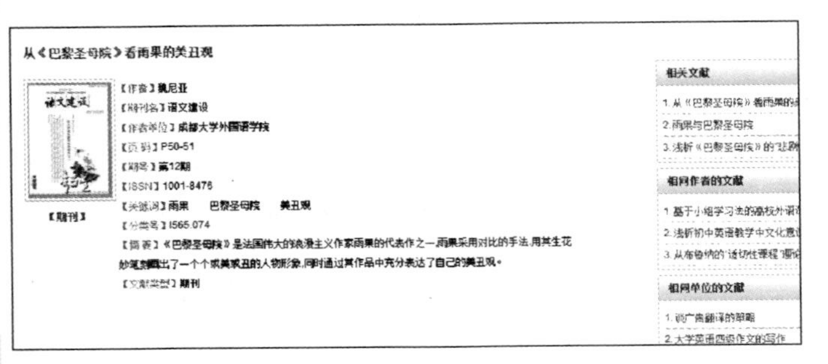

图 11–19

05 完成在网上图书馆中检索图书

打开该资料页面，显示资料内容，这样即可完成在网上图书馆中检索图书的操作，如图 11–19 所示。

Section

11.2 网上求职

本节导读

随着互联网时代的到来，网上求职逐渐成为人们找工作的主要渠道，这种求职方式给人们带来了极大的方便。本节中介绍网上求职的有关知识。

11.2.1 注册并填写简历

如果想在网上找工作，那么首先需要注册成为招聘网站的会员，并且需要填写一份简历。下面以“智联招聘网”为例，详细介绍注册并填写简历的有关操作方法，其网站网址为“http://www. zhaopin. com”。

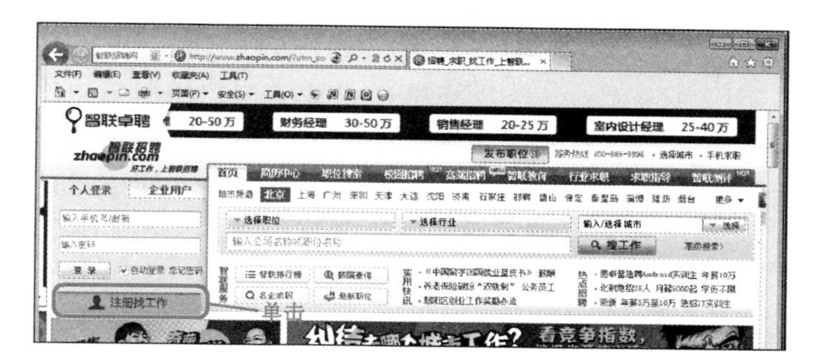

图 11-20

01 单击【注册找工作】按钮

启动 IE 浏览器，输入网址，打开智联招聘网首页，单击【注册找工作】按钮 注册找工作，如图 11-20 所示。

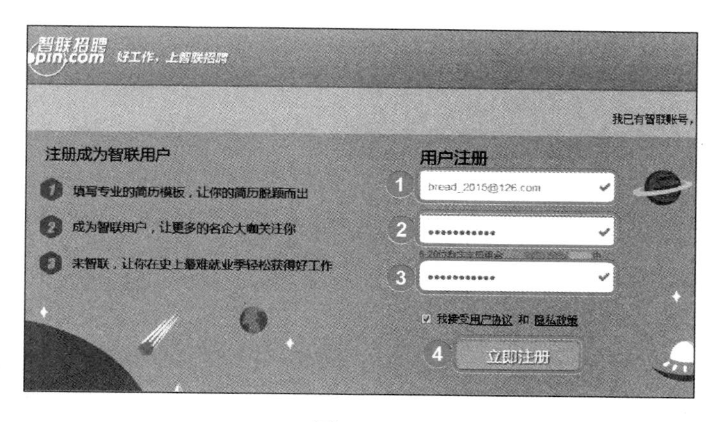

图 11-21

02 输入注册信息

No1 进入到【用户注册】页面，输入邮箱地址作为用户账号。

No2 输入账号密码和确认密码。

No3 选择【我接受用户协议和隐私政策】复选框。

No4 单击【立即注册】按钮 立即注册，如图 11-21 所示。

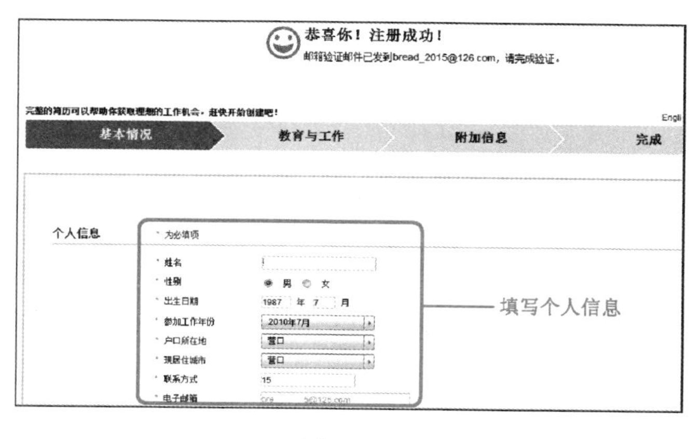

图 11-22

03 填写个人信息

进入到【基本情况】页面，显示注册成功，用户需要填写个人信息，如姓名、性别、出生日期、参加工作年份、户口所在地、现居住城市、联系方式和电子邮箱等，如图 11-22 所示。

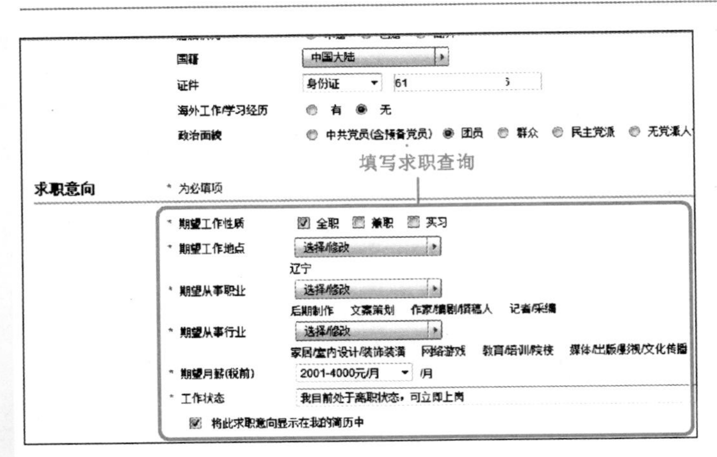

图 11-23

04 填写求职意向

填写完个人信息后，继续填写下方的求职意向，如期望工作性质、期望工作地点、期望从事职业、期望从事行业、期望月薪和工作状态等信息，如图 11－23 所示。

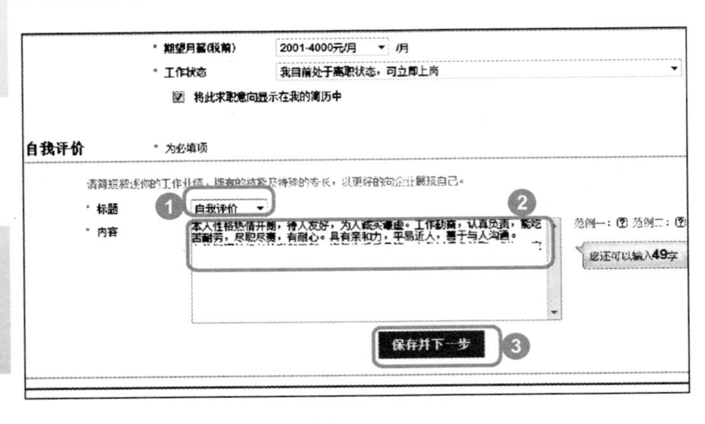

图 11-24

05 填写自我评价

No1 填写完求职意向后，继续填写下方的自我评价，输入标题。

No2 输入详细的自我评价内容。

No3 单击【保存并下一步】按钮 保存并下一步 ，如图 11－24 所示。

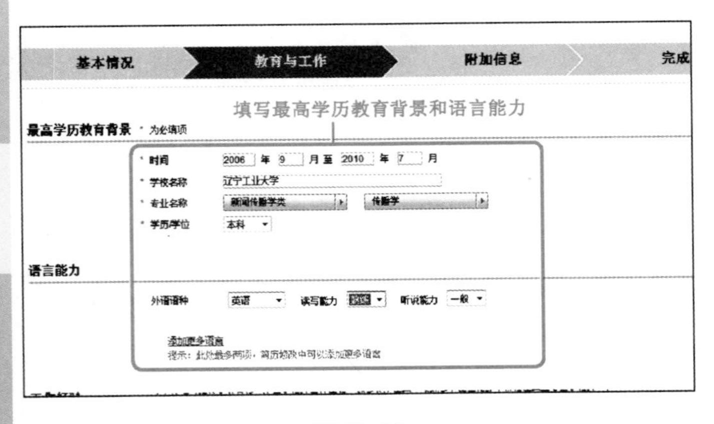

图 11-25

06 填最高学历教育背景和语言能力

进入到【教育与工作】页面，填写最高学历教育背景和语言能力信息，如入学起止时间、学校名称、专业名称和学历、学位等，如图 11-25 所示。

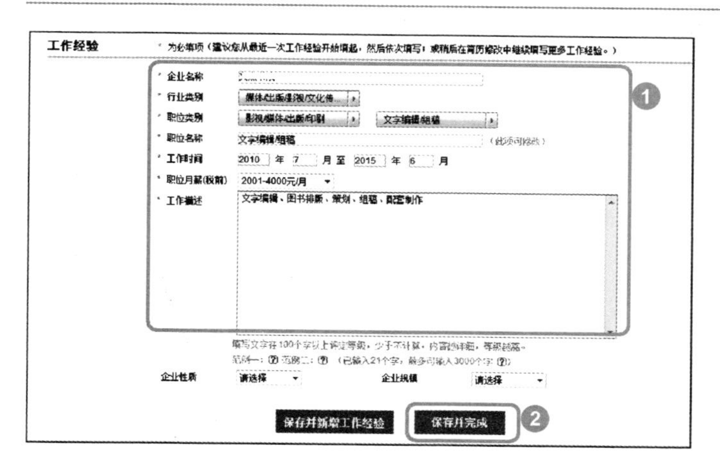

图 11-26

07 填写工作经验

No1 填写完最高学历教育背景后，继续填写下面的工作经验信息，如企业名称、行业类别、职位类别、职位名称、工作时间、职位月薪和工作描述等。

No2 单击【保存并完成】按钮 保存并完成，如图 11-26 所示。

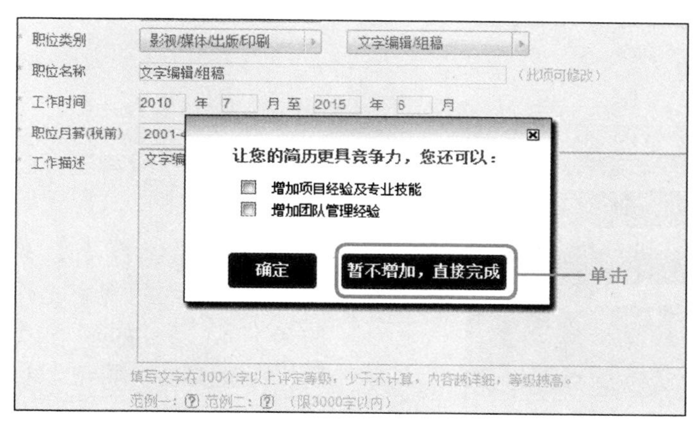

图 11-27

08 单击【暂不增加，直接完成】按钮

系统会弹出【让您的简历更具竞争力，您还可以】对话框，单击【暂不增加，直接完成】按钮 暂不增加，直接完成，如图 11-27 所示。

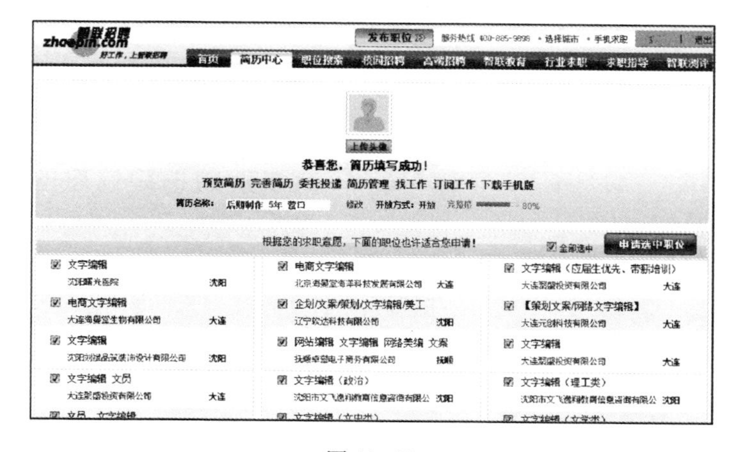

图 11-28

09 完成注册并填写简历的操作

进入到下一页面，显示“恭喜您，简历填写成功！”信息，通过以上步骤即可完成注册并填写简历的操作，如图 11-28 所示。

11.2.2 搜索招聘信息

注册并登录招聘网后即可在其中搜索相关招聘信息了，下面将详细介绍搜索招聘信息的有关操作方法。

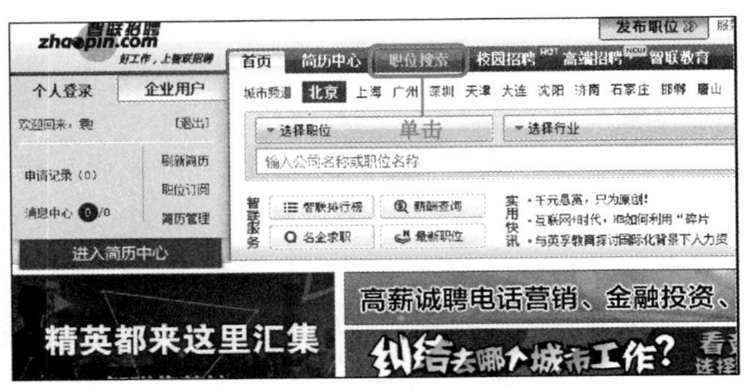

图 11–29

01 选择【职位搜索】选项

进入到智联招聘网首页，在上方的导航栏中，选择【职位搜索】选项，如图 11–29 所示。

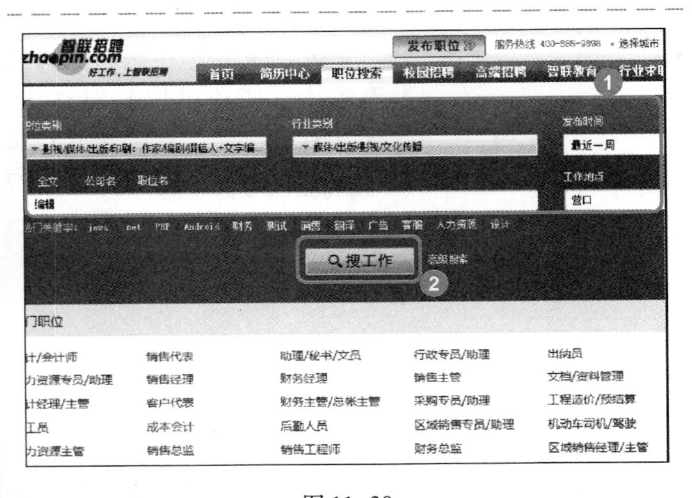

图 11–30

02 设置详细的搜索工作的条件信息

№1 进入到【职位搜索】页面，设置详细的搜索工作的条件信息，如职位类别、行业类别、职位职称和工作地点等。

№2 单击【搜工作】按钮 搜工作，如图 11–30 所示。

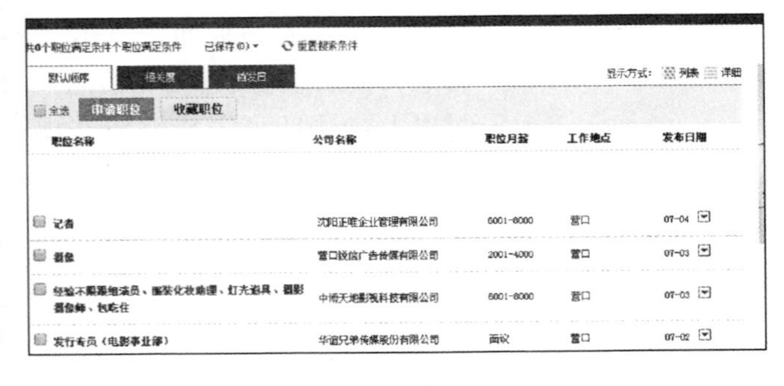

图 11–31

03 完成搜索招聘信息的操作

进入到搜索结果页面，显示根据搜索条件所搜索出来的职位列表，这样即可完成搜索招聘信息的操作，如图 11–31 所示。

11.2.3 网上投递简历

如果搜索到合适的公司和职位，用户即可投递自己的简历，进入求职的第一步。下面介绍网上投递简历的有关操作方法。

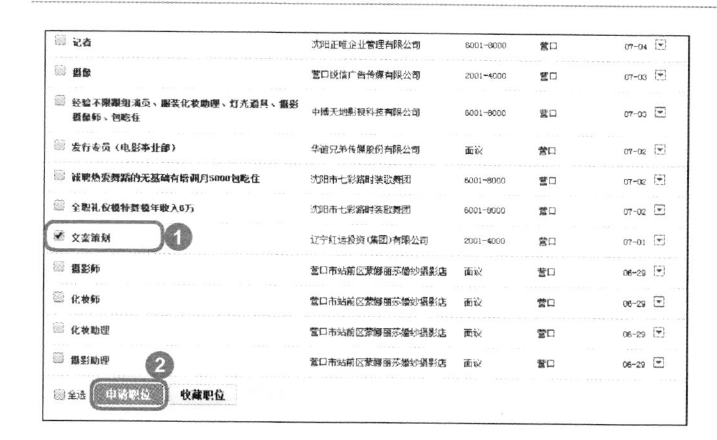

图 11-32

01 单击【申请职位】按钮

No1 进入到搜索结果页面，选择准备应聘的公司职位前面的复选框。

No2 单击【申请职位】按钮 申请职位，如图 11-32 所示。

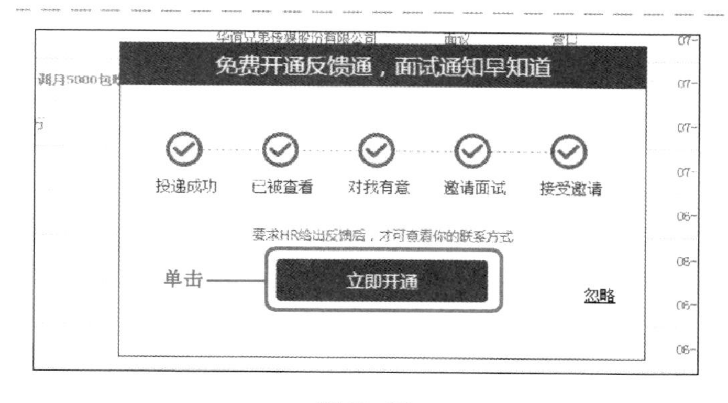

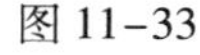

图 11-33

02 单击【立即开通】按钮

弹出【免费开通反馈通，面试通知早知道】对话框，单击【立即开通】按钮 立即开通，如图 11-33 所示。

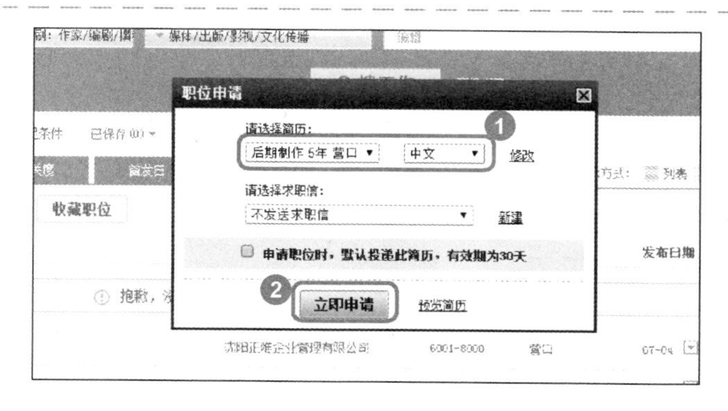

图 11-34

03 单击【立即申请】按钮

No1 弹出【职位申请】对话框，选择准备使用的简历。

No2 单击【立即申请】按钮 立即申请，如图 11-34 所示。

Section

11.3 网上查询出行信息

本节导读

如果用户准备出差或旅游，可以网上查询相关的出行信息，如查询天气、火车车次、航班班次和酒店信息等，以免发生不必要的麻烦。本节中介绍网上查询出行信息的相关知识及操作方法。

11.3.1 查询天气预报

为了给出行带来便利的条件，在出行前可以到网上查询一下天气信息，下面以在携程网（网站网址为 http://www.ctrip.com）查询北京的天气为例，详细介绍查询天气信息的操作方法。

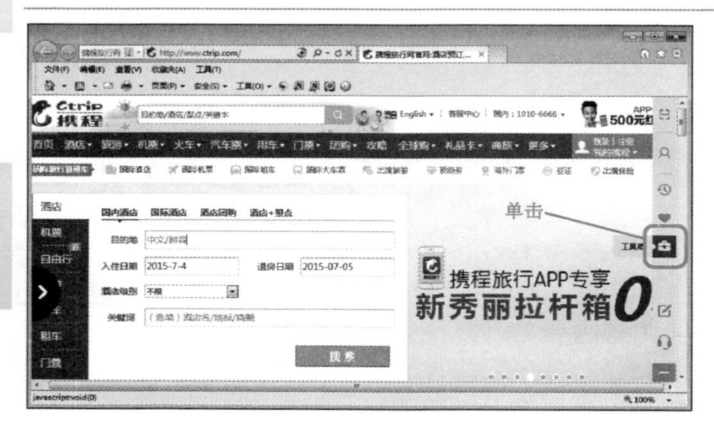

图 11-35

01 单击【工具箱】按钮

启动 IE 浏览器，输入网址，打开携程网首页，单击右侧按钮栏中的【工具箱】按钮，如图 11-35 所示。

图 11-36

02 选择【旅行天气】选项

系统会展开一个【工具箱】列表，选择【旅行天气】选项，如图 11-36 所示。

图 11-37

03 单击【切换城市】链接项

进入【携程天气预报】页面，显示默认的城市天气预报，单击【切换城市】链接项，如图 11-37 所示。

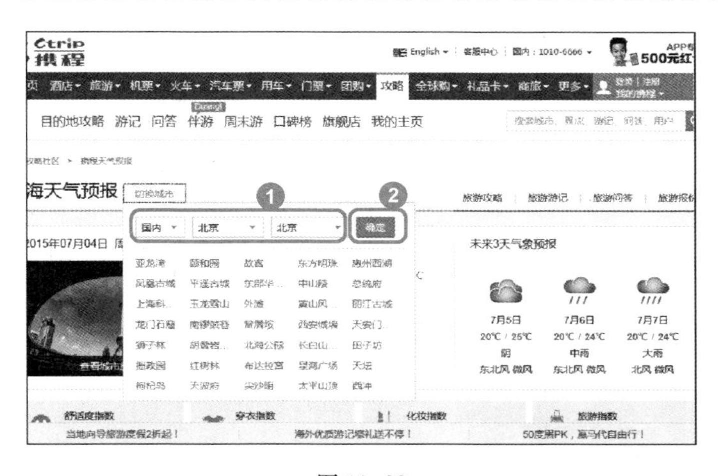

图 11-38

04 选择准备进行查看的城市

No1 在【切换城市】链接项下方，会展开一个列表框，选择准备进行查看的城市，如选择“国内的北京”。

No2 单击【确定】按钮 确定 ，如图 11-38 所示。

图 11-39

05 完成查询天气预报的操作

进入到所选择的城市天气预报页面，显示该城市一周的天气预报以及 36 小时天气预报等信息，这样即可完成查询天气预报的操作，如图 11-39 所示。

11.3.2 查询火车车次

为了不浪费大量时间在火车站等候，用户出行前可以到网上查询火车车次。下面介绍查询火车车次的有关操作方法。

图 11-40

01 选择准备查询的火车项目

№1 进入到携程网首页，在上方的导航栏中，选择【火车】选项。

№2 在展开的下拉选项中，选择【国内火车票】选项，如图 11-40 所示。

图 11-41

02 设置查询信息

№1 进入到【查询火车票】页面，选择【国内火车票】选项卡。

№2 选择行程类型。

№3 设置出发和到达站以及出发、返回日期。

№4 单击【搜索】按钮 搜索，如图 11-41 所示。

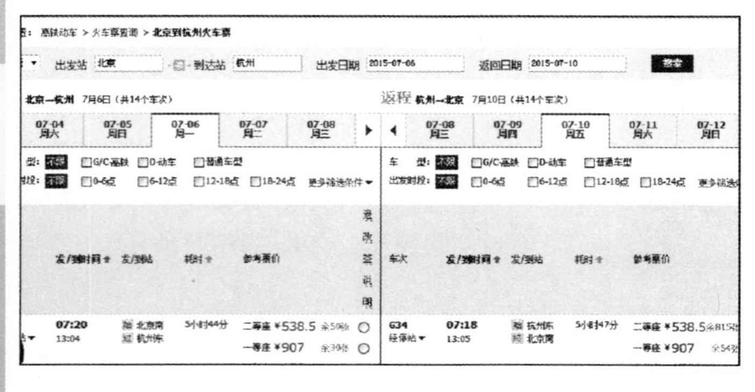

图 11-42

03 完成查询火车车次的操作

进入到搜索结果页面，显示符合搜索条件的所有火车车次，这样即可完成查询火车车次的操作，如图 11-42 所示。

11.3.3 查询航班班次

如果准备坐飞机出行，可以先到网上查询一下航班信息，以便能够买到既经济又实惠的机票。下面介绍查询航班班次的操作方法。

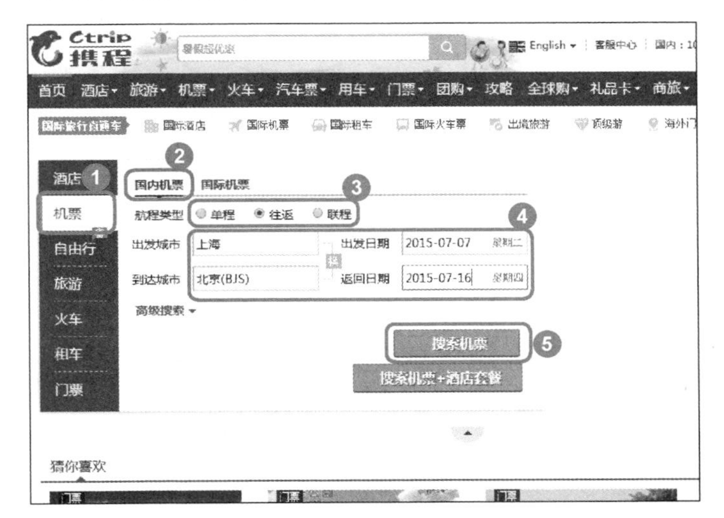

图 11-43

设置详细的航班查询信息

No1 进入到携程网首页，在页面左侧，选择【机票】选项卡。

No2 选择【国内机票】选项。

No3 设置航程类型。

No4 设置出发、到达城市以及出发和返回日期。

No5 单击【搜索机票】按钮 搜索机票，如图 11-43 所示。

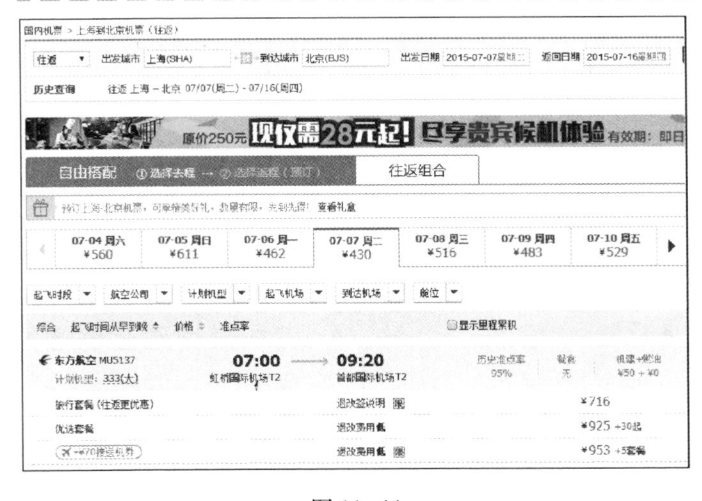

图 11-44

02 完成查询航班班次的操作

进入到搜索结果页面，显示符合搜索条件的所有航班班次，这样即可完成查询航班班次的操作，如图 11-44 所示。

11.3.4 查询酒店信息

如果用户不知道自己外出的地方都有哪些酒店，在出行前可以到网上进行查询，下面以查询“上海地区的酒店”为例介绍查询酒店信息的有关操作方法。

图 11-45

01 设置详细的酒店查询信息

No1 进入到携程网首页，在页面左侧，选择【酒店】选项卡。

No2 选择【国内酒店】选项。

No3 输入目的地，如输入“上海”。

No4 设置入住日期和退房日期。

No5 单击【搜索】按钮 搜索，如图 11-45 所示。

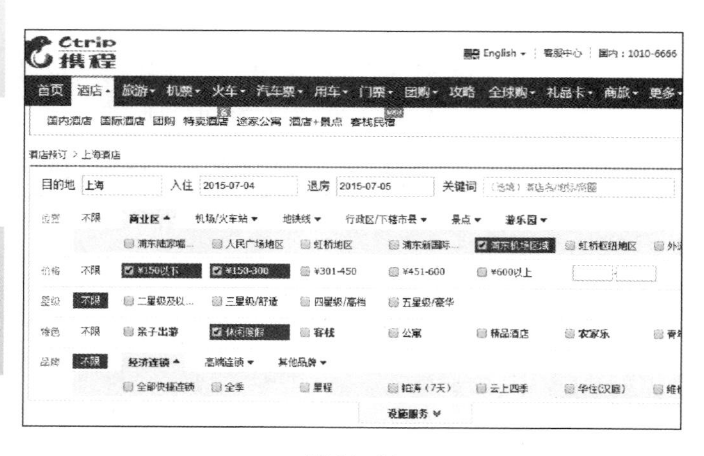

图 11-46

02 设置详细的酒店查询信息

进入到【上海酒店】页面，用户可以在此页面中再次进行设置详细的酒店信息，如酒店的位置、价格、星级、特色以及品牌等，如图 11-46 所示。

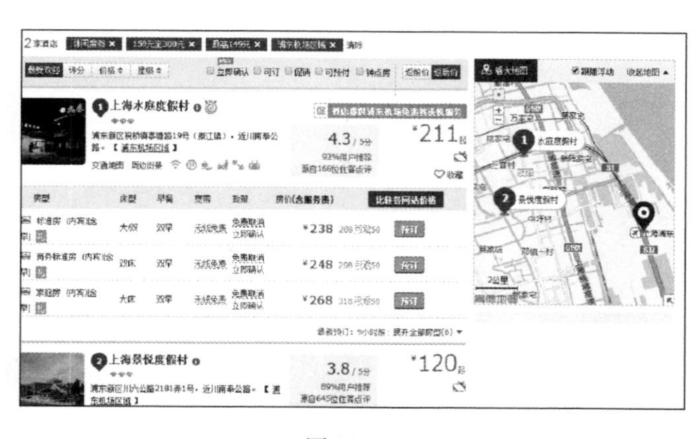

图 11-47

03 完成查询酒店信息的操作

进入到搜索结果页面，显示符合搜索条件的所有酒店，这样即可完成查询酒店信息的操作，如图 11-47 所示。

11.4 58 同城

本节导读

58 同城是国内专业的生活服务平台，租房，买二手房，找工作，找兼职，买卖二手，二手车交易，买卖宠物，找搬家等生活需求，上 58 同城一站即可解决。本节介绍 58 同城的相关知识及操作方法。

11.4.1 注册与登录 58 同城

使用 58 同城网站中的相关功能，首先需要进行注册与登录操作，58 同城的网站网址为“www. 58. com”。下面介绍注册与登录 58 同城的操作方法。

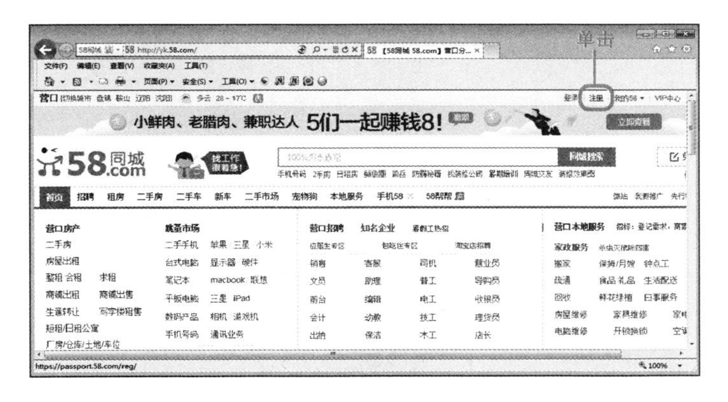

图 11-48

01 单击右上角处的【注册】链接

启动 IE 浏览器，输入网址，打开 58 同城网站首页，单击右上角处的【注册】链接，如图 11-48 所示。

图 11-49

02 输入注册信息

№1 进入到【用户注册】页面，选择【邮箱注册】选项。

№2 输入用户名。

№3 输入电子邮箱地址。

№4 输入密码和确认密码。

№5 单击【立即注册】按钮 立即注册，如图 11-49 所示。

图 11-50

03 单击【关闭】按钮

系统会弹出一个对话框，提示用户尚未绑定微信，单击对话框右上角的【关闭】按钮×，如图 11-50 所示。

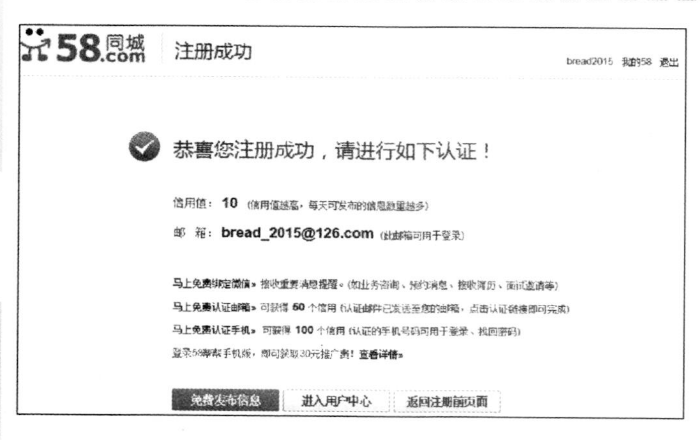

图 11-51

04 完成注册 58 同城账号

进入到【注册成功】页面，提示用户“恭喜您注册成功，请进行如下认证!”，这样即可完成注册 58 同城账号的操作，如图 11-51 所示。

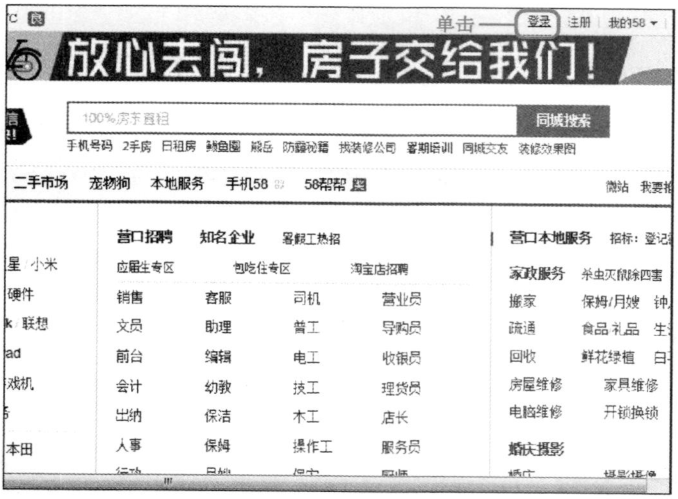

图 11-52

05 单击【登录】链接项

返回到58 同城网首页，单击页面右上角处的【登录】链接，如图 11-52 所示。

举一反三

单击【我的 58】链接，也可以直接进入到【用户登录】页面。

图 11-53

06 填写登录信息

No1 进入到【用户登录】页面，选择【58 账号登录】选项卡。

No2 输入用户名。

No3 输入密码。

No4 单击【登录】按钮 登录 ，如图 11-53 所示。

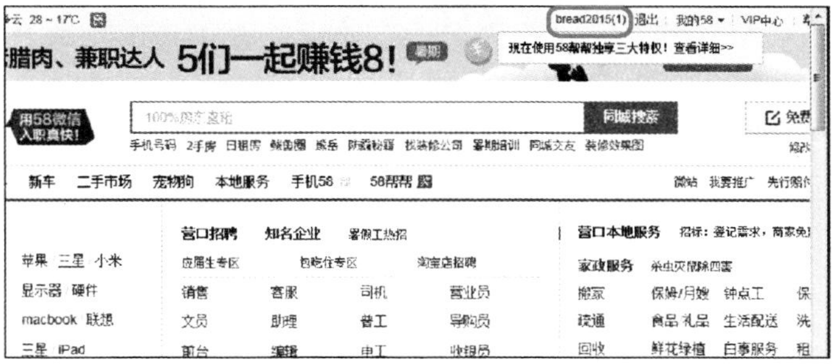

图 11-54

07 完成登录

返回到 58 同城网站首页，在右上角可以看到所登录的用户账号，这样即可完成登录 58 同城账号的操作，如图 11-54 所示。

11.4.2 发布个人二手信息

58 同城提供免费的发布二手信息服务，用户可以将手中不用的二手物品发布出去进行买卖，下面将详细介绍发布个人二手信息的操作方法。

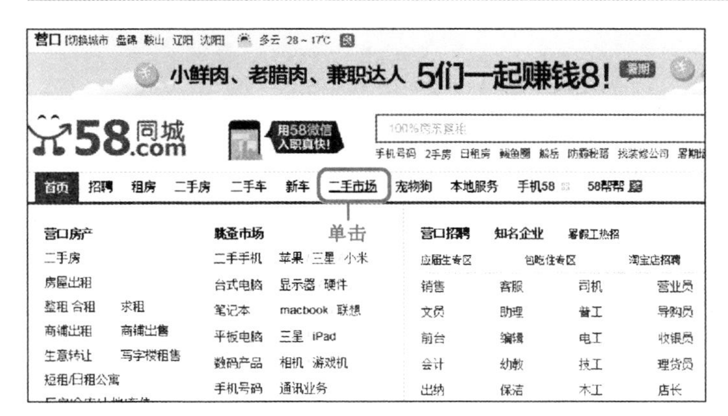

图 11-55

01 单击【二手市场】链接项

进入到 58 同城网站首页并进行登录，单击【二手市场】链接项，如图 11-55 所示。

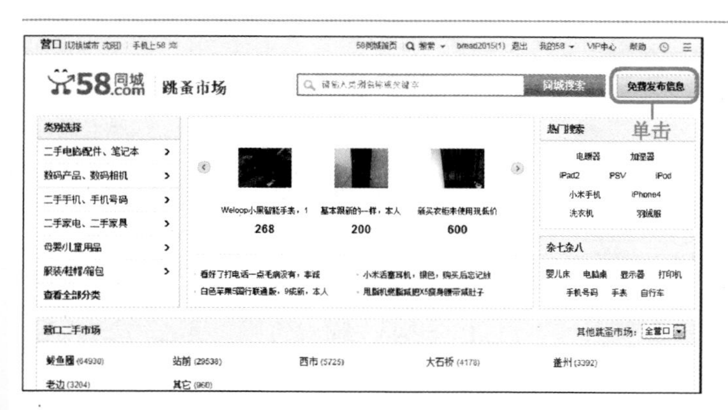

图 11-56

02 单击【免费发布信息】按钮

进入到【跳蚤市场】页面，单击页面右上角处的【免费发布信息】按钮 免费发布信息，如图 11-56 所示。

58同城 营口 切换城市

1 二手市场(重选大类)　2 选择小类　3 填

台式机/配件 —— 单击　笔记本电脑　平板电脑　二手手机
手机号码　数码产品　办公用品/设备　二手家电
二手家具　家居日用品　母婴/儿童用品　服装/鞋帽/箱包
美容/保健　文体/户外/乐器　图书/音像/软件　通讯业务
艺术品/收藏品　网游/虚拟物品　二手设备　成人用品
物品交换　创意服务交易　其他二手物品　5元以下物品
免费赠送　校园二手　二手求购

«重新选择大类

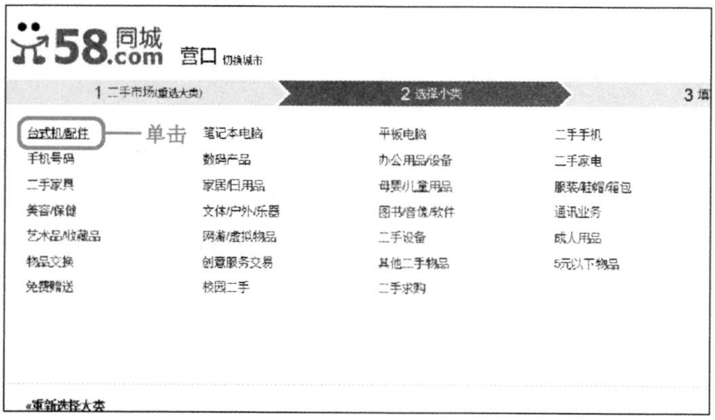

图 11-57

03 选择准备出售的二手物品类型

进入到【选择小类】页面，在该页面中用户可以选择准备出售的二手物品类型，如选择"台式机配件"，如图 11-57 所示。

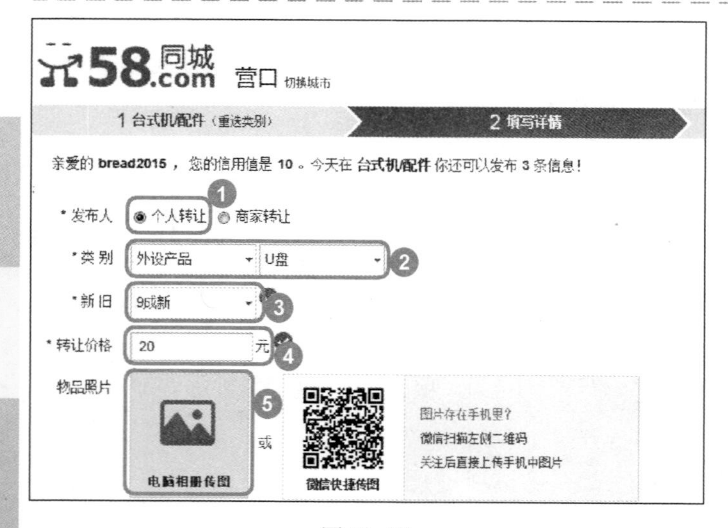

图 11-58

04 填写出售的物品详情

No1 进入到【填写详情】页面，设置发布人。

No2 设置物品类别。

No3 设置物品新旧程度。

No4 设置转让价格。

No5 单击【电脑相册传图】按钮，如图 11-58 所示。

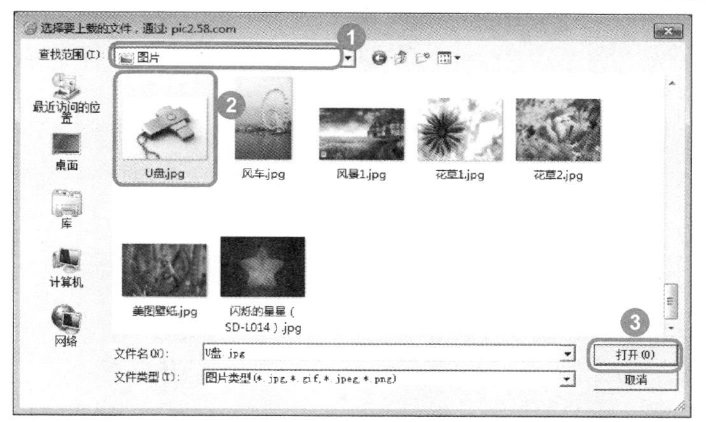

图 11-59

05 选择准备上传的图片

No1 弹出【选择要上传的文件】对话框，选择所上传的图片所在的位置。

No2 选择准备上传的图片。

No3 单击【打开】按钮 打开(O)，如图 11-59 所示。

图 11-60

06 输入出售的物品详细说明

No1 返回到【填写详情】页面，可以看到图片已经上传完毕。

No2 输入出售的物品标题。

No3 输入出售的物品详细说明，如图 11-60 所示。

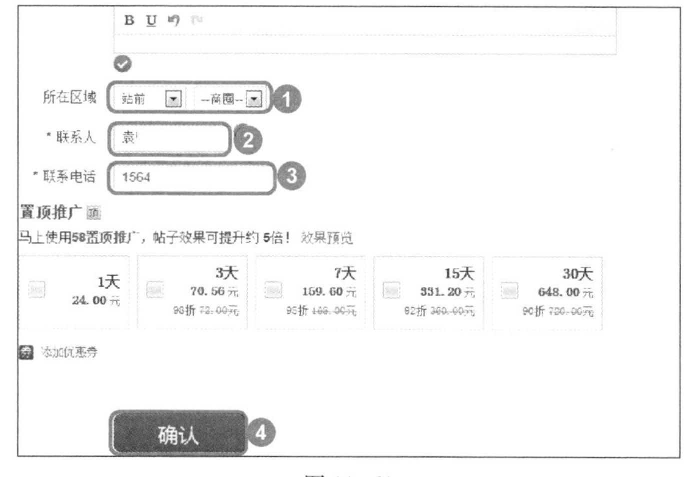

图 11-61

07 填写联系方式

No1 设置所在区域。

No2 填写联系人的姓名。

No3 填写联系人的电话号码。

No4 单击【确认】按钮 确认，如图 11-61 所示。

图 11-62

08 完成发布个人二手信息的操作

进入到下一页面，提示“恭喜您，信息已发布成功!”，这样即可完成发布个人二手信息的操作，如图 11-62 所示。

11.4.3 发布出租房屋信息

如今，越来越多的人喜欢在网上找房子，作为房东，用户可以充分利用 58 同城网发布自己的房源，让房子快速出租。下面介绍其操作方法。

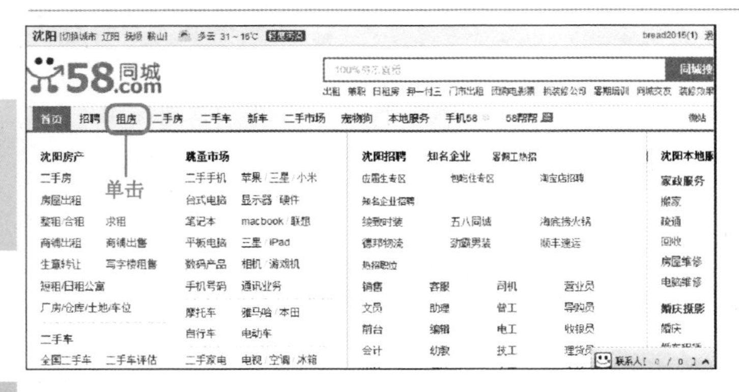

图 11-63

01 单击【租房】链接项

进入到 58 同城网站首页并进行登录，单击【租房】链接项，如图 11-63 所示。

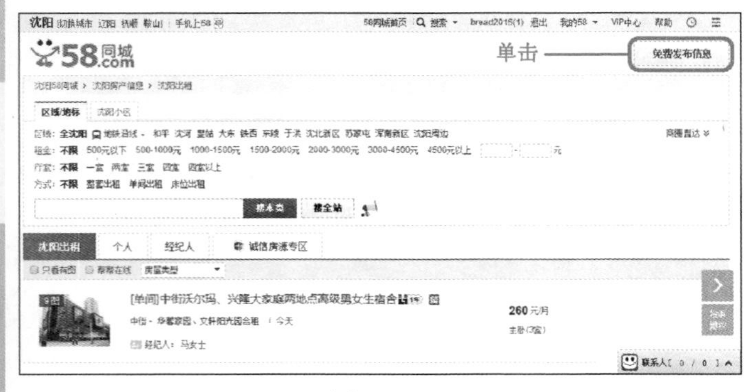

图 11-64

02 单击【免费发布信息】按钮

进入到【房屋出租】页面，单击页面右上角的【免费发布信息】按钮 免费发布信息，如图 11-64 所示。

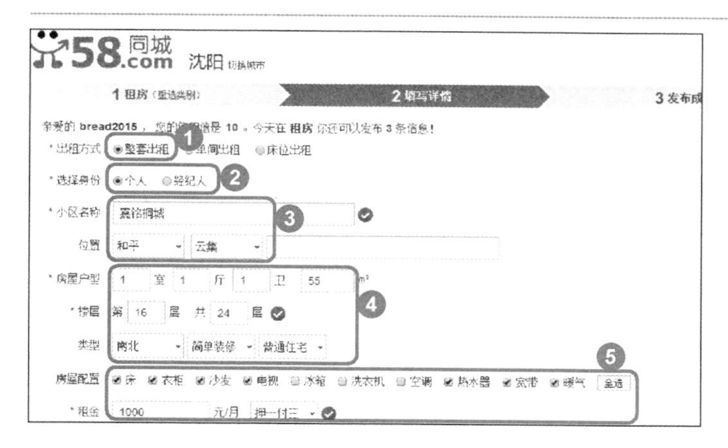

图 11-65

03 填写房租出租的详细信息

No1 进入到【填写详情】页面，设置出租方式。

No2 选择身份。

No3 设置小区名称及位置。

No4 设置房屋户型、类型及楼层等信息。

No5 设置房屋配置及租金等详细信息，如图 11-65 所示。

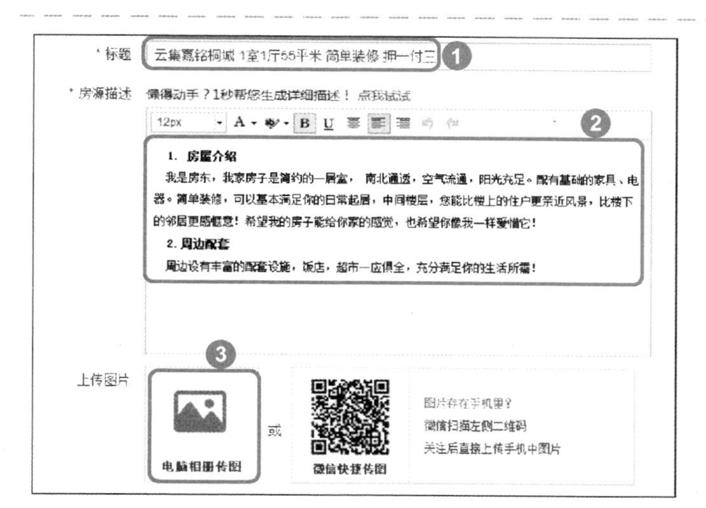

图 11-66

04 单击【电脑相册传图】按钮

No1 继续填写详细资料，填写标题内容。

No2 填写详细的房源描述。

No3 单击【电脑相册传图】按钮，如图 11-66 所示。

图 11-67

05 弹出对话框，单击【打开】按钮

No1 弹出【打开】对话框，选择准备上传图片所在的位置。

No2 选择准备上传的图片。

No3 单击【打开】按钮，如图 11-67 所示。

图 11-68

06 设置上传图片的名称

在线等待一段时间，待图片上传完毕后，在图片上方会弹出一个下拉列表按钮，单击该按钮，设置上传图片的名称，如图 11-68 所示。

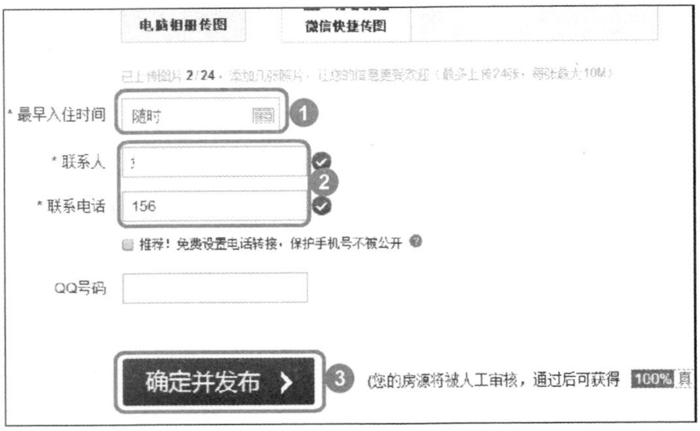

图 11-69

07

No1 设置所出租房屋的最早入住时间。

No2 填写联系人姓名及联系电话。

No3 单击【确定并发布】按钮 确定并发布 >，如图 11-69 所示。

图 11-70

08

进入到下一页面，提示“恭喜您，信息已发布成功!”，这样即可完成发布出租房屋信息的操作，如图 11-70 所示。

11.4.4 检索信息

如果想要快速搜索自己想要的信息，可以使用 58 同城的检索信息功能。下面介绍检索信息的操作方法。

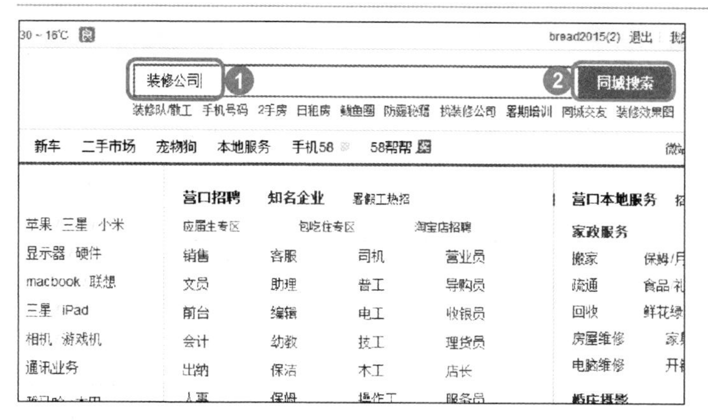

图 11-71

01 输入准备搜索的信息关键字

No1 进入到 58 同城网站首页，在【搜索】文本框中，输入准备搜索的信息关键字，如输入“装修公司”。

No2 单击【同城搜索】按钮 同城搜索，如图 11-71 所示。

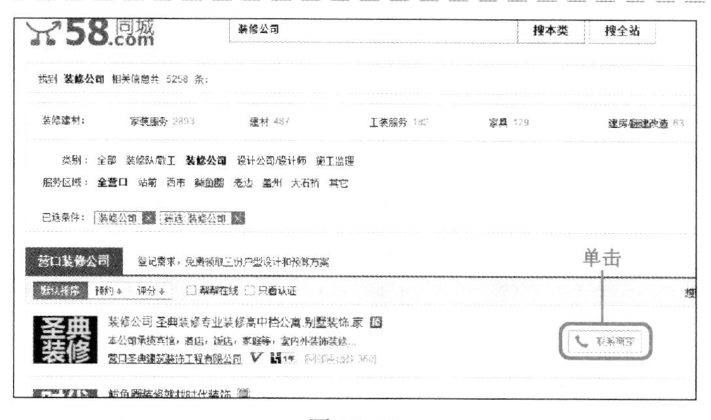

图 11-72

02 单击【联系商家】按钮

进入到搜索结果页面，显示所搜索出来的信息，如果用户想去详细了解该商家，可以单击其右侧的【联系商家】按钮 联系商家，如图 11-72 所示。

图 11-73

03 完成检索信息的操作

系统会弹出对话框，显示该商家的详细联系方式，通过以上步骤即可完成检索信息的操作，如图 11-73 所示。

Section

11.5 实践案例与上机操作

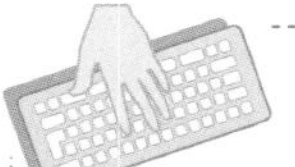

本节导读

通过本章的学习，用户可以掌握通过网络提高生活品质方面的知识。下面通过几个实践案例进行上机实例操作，以达到巩固学习、拓展提高的目的。

11.5.1 在超星网站在线学习课程

在线课程的学习是一种自主学习的好方式，可随时报名学习，不限次数听课。下面介绍在超星网站在线学习课程的方法。

图 11-74

01 单击【课程】按钮

打开超星发现首页，单击页面中的【课程】按钮，如图 11-74 所示。

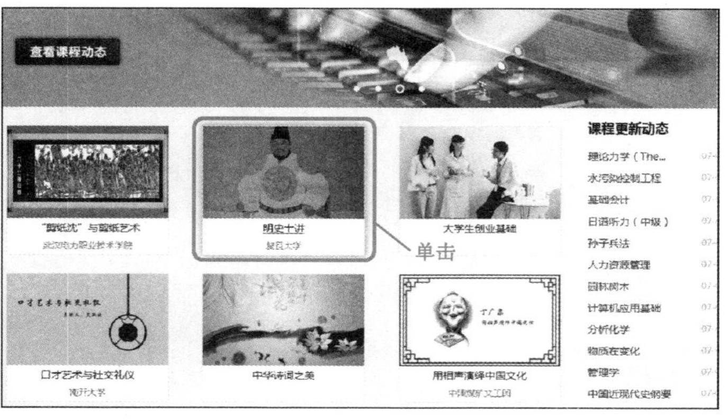

图 11-75

02 选择准备学习的课程

进入到学习课程页面，用户可以在该页面中选择准备学习的课程，如图 11-75 所示。

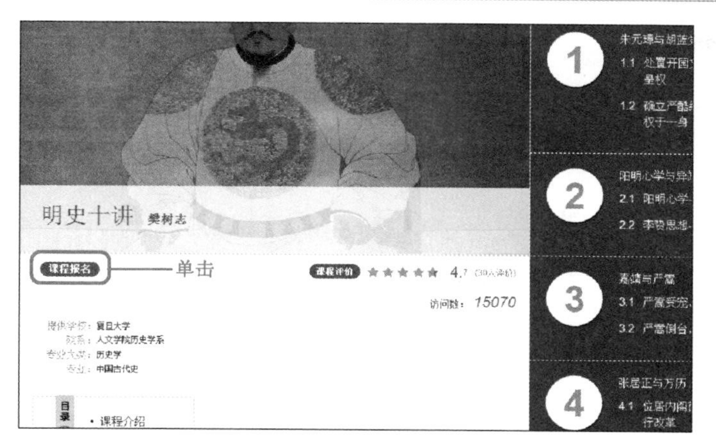

图 11-76

03 单击【课程报名】按钮

进入到该课程的详细页面，单击【课程报名】按钮 课程报名，如图 11-76 所示。

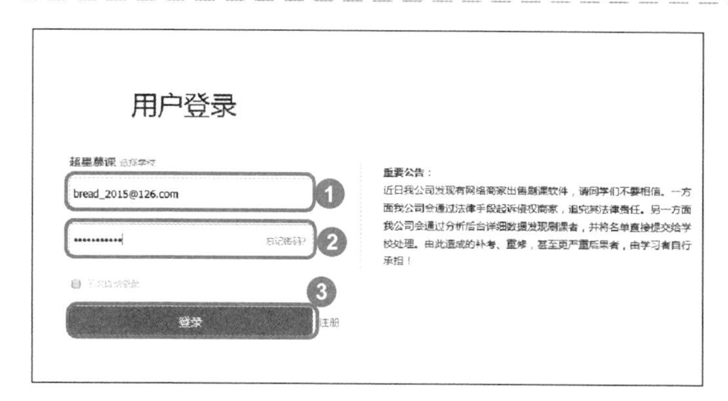

图 11-77

04 用户登录

No1 进入到【用户登录】页面，输入用户账号。

No2 输入密码。

No3 单击【登录】按钮 登录，如图 11-77 所示。

图 11-78

05 再次单击【课程报名】按钮

再次返回到该课程的详细页面，此时，用户可以再次单击【课程报名】按钮 课程报名，如图 11-78 所示。

图 11-79

06 单击【进入课程】按钮

系统会弹出一个对话框，提示“报名成功！您成功添加了1门课程”信息，单击【进入课程】按钮 进入课程 ，如图 11-79 所示。

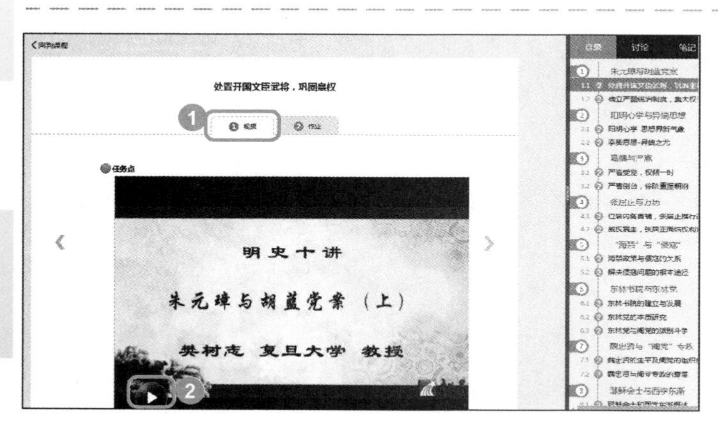

图 11-80

07 单击【播放】按钮

No1 进入到该课程的学习页面，选择【视频】选项卡。

No2 单击左下角的【播放】按钮▶，如图 11-80 所示。

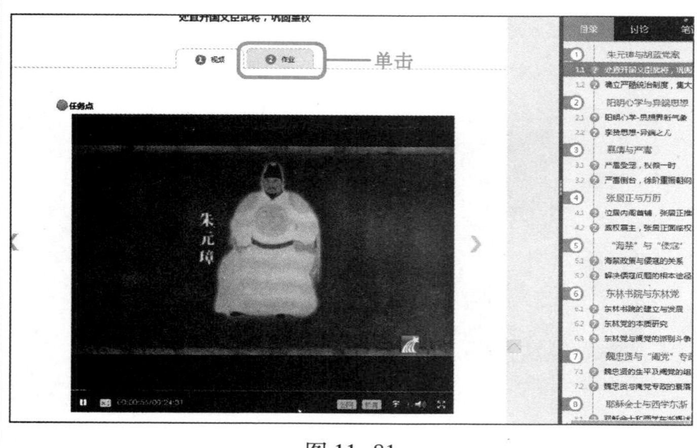

图 11-81

08 单击【作业】选项卡

进入到播放页面，显示该课程的视频内容，单击【作业】选项卡，如图 11-81 所示。

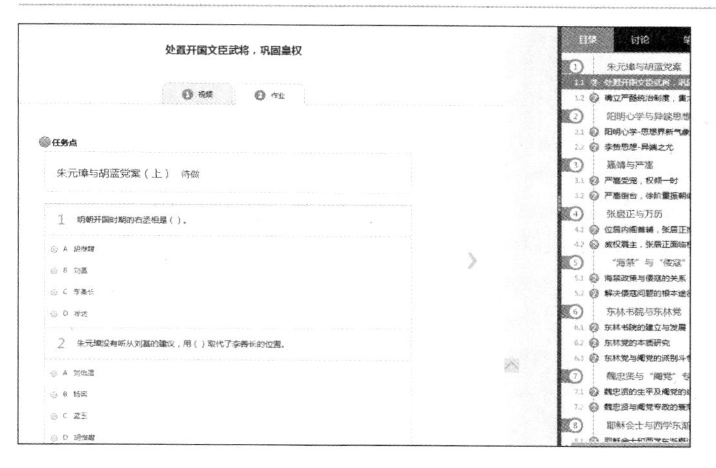

图 11-82

09

进入到【作业】页面，显示该节课程中所设置的作业内容，用户可以在该页面中进行练习作答作业内容，通过以上步骤即可完成在超星网站在线学习课程的操作，如图 11-82 所示。

11.5.2 删除在 58 同城中发布的信息

如果在 58 同城发布一些信息的时候，因故想取消或者删除自己刚发布的信息时，那么可以将其删除。下面介绍删除在 58 同城中发布的信息的方法。

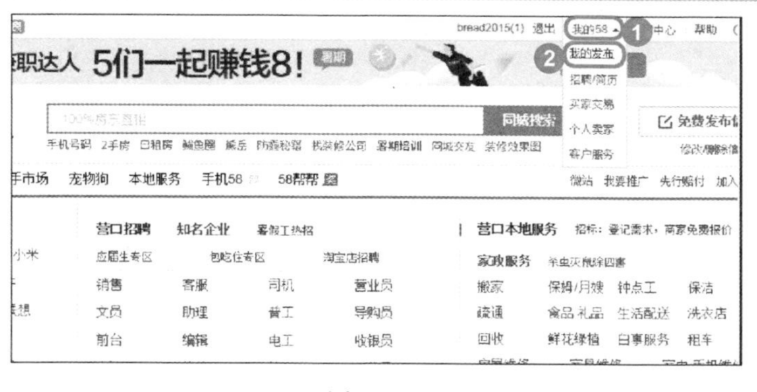

图 11-83

选择【我的发布】选项

No1 进入到 58 同城网站首页，单击右上角处的【我的 58】下拉按钮。

No2 在弹出的下拉列表框中，选择【我的发布】选项，如图 11-83 所示。

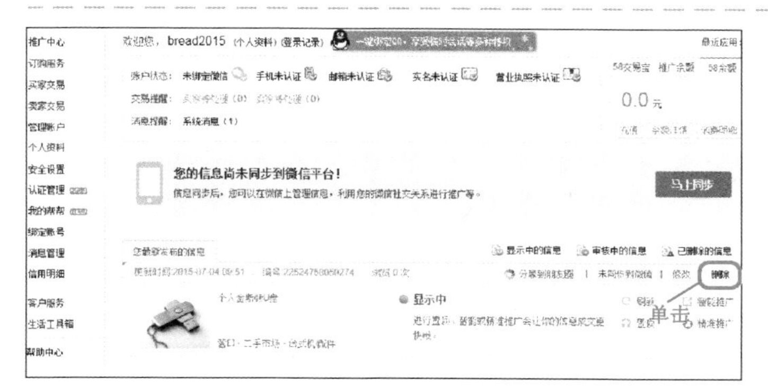

图 11-84

02

单击【删除】链接项

进入到个人中心页面，显示用户所发布的所有信息，在准备删除信息的右侧，单击【删除】链接项，如图 11-84 所示。

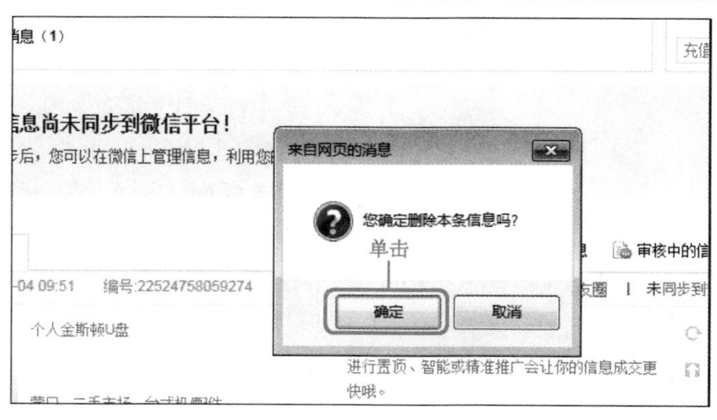

图 11–85

03 弹出对话框，单击【确定】按钮

系统会弹出一个对话框，提示“您确定删除本条信息吗”，单击【确定】按钮，如图 11–85 所示。

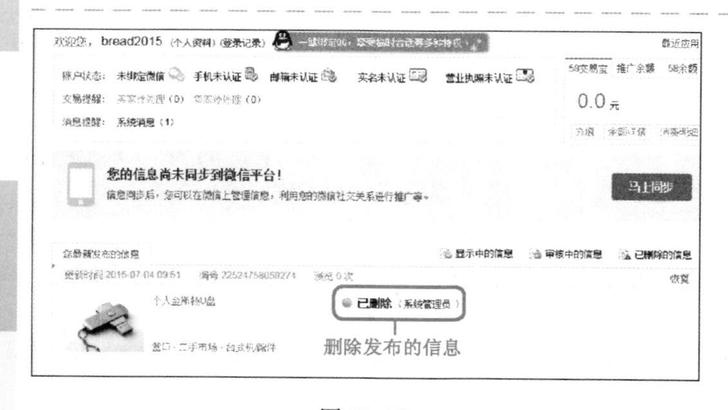

图 11–86

04 弹出对话框，单击【确定】按钮

系统会再次弹出一个对话框，提示“信息删除成功”单击【确定】按钮，如图 11 – 86 所示。

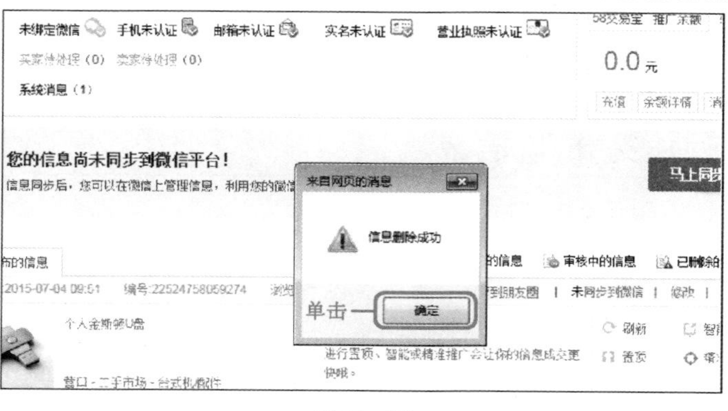

图 11–87

05 删除在 58 同城中发布的信息

返回到个人中心页面，显示选择的发布信息已被删除，这样即可完成删除在 58 同城中发布的信息的操作，如图 11–87 所示。

教你一招

恢复删除发布的信息

当用户删除完发布的信息，还可以将其恢复。进入到个人中心页面，在已删除发布信息的右侧，单击【恢复】链接项，即可进行恢复删除发布的信息。

11.5.3 在超星网站中进行论文检测

超星公司的“大雅相似度分析系统”（即论文检测系统）既可以帮助用户在课题申报、研究和成果撰写等阶段，将研究的思路、成果主要内容在中文图书中做全面的比对，从而找到相似的研究内容或方向，为寻找合作者或避免重复研究提供参考依据，还具有将学术论文等文献与已出版的中文图书进行内容的相似性比对、检测分析的强大功能。从而为突出创新特色，规范文献引用行为，预防和纠正学术不端行为提供辅助工具。

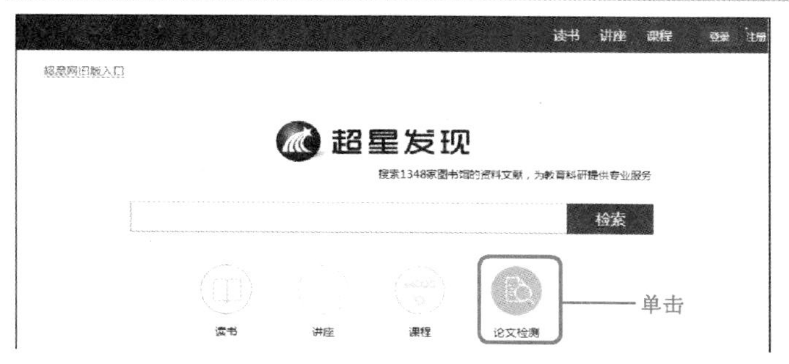

图 11-88

01 单击【论文检测】按钮

进入到超星发现首页，单击【检索】文本框下方的【论文检测】按钮，如图 11-88 所示。

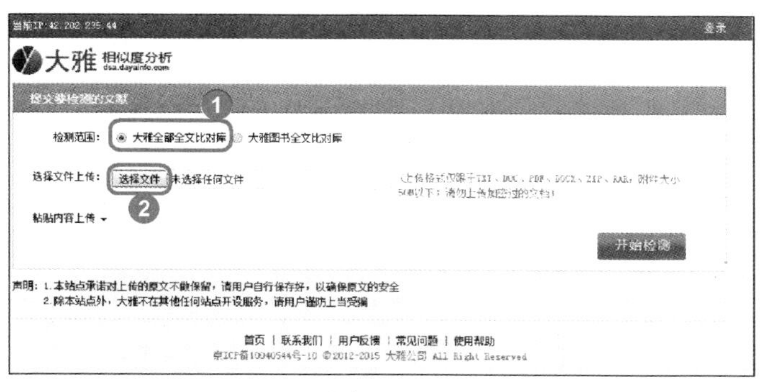

图 11-89

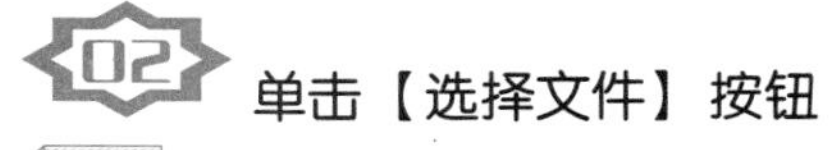

02 单击【选择文件】按钮

No1 进入到【提交要检测的文献】页面，在【检查范围】右侧，选择【大雅全部全文对比库】单选项。

No2 在【选择文件上传】右侧，单击【选择文件】按钮，如图 11-89 所示。

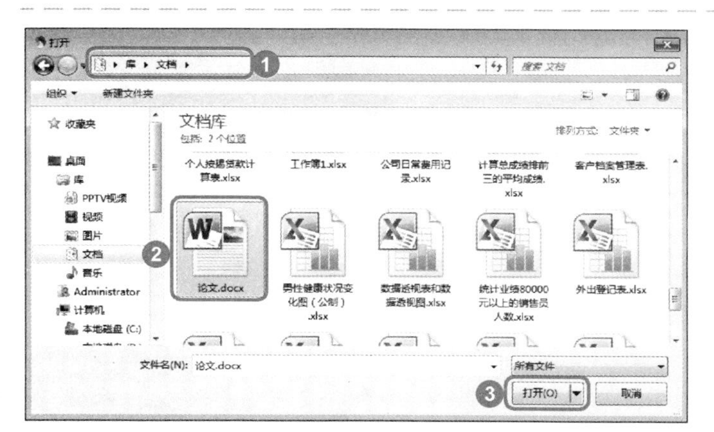

图 11-90

03 选择准备上传的文件

No1 弹出【打开】对话框，选择准备上传文件所在的位置。

No2 选择准备上传的文件。

No3 单击【打开】按钮，如图 11-90 所示。

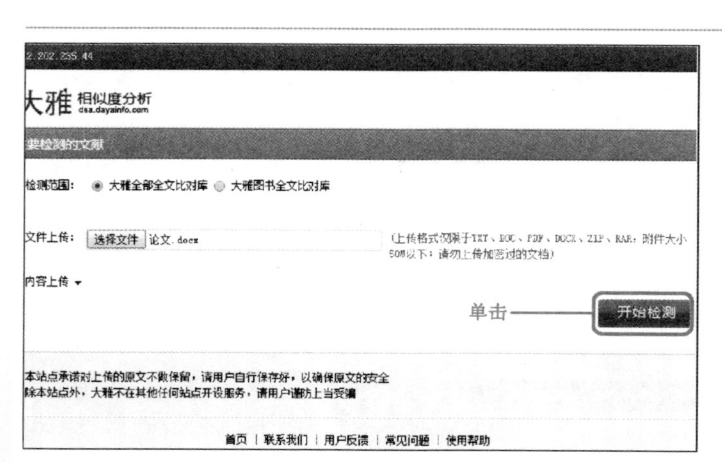

图 11-91

04 单击【开始检测】按钮

返回到【提交要检测的文献】页面，可以看到刚刚选择的文件已被添加到【选择文件】文本框中，单击【开始检测】按钮 开始检测，如图 11-91 所示。

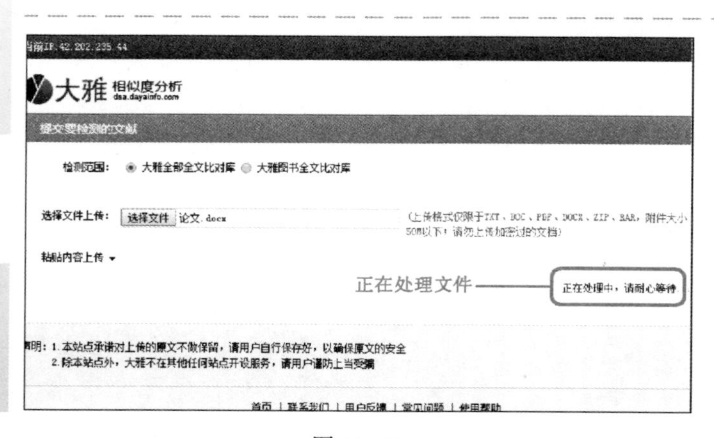

图 11-92

05 正在处理文件

此时，【开始检测】按钮 开始检测 会变为“正在处理中，请耐心等待”，用户需要在线等待一段时间，如图 11-92 所示。

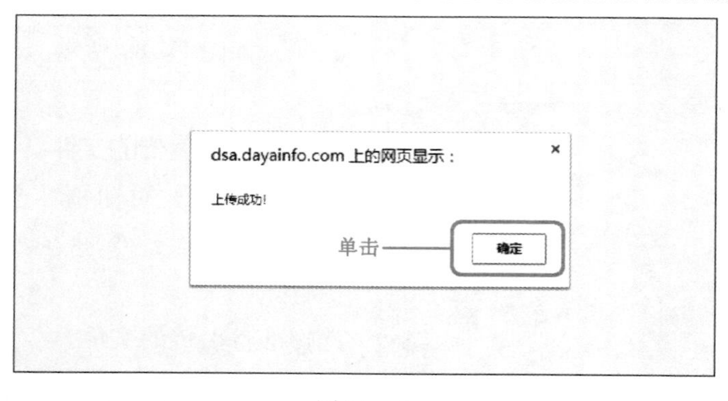

图 11-93

06 弹出对话框，单击【确定】按钮

等待一会后，系统会弹出一个对话框，提示“上传成功!”，单击【确定】按钮 确定，如图 11-93 所示。

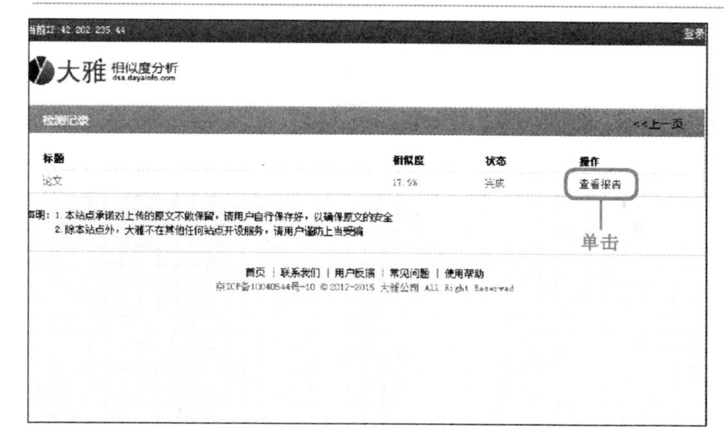

图 11-94

07 单击【查看报告】链接项

进入到【检测记录】页面，显示刚刚上传成功的文件的相似度、状态等，单击【操作】下方的【查看报告】链接，如图 11-94 所示。

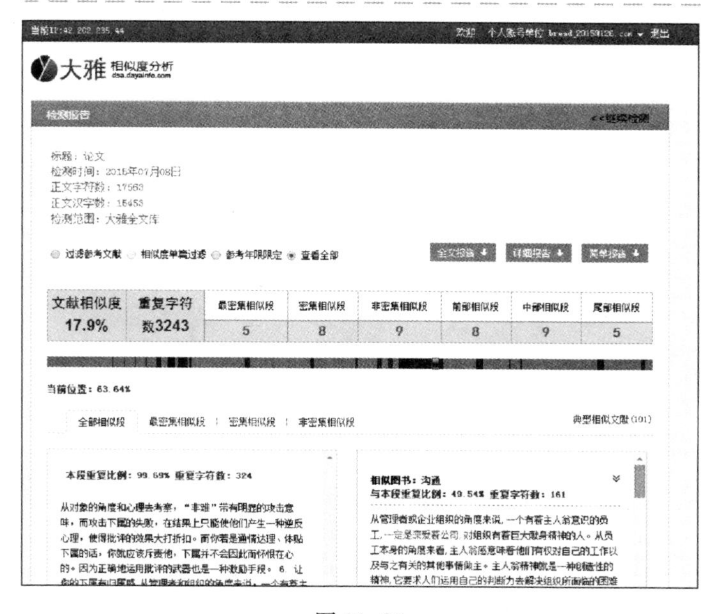

图 11-95

08 完成在超星网站中进行论文检测

进入到【大雅相似度分析】页面，在这里会显示文档的标题、检测时间、正文字符数、正文汉字数、检测范围以及下方的文献相似度等信息，并且，用户还可以分别单击【全文报告】按钮、【详细报告】按钮和【简单报告】按钮来分别查看相关的详细信息，如图 11-95 所示。

第12章
网上购物

本章内容导读

本章主要介绍网上购物方面的知识，同时还讲解了开通网上银行、网上逛商城和网上购物的操作，在本章的最后还针对实际的需求，讲解了一些实例的上机操作方法。通过本章的学习，读者可以掌握网上购物方面的知识，为进一步学习电脑、手机网上的相关知识奠定了基础。

本章知识要点

- 了解网上购物
- 网上逛商城
- 网上购物

Section

12.1　了解网上购物

网上银行是指通过信息网络开办业务的银行，其通过网络提供金融服务，如查询、转账和汇款等。本节介绍什么网上银行和开通网上银行方面的有关知识。

12.1.1　什么是网上银行

网上银行是指银行利用 Internet 技术，通过 Internet 向客户提供开户、销户、查询、对账、行内转账、跨行转账、信贷、证券和投资理财等服务项目。客户可以足不出户便能够管理活期和定期存款、支票、信用卡及个人投资等。目前，大多数商业银行都已开通了网上银行业务，为广大用户提供了许多便利，下面将介绍几家比较常见的网上银行。

1. 中国工商银行网上银行

中国工商银行网银行的网址为“http://www.icbc.com.cn/icbc/”。目前，工商银行网上支付支持的卡种包括牡丹灵通卡、牡丹信用卡、牡丹借记卡和牡丹国际卡等，凡持有工商银行以上卡种之一的用户均可向中国工商银行提出个人网上银行注册申请，开通个人网上银行后，即可获得账户查询、网上购物支付、缴费、支付宝充值和转账汇兑等服务。

2. 中国建设银行网上银行

中国建设银行网上银行的网址为“http://www.ccb.com”，凡持有中国建设银行各种龙卡、定期存折、活期存折、一折通或一本通账户，但是只有各种龙卡（储蓄卡、信用卡、贷记卡）才可以进行网上支付。中国建设银行网上银行分为非签约客户和签约客户两种，非签约客户是指登录建行网站，自助开通网上银行的用户。非签约客户只能享受账户查询、网上缴费、小额网上支付等，如果准备享受更多更好的服务，需要下载个人证书，并到建行柜台签约，升级为签约用户，签约用户可享受除非签约客户的所有服务外，还可以享受账户转账、网上速汇通、银证业务、证券业务和外汇买卖等服务。

3. 中国农业银行网上银行

中国农业银行网上银行的网址为“http://www.95599.cn”，其分为公共客户和注册客户两种，公共客户是指尚未在农行网点办理网上银行注册手续的用户，目前公共客户主要指农业银行全国性通用的金穗信用卡或金穗借记卡（含银联卡）的持卡人，如果准备成为注册客户需到中国农业银行网点办理注册，提交相应客户信息，与农行签署服务协议，公共客户和注册客户享受的服务有所不同，下面将分别予以详细介绍。

➢ 公共客户可享受银行卡账户余额查询、银行卡历史交易查询、银行卡密码修改、银行卡临时挂失和网上注册申请等服务。
➢ 注册客户可享受账户信息查询、转账交易、漫游汇款、贷记卡还款、网上缴费、理财服务、信息管理、网上外汇宝和电子工资单查询等服务。

4. 招商银行网上银行

招商银行网上银行的网址为“http://cmbchina.com”，招商银行网上个人银行分为网上个人银行专业版和网上个人银行大众版两种，下面将介绍这两种版本的功能。

➢ 网上个人银行专业版：在招行柜台申请“网上个人银行专业版”功能后，通过网上银行可以办理个人账户转账、汇款、网上支付、外汇买卖等业务。
➢ 网上个人银行大众版：凭招行“一卡通”即可直接通过网上个人银行（大众版）办理查询账户余额和交易、转账、修改密码等业务。

12.1.2 开通网上银行

如果准备使用网上银行办理业务，首先需要开通网上银行，下面以开通中国建设银行网上银行为例，介绍开通网上银行的方法。

图 12-1

01 单击【马上开通】按钮

启动 IE 浏览器，输入网址，打开中国建设银行首页，在左侧的【您还没有开通网上银行?】区域下方，单击【马上开通】按钮，如图 12-1 所示。

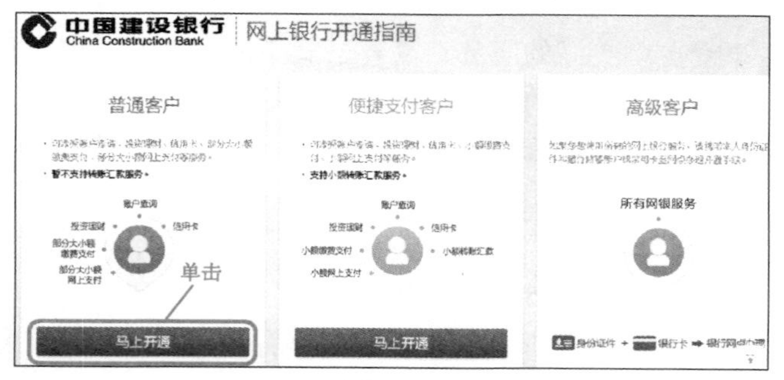

图 12-2

02 单击【马上开通】按钮

进入到【网上银行开通指南】页面，其中有 3 种客户开通方式，可以根据个人需要进行开通，如单击【普通客户】下方的【马上开通】按钮，如图 12-2 所示。

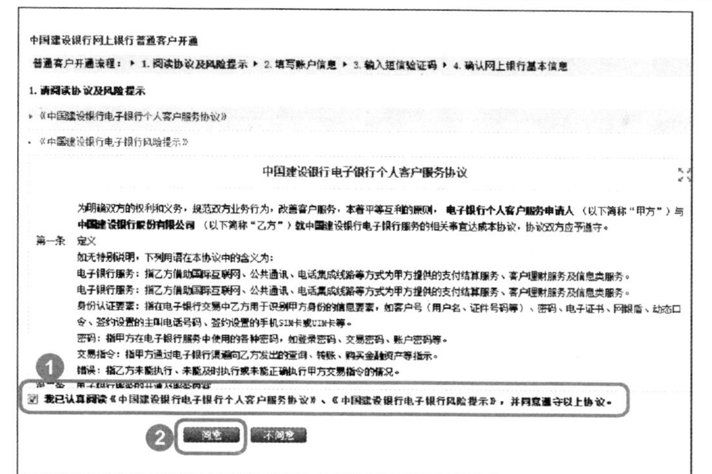

图 12-3

03 单击【同意】按钮

No1 进入到【中国建设银行网上银行普通客户开通】页面，选择【我已认真阅读中国建设银行电子银行个人客户服务协议及风险提示，并同意遵守此协议】复选框。

No2 单击【同意】按钮，如图 12-3 所示。

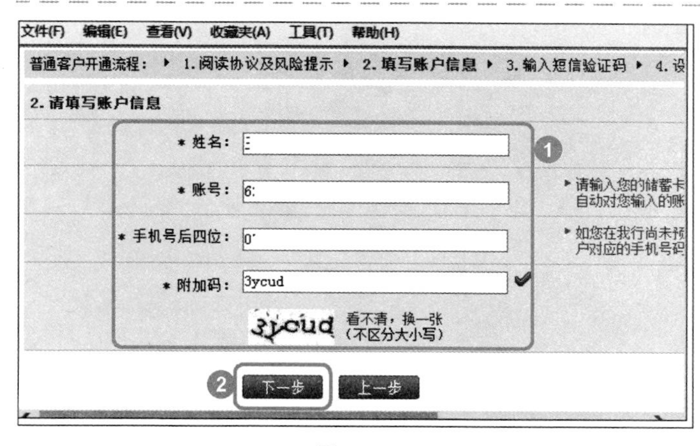

图 12-4

04 填写账户信息

No1 进入到【填写账户信息】页面，填写详细的账户信息，如姓名、账号、手机号后四位和输入附加码。

No2 单击【下一步】按钮，如图 12-4 所示。

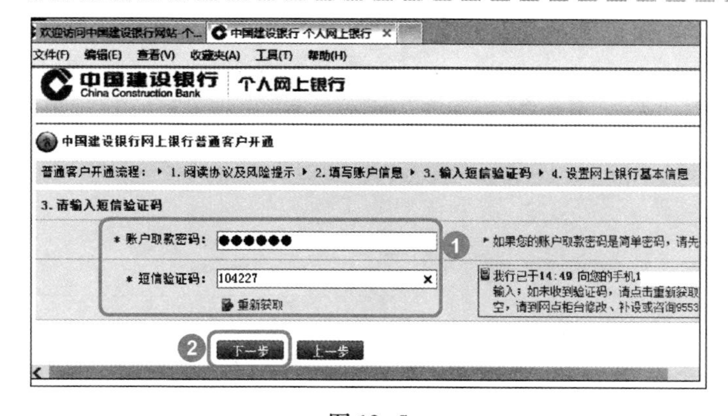

图 12-5

05 输入银行账号密码和短信验证码

No1 输入银行账号密码和短信验证码。

No2 单击【下一步】按钮即可完成开通网上银行的操作，如图 12-5 所示。

Section

12.2 网上逛商城

本节导读

网上商品种类繁多，包括各种服饰、箱包、玩具和电子产品等，而且网上购物既省时又省力，还可以看到一些本地没有的商品。本节介绍网上逛商场方面的有关知识。

12.2.1 进入购物网站

如果准备在网上逛商场，那么首先应该进入购物网站，下面以进入淘宝网为例，详细介绍进入购物网的操作方法。

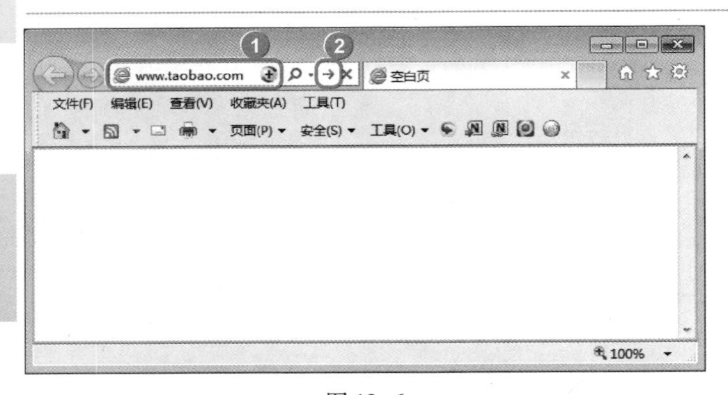

图 12-6

01 输入网址，单击【转至】按钮

No1 启动 IE 浏览器，输入网址“www. taobao. com”。

No2 单击【转至】按钮→，如图 12-6 所示。

图 12-7

02

进入到淘宝网首页，通过以上步骤即可完成进入购物网的操作，如图 12-7 所示。

举一反三

除了淘宝网，购物网站还有京东商城、拍拍网、唯品会、苏宁易购、聚美优品、当当网、亚马逊等。

12.2.2 浏览商品

进入购物网站后，便可以在网页上浏览商品。下面以在淘宝网为例，介绍浏览商品的操作方法。

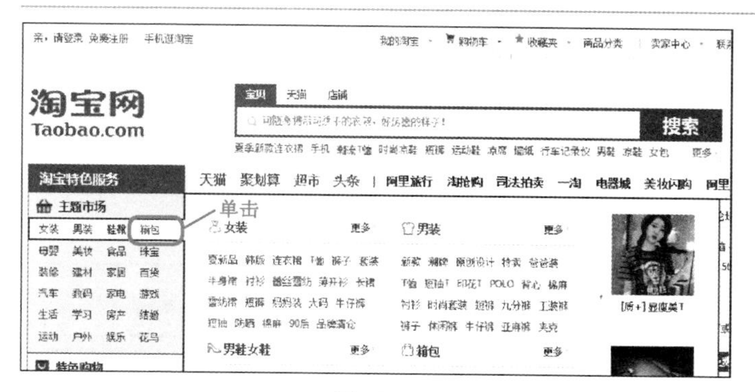

图 12-8

01 选择准备进行浏览的商品分类

进入到淘宝网首页，在该页面左侧，用户可以选择准备进行浏览的商品分类，如选择【箱包】分类，如图 12-8 所示。

图 12-9

02 选择箱包的类型

进入到【淘宝箱包】页面，用户可以在此页面选择箱包的类型，如选择【双肩包】类型中的【休闲】选项，如图 12-9 所示。

图 12-10

03 单击商品标题超链接

进入到该类型箱包的商品展示页面，用户可以选择准备进行查看的商品标题超链接，如图 12-10 所示。

图 12-11

04 完成浏览商品

进入到商品详细的售卖页面，显示该商品的价格、店家的联系方式等，即可完成浏览商品的操作，如图 12-11 所示。

12. 2. 3 查看商品详细信息

在购买商品之前应该先查看商品的详细信息，以防购买到不适合自己的商品，下面将介绍查看商品详细信息的方法。

进入到商品详细的售卖页面后，向下拖动页面，选择【宝贝详情】选项卡，即可看到该商品的详细信息，如图 12-12 所示。

图 12-12

Section

12.3　网上购物流程

本节导读

在淘宝网中浏览商品时，如果有自己喜欢的东西即可将其买下。本节介绍注册淘宝网会员、注册并激活支付宝账户和在网上购买商品方面的相关知识及操作方法。

12.3.1　注册淘宝会员

在淘宝网上注册会员是免费的，而且操作非常简单，根据提示操作即可完成注册。下面介绍注册淘宝会员的操作方法。

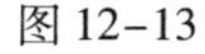
图 12-13

01 单击【免费注册】超链接项

在 IE 浏览器中打开淘宝首页后，在淘宝网首页左上角位置，单击【免费注册】超链接，如图 12-13 所示。

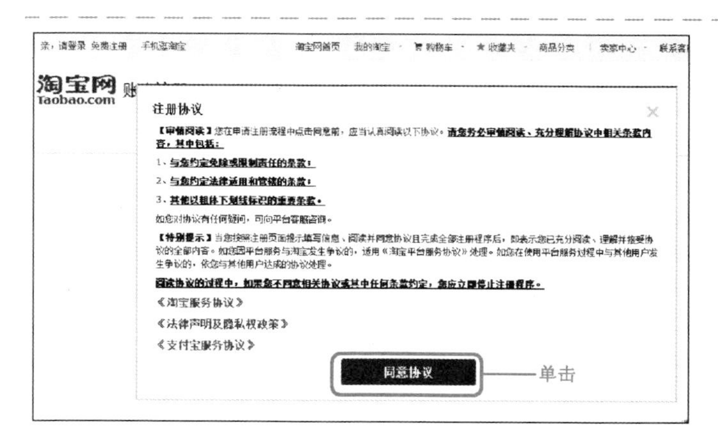

图 12-14

02 单击【同意协议】按钮

系统会弹出【注册协议】对话框，仔细阅读完相关协议内容后，单击【同意协议】按钮 同意协议，如图 12-14 所示。

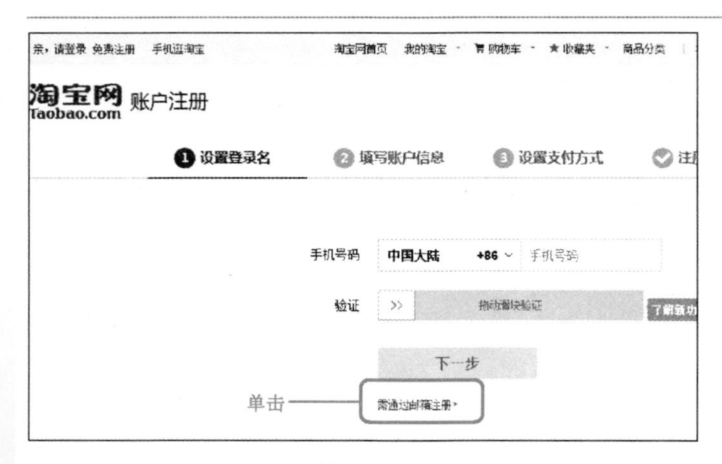

图 12-15

03 单击页面底部的【使用邮箱注册】超链接项

进入到【淘宝网账户注册】页面，用户可以使用手机号码注册，也可以使用电子邮箱注册，如使用电子邮箱注册，单击页面底部的【使用邮箱注册】超链接项，如图 12-15 所示。

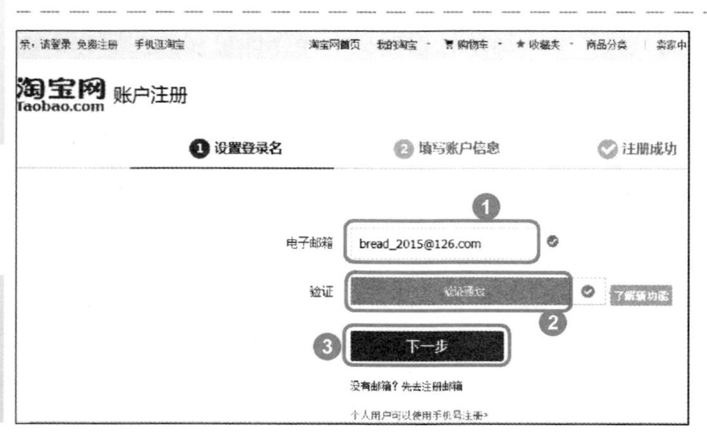

图 12-16

04 输入准备注册的邮箱地址

No1 进入到下一页面，在【电子邮箱】文本框中，输入准备注册的邮箱地址。

No2 输入验证码信息。

No3 单击【下一步】按钮 下一步，如图 12-16 所示。

图 12-17

05 输入准备注册的电话号码

No1 进入到下一页面，输入准备注册的电话号码。

No2 单击【下一步】按钮 下一步，如图 12-17 所示。

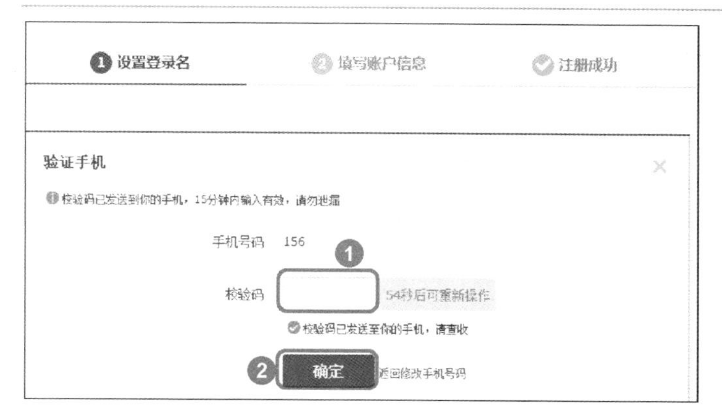

图 12-18

06 输入发送到用户手机上的校验码

No1 进入到下一页面，输入发送到用户手机上的校验码。

No2 单击【确定】按钮 确定，如图 12-18 所示。

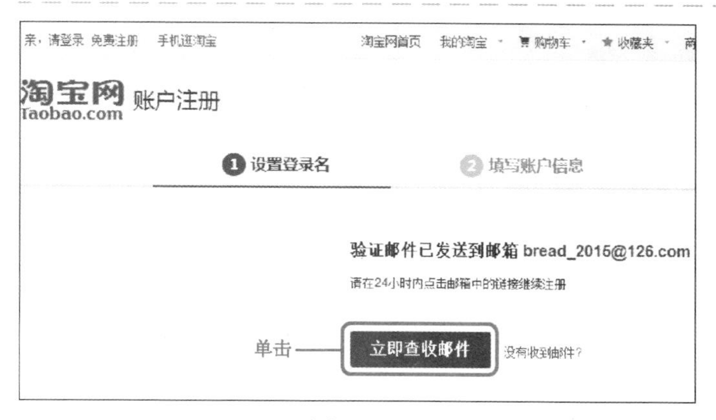

图 12-19

07 单击【立即查收邮件】按钮

进入到下一页面，提示“验证邮件已发送到邮箱”信息，单击【立即查收邮件】按钮 立即查收邮件，如图 12-19 所示。

图 12-20

08 登录邮箱

No1 进入到 126 邮箱登录页面，输入邮箱的账号和密码。

No2 单击【登录】按钮 登录，如图 12-20 所示。

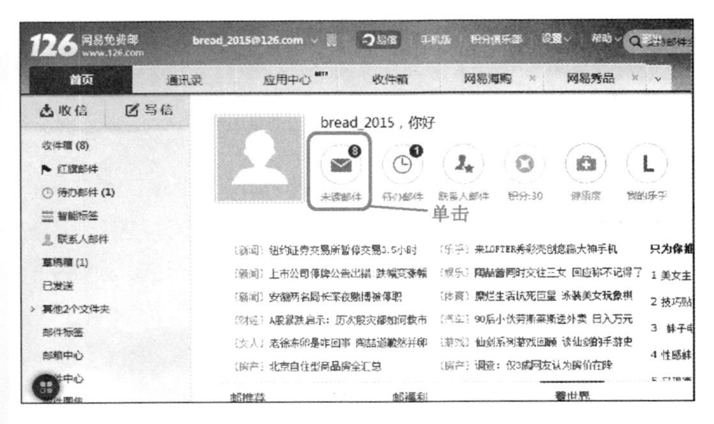

图 12-21

09 单击页面中的【未读邮件】

进入到 126 邮箱首页，单击页面中的【未读邮件】，如图 12-21 所示。

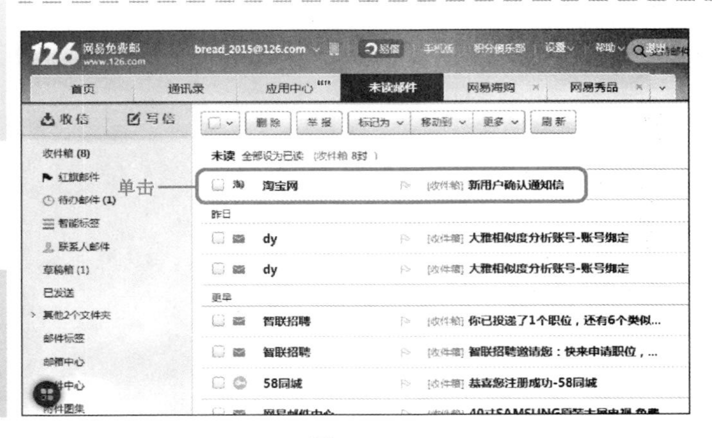

图 12-22

10 单击淘宝网发送过来的未读邮件链接项

进入到【未读邮件】界面，单击淘宝网发送过来的未读邮件链接项，如图 12-22 所示。

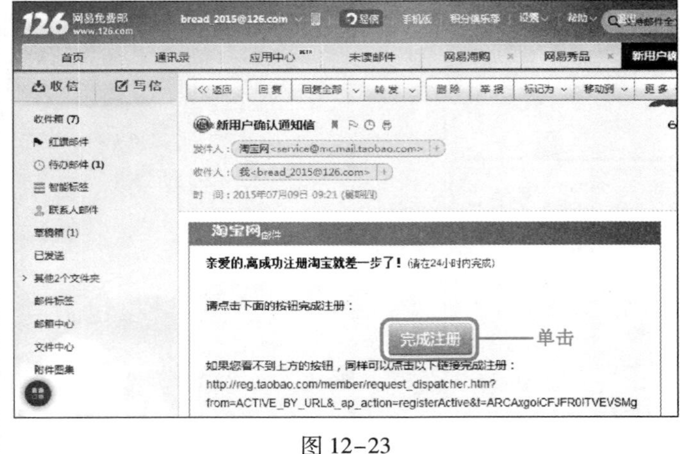

图 12-23

11 单击淘宝网提供的【完成注册】按钮

打开该邮件，显示邮件内容，在邮件正文中单击淘宝网提供的【完成注册】按钮 完成注册，如图 12-23 所示。

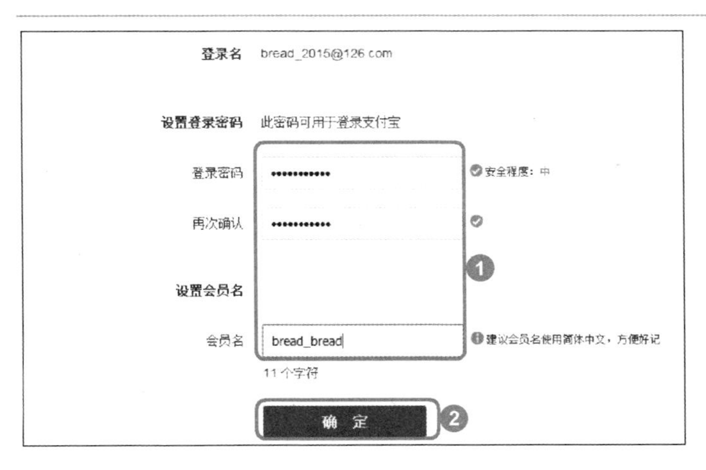

图 12-24

12 设置登录密码和会员名

No1 进入到【账户注册】网页，设置登录密码和会员名。

No2 单击【确定】按钮，如图 12-24 所示。

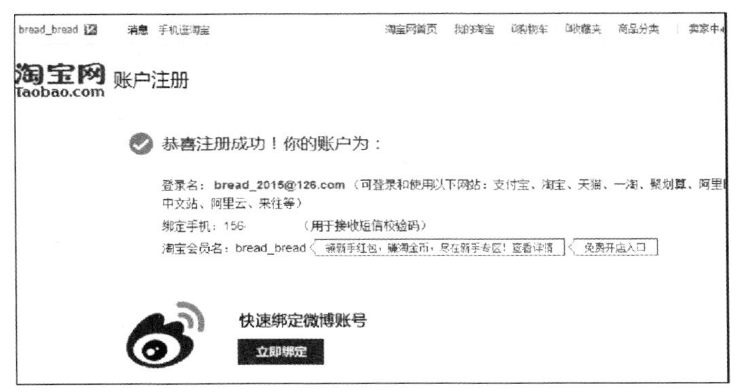

图 12-25

13

进入到下一页面，提示用户“恭喜注册成功!”信息，并显示账户的登录名、绑定手机以及淘宝会员名等，这样即可完成如图 12-25 所示。

12.3.2 支付宝账户的作用

支付宝账户可以为买卖双方完成安全、快速的网上支付业务，并为买卖家双方提供了交易资金记录的查询和管理。同时支付宝为用户提供在“银行账户”和“支付宝账户”之间的资金划转业务，并提供相应资金往来记录的查询和管理。

支付宝其实就相当于担保中介，在买家和卖家之间建立起资金互通的桥梁，买家买东西的时候先把资金存入支付宝中，等买家收到货后，再由支付宝打转入卖家账户，这样既维护了消费者的切身利益，又有力的完善了网购的安全性和规范性。

12.3.3 注册并激活支付宝账户

一般来说，在注册淘宝账号后，支付宝账户也就注册了，但尚未激活，如果想使用支付宝账户需要先激活，下面介绍注册并激活支付宝账户的操作方法。

图 12-26

01 单击【我的淘宝】超链接项

打开淘宝首页并登录后，在淘宝网首页顶部位置，单击【我的淘宝】超链接项，如图 12-26 所示。

图 12-27

02 单击【实名认证】链接项

No1 进入我的淘宝页面，在【导航栏】处，单击【我的支付宝】超链接。

No2 在展开的列表框中，单击【实名认证】链接项，如图 12-27 所示。

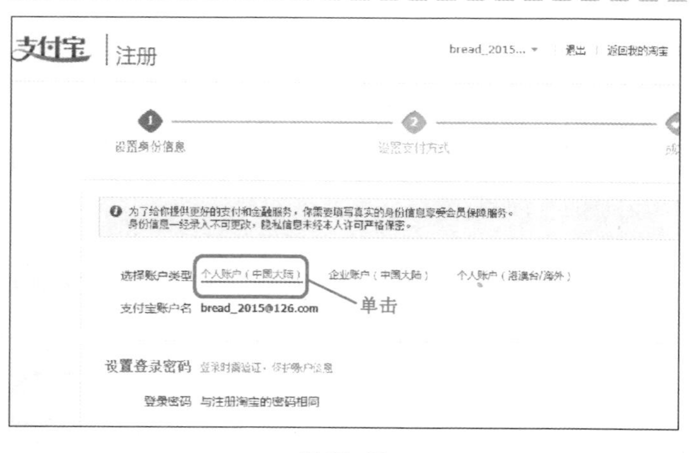

图 12-28

03

进入到【支付宝注册】页面，选择【个人账户（中国大陆）】账户类型，如图 12-28 所示。

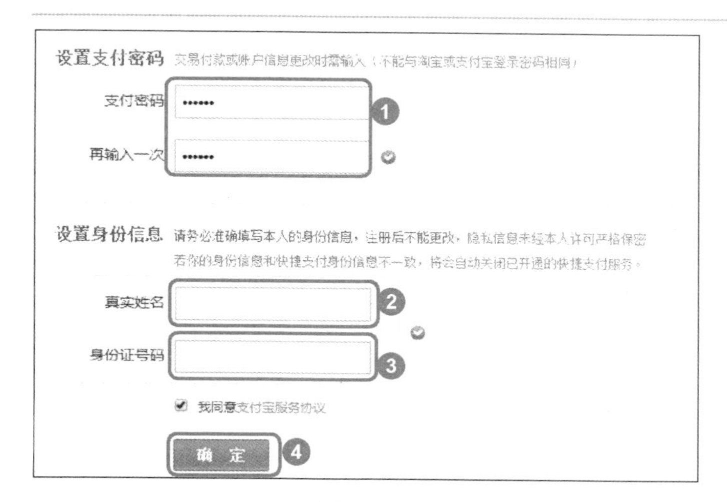

图 12-29

04 设置支付密码和身份信息

No1 在【设置支付密码】区域下方，设置支付密码。

No2 在【设置身份信息】区域下方，输入姓名。

No3 输入身份证号码。

No4 单击【确定】按钮，如图 12-29 所示。

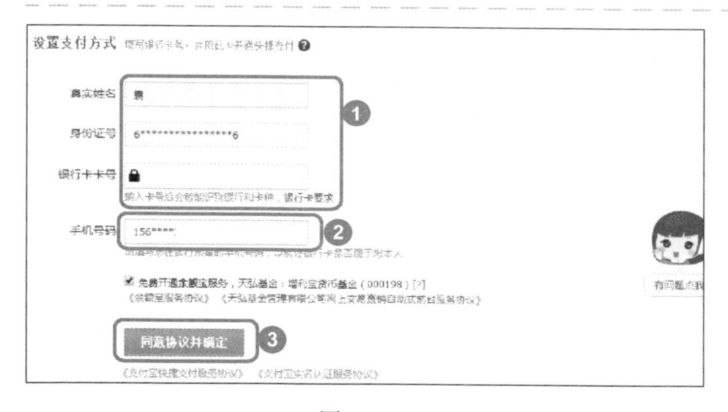

图 12-30

05 设置支付方式

No1 进入到【设置支付方式】页面，填写用户信息和银行卡号信息。

No2 输入手机号码。

No3 单击【同意协议并确定】按钮，如图 12-30 所示。

图 12-31

06 登录支付宝

No1 系统会打开支付宝的登录页面，输入账号和密码。

No2 输入验证码。

No3 单击【登录】按钮，如图 12-31 所示。

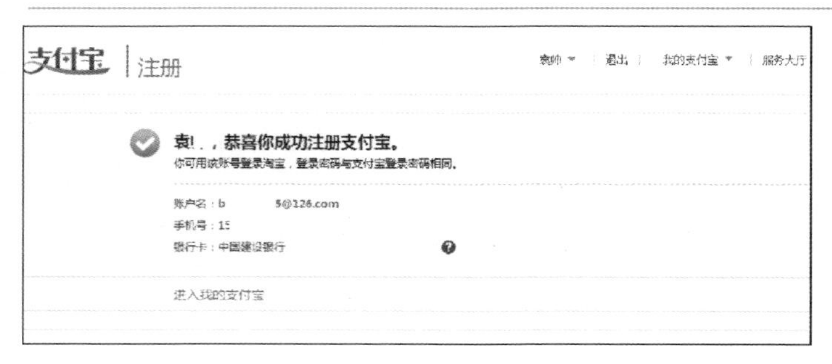

图 12-32

07 完成注册并激活支付宝账户

进入到下一页面，提示“恭喜你成功注册支付宝”信息，这样即可完成注册并激活支付宝账户的操作，如图 12-32 所示。

12. 3. 4 购买商品

注册好账户并激活支付宝，就可以登录淘宝网购物自己喜欢的商品了，下面将详细介绍购买商品的操作方法。

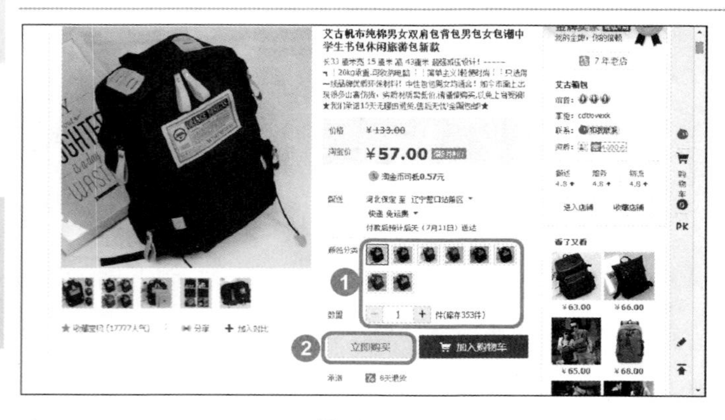

图 12-33

01 单击【立即购买】按钮

No1 进入到准备购买的商品页面，选择商品的颜色分类以及数量。

No2 单击【立即购买】按钮 立即购买 ，如图 12-33 所示。

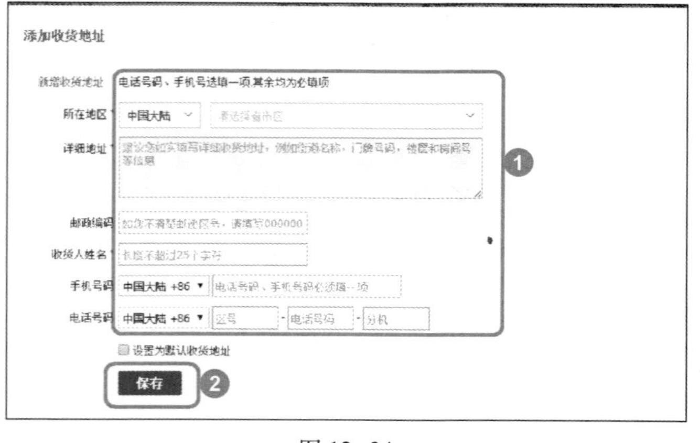

图 12-34

02 填写收货地址

No1 系统会弹出【添加收货地址】对话框，详细填写个人的收货地址信息，如所在地区、地址、邮政编码、收货人姓名、手机号码等。

No2 单击【保存】按钮 保存 ，如图 12-34 所示。

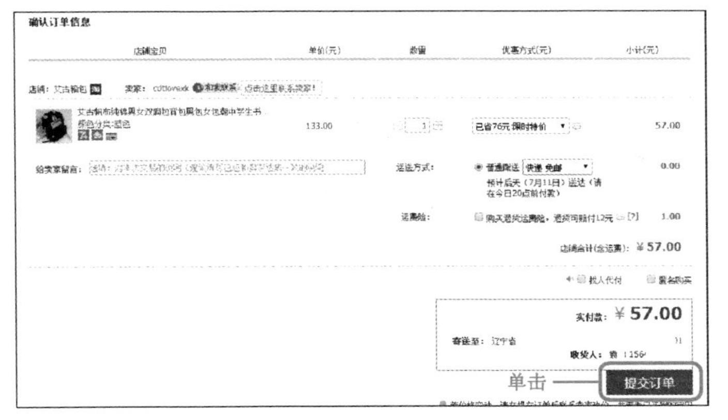

图 12-35

03 单击【提交订单】按钮

进入到【确认订单信息】页面，显示订单的详细信息，确认无误后，单击【提交订单】按钮 提交订单，如图 12-35 所示。

图 12-36

04 输入银行卡号码

No1 进入到下一页面，输入银行卡号码。

No2 单击【下一步】按钮 下一步，如图 12-36 所示。

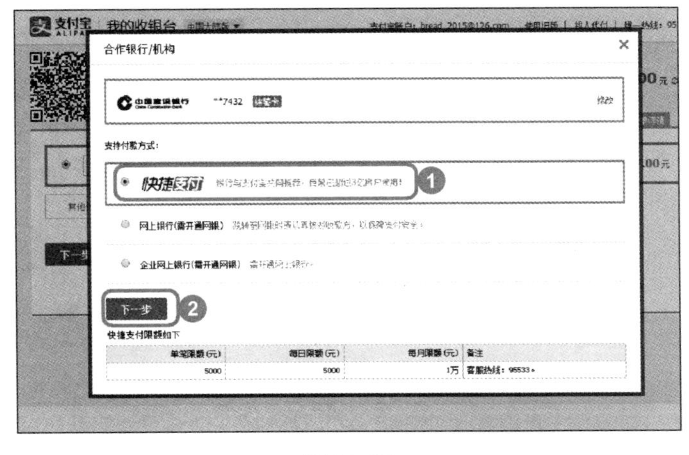

图 12-37

05 选择付款方式

No1 弹出【合作银行/机构】对话框，显示刚刚输入的银行卡账号，选择一个付款方式。

No2 单击【下一步】按钮 下一步，如图 12-37 所示。

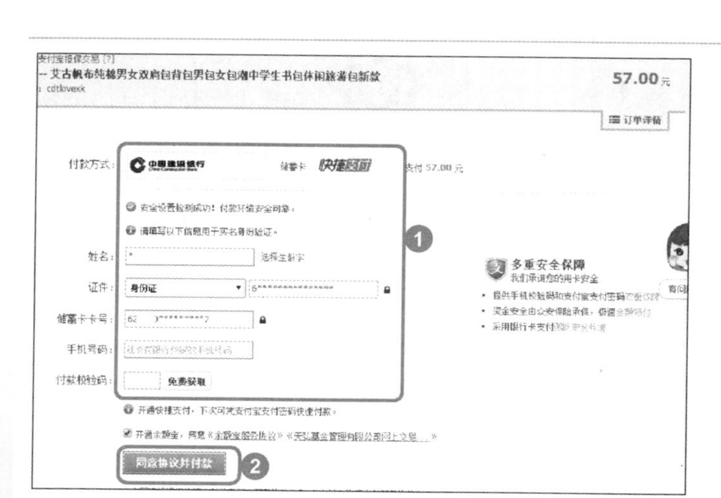

图 12-38

06 单击【同意协议并付款】按钮

No1 输入详细的付款信息，如姓名、证件、卡号、手机号码、付款校验码等。

No2 单击【同意协议并付款】按钮 同意协议并付款，即可完成购买商品的操作，如图 12-38 所示。

Section

12.4 实践案例与上机操作

本节导读

通过本章的学习，用户可以掌握在网上购物方面的知识，下面通过练习几个实践案例进行上机实例操作，以达到巩固学习、拓展提高的目的。

12.4.1 使用网上银行为支付宝充值

支付宝充值就是把银行中的资金转到支付宝账户的过程，下面介绍使用网上银行为支付宝充值的操作方法。

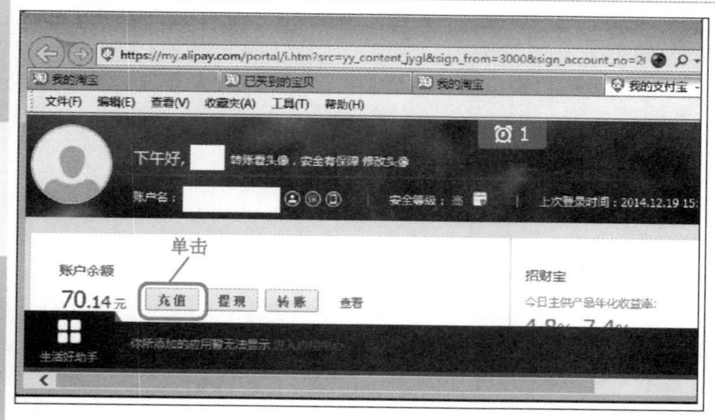

图 12-39

01 单击【充值】按钮

登录支付宝首页页面后，单击【充值】按钮 充值，如图 12-39 所示。

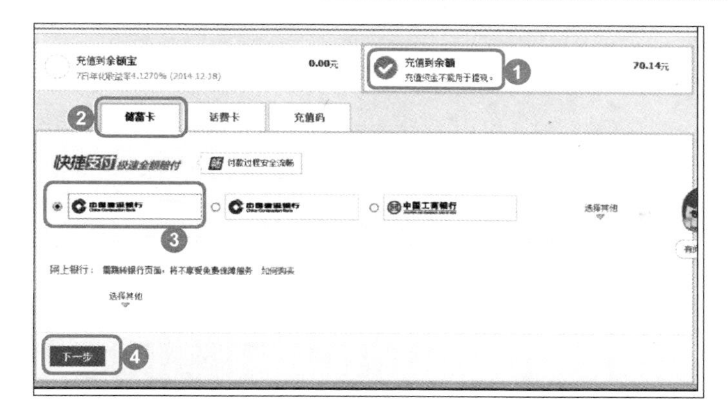

图 12-40

02 选择【充值到余额】选项

No1 进入到下一页面，选择【充值到余额】选项。

No2 选择【储蓄卡】选项卡。

No3 单击准备充值的银行卡单选项。

No4 单击【下一步】按钮 下一步 ，如图 12-40 所示。

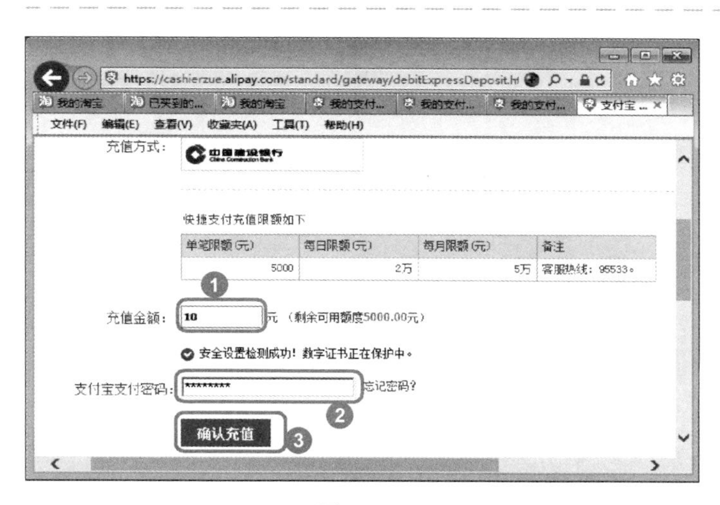

图 12-41

03 输入充值的数额

No1 进入到下一页面，在【充值金额】文本框中，输入充值的数额。

No2 在【支付宝支付密码】文本框中，输入支付密码。

No3 单击【确认充值】按钮 确认充值 ，如图 12-41 所示。

图 12-42

04 完成使用网上银行为支付宝充值

进入到下一页面，提示“恭喜，您已经成功充值”，这样即可完成使用网上银行为支付宝充值，如图 12-42 所示。

12.4.2 收藏店铺

在淘宝网购物的时候碰到自己喜欢的店铺的时，可以把这家店铺收藏下来，下面将详细介绍收藏店铺的操作方法。

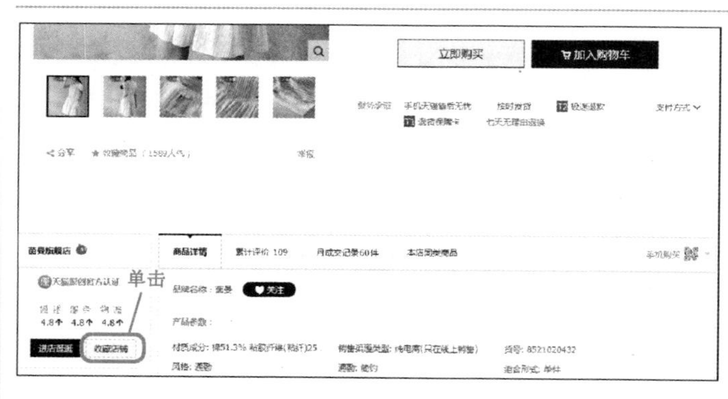

图 12-43

01 单击【收藏店铺】按钮

进入到准备购买的商品页面，商品详情左侧，单击【收藏店铺】按钮 收藏店铺 ，如图 12-43 所示。

图 12-44

02 成功加入收藏夹

系统会弹出一个对话框，提示“成功加入收藏夹”，用户可以为该店铺添加备注名称，如图 12-44 所示。

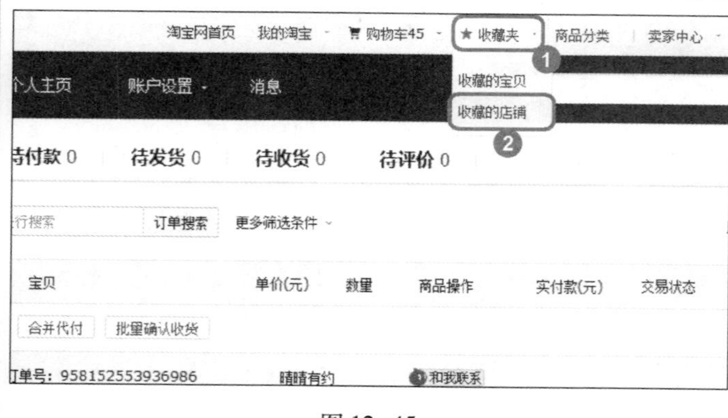

图 12-45

03 查看所收藏的店铺信息

进入到【我的淘宝】页面，用户可以单击【收藏夹】链接项，在弹出的下拉列表框中，选择【收藏的店铺】选项来查看所收藏的店铺信息，如图 12-45 所示。

第13章

智能手机上网

本章内容导读

本章主要介绍了智能手机的基本应用知识与技巧，同时还讲解了手机软件管理、设置个性化的手机以及常见的手机软件应用方面的技巧，通过本章的学习，读者可以掌握智能手机上网方面的知识。

本章知识要点

- 手机的基本应用
- 丰富你的桌面
- 手机软件管理
- 设置个性化的手机
- 常见的手机软件应用

Section

13.1 手机的基本应用

随着手机行业的发展，智能手机早已成为了“生活必需品”。作为近些年发展最快的智能手机操作系统，Android 系统以其便捷的操作体验和大量第三方应用，受到手机厂商和用户的普遍认可。本节将以 Android（安卓）手机为例，介绍手机的基本应用方面的知识。不同品牌的 Android 手机有不同的操作界面，但基本功能大同小异，请读者根据自己的手机系统学习。

13.1.1 添加联系人

在使用手机的过程中，用户可以根据实际需要添加联系人，下面介绍手机添加联系人的操作方法。

图 13-1

单击按钮

No1 在手机屏幕中单击【联系人】图标。

No2 在弹出的【联系人】窗口中单击【添加联系人】按钮 + 如图 13-1 所示。

图 13-2

02 添加联系人

No1 在弹出的【新建联系人】界面，在【名称】文本框内输入联系人的姓名，如“张三”。

No2 在【手机】文本框内，输入联系人手机号码。

No3 选择适当的存储位置如“SIM 卡”。

No4 单击右上方的【存储】按钮 储存，通过以上操作即可完成添加联系人的操作如图 13-2 所示。

13.1.2 通话

在使用手机的过程中，通话是手机基本应用中最关键的一个操作，用户只需在手机屏幕上，单击【手机】图标，即可打开【拨号】界面，在【拨号文本框】中，输入对方的手机号码，并单击下方的【呼叫】按钮，通过以上方法即可完成通话的操作，如图 13-3 所示。

图 13-3　通话

13.1.3 短信

在使用手机的过程中，短信也是手机的基本应用中主要的操作之一，下面将详细介绍发送短信和接收短信方面的知识。

1. 发送短信

用户在发送短信时，只需在手机屏幕的中，单击【信息】图标，即可打开【信息】界面，在该界面中单击【新建信息】按钮，在弹出的【新信息】界面中，输入收件人的手机号码，在【输入信息】文本框中，输入相应的信息内容，如“您好！”，并单击【发送信息】按钮，即可完成发送短信的操作，如图 13-4 所示。

图 13-4　发送短信

2. 接收短信

用户在接收短信时，只需在手机屏幕的中，单击【信息】图标，即可打开【信息】界面，在该界面中选择准备接收的短信，即可打开接收的短信界面，如图 13-5 所示。

图 13-5　接收短信

Section

13.2 丰富你的桌面

打开手机映入眼帘的第一幕就是手机的桌面，桌面的布局和设计对于各种图标控，壁纸控，主题控有着极致诱惑力和吸引力。 本节将以 Android（安卓）手机为例详细介绍丰富手机桌面方面的知识。

13.2.1 放置应用或部件至桌面

在设置手机桌面的过程中，用户可以根据不同的需要将应用或部件等放置在手机桌面上，用户只需在【主界面】中，单击【应用程序】按钮，在打开的应用程序界面中，长时间按住准备方式的应用或部件，即可将该应用程序放置在桌面上，如图 13-6 所示。

图 13-6　放置应用或部件至桌面

13.2.2 创建桌面文件夹

在设置手机桌面的过程中，用户可以将不同类型的应用或部件整理到不同的文件夹中，用户只需在手机界面中，长时间按住准备归类的应用或部件，如【信息】图标，即可弹出一个【新建文件夹】对话框，在该对话框中，输入文件夹的名称如“图片”，并单击确定按钮 确定 ，打开图片文件夹后即可显示出该文件夹中的“信息”，通过以上方法即可完成创

建桌面文件夹的操作，如图 13-7 所示。

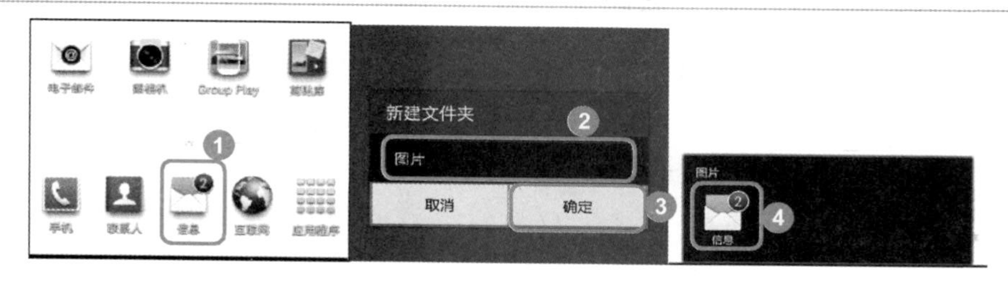

图 13-7 创建桌面文件夹

13.2.3 删除桌面的应用或部件

在设置手机桌面的过程中，用户可以根据实际需要将不需要的桌面的应用或部件进行删除的操作，用户只需长时间按住准备上述的应用或部件，并将其拖动至删除的位置即可，通过以上方法即可完成删除桌面的应用或部件的操作。

Section

13.3 手机软件管理

本节导读

现在智能手机中的各种软件和游戏琳琅满目，用户可以根据实际需要在手机上安装、下载和删除软件。本节将以 Android（安卓）手机为例介绍手机软件管理方面的知识。

13.3.1 设置安装未知来源软件

手机为保护自身的安全，对很多软件进行了阻挡设置，用户在安装这些软件时，只有在应用程序的【设定】界面中，在【安全】选项中，勾选【未知来源】复选框后，才可以对这些程序进行安装，下面将详细介绍设置安装未知来源软件的操作方法。

图 13-8

01 单击按钮

No1 在手机屏幕中单击【应用程序】图标。

No2 在打开的【应用程序】界面中单击【设定】图标，如图 13-8 所示。

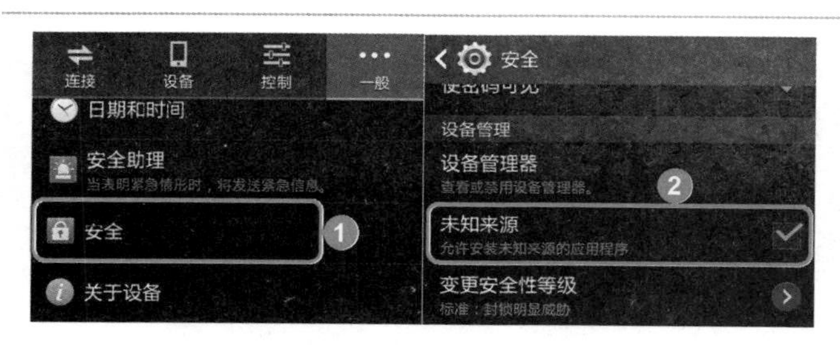

图 13-9

02 设置未知来源

No1 在【一般】区域中，选择【安全】选项。

No2 在打开的【安全】界面中勾选【未知来源】复选框通过以上即可完成设置安装未知来源软件的操作如图 13-9 所示。

13.3.2 使用手机浏览器搜索与安装应用

很多用户初用安卓手机，可能都会对使用实际浏览器搜索与安装应用比较陌生，下面将以“搜索与安装豌豆荚应用”为例详细介绍使用手机浏览器搜索与安装应用的操作方法。

图 13-10

01 搜索应用

No1 在手机屏幕中单击【互联网】图标。

No2 在打开的界面中输入网址如 www. baidu. com。

No3 在搜索栏中输入“豌豆荚下载官方下载”。

No4 单击第一个网址链接，如图 13-10 所示。

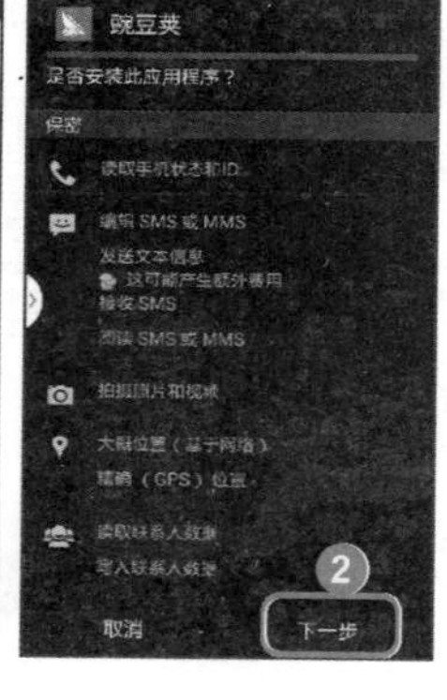

图 13-11

02 下载并安装应用

No1 在弹出的手机软件下载界面中，单击【下载】按钮 下载 。

No2 下载成功后，即可弹出的【是否安装此应用程序】的界面中，单击【下一步】按钮 下一步 ，如图 13-11 所示。

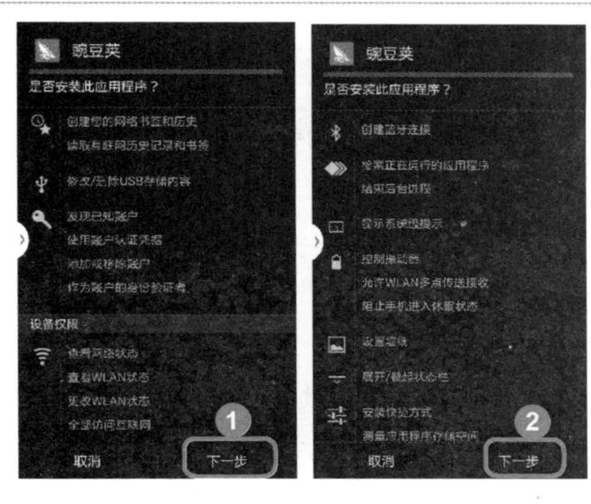

图 13-12

单击按钮

No1 在弹出的【是否安装此应用程序】的界面中，单击【下一步】按钮 下一步 。

No2 在弹出的【是否安装此应用程序】的界面中，单击【下一步】按钮 下一步 ，如图 13-12 所示。

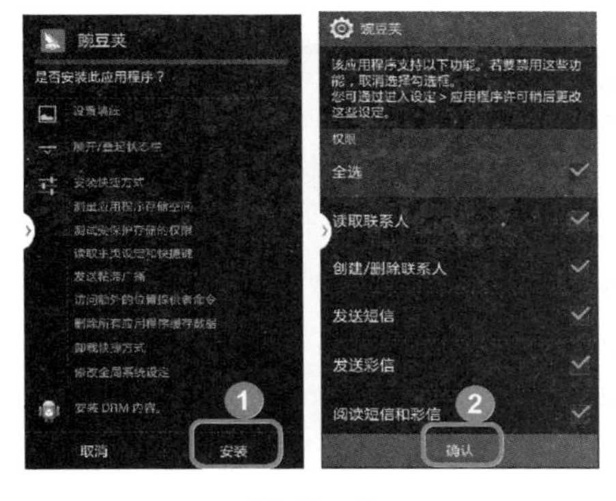

图 13-13

04 单击按钮

No1 在弹出的【是否安装此应用程序】的界面中，单击【安装】按钮 安装 。

No2 即可弹出的【豌豆荚】界面，在该界面中单击【确认】按钮 确认 ，如图 13-13 所示。

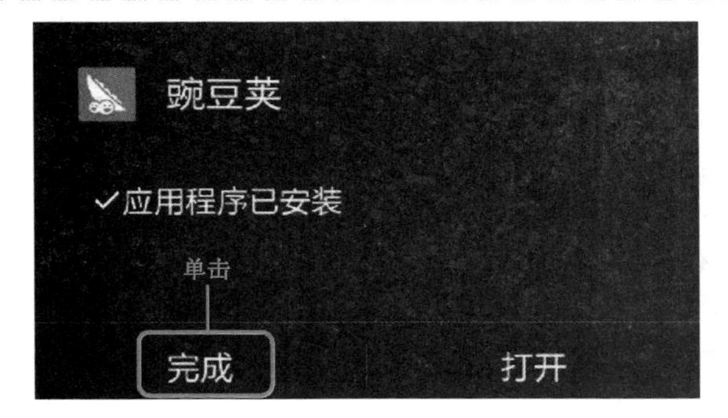

图 13-14

05 应用安装成功

当手机弹出“应用程序已安装”的界面时，单击【完成】按钮 完成 ，即可成功安装豌豆荚应用，通过以上方法，也能完成使用手机浏览器搜索与安装应用的操作，如图 13-14 所示。

13.3.3 使用豌豆荚下载与安装应用

豌豆荚是一款强大的安卓手机管理器，能够帮助用户轻松管理手机内容，免费下载应用、视频、音乐、壁纸和电子书等。下面将以“安装乐视视频应用”为例，详细介绍使用豌豆荚下载与安装应用的操作方法。

图 13-15

01 单击图标

No1 在手机屏幕中单击【应用程序】图标。

No2 在打开的【应用程序】界面中，单击【豌豆荚】图标如图 13-15 所示。

图 13-16

02 搜索应用

No1 在打开的【豌豆荚】界面中，在【搜索】区域输入“乐视视频”。

No2 并单击【搜索】按钮。

No3 在下方的【搜索结果】区域中，单击【安装】按钮。

No4 在弹出的【是否安装此应用程序?】界面中，单击【下一步】按钮，如图 13-16 所示。

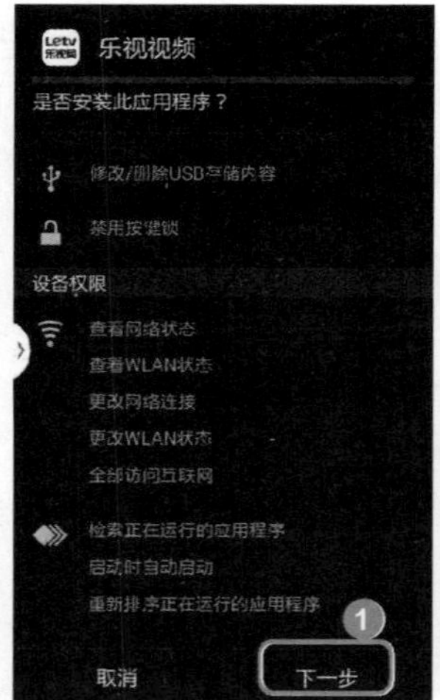

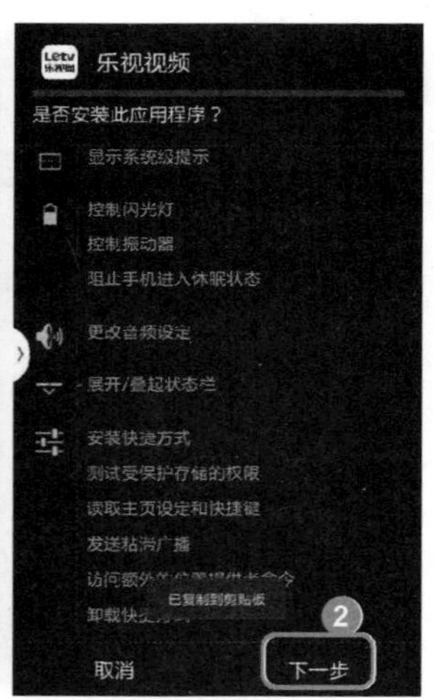

图 13-17

03 单击按钮

No1 即可弹出【是否安装此应用程序】界面，在该界面中，单击【下一步】按钮。

No2 弹出【是否安装此应用程序】界面，在该界面中，单击【下一步】按钮，如图 13-17 所示。

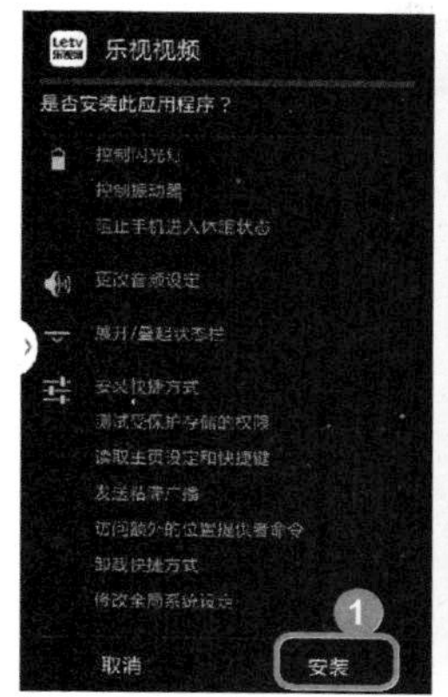

图 13-18

单击按钮

No1 即可弹出【是否安装此应用程序】界面，在该界面中，单击【安装】按钮 安装 。

No2 即可弹出的【乐视视频】界面，在该界面中单击【确认】按钮 确认 ，如图 13-18 所示。

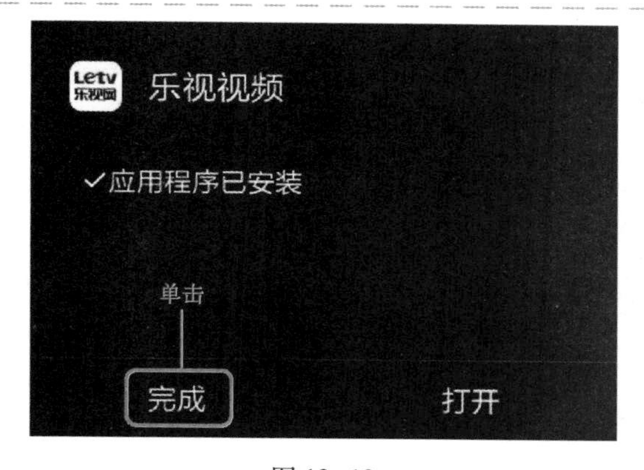

图 13-19

05 应用安装成功

当手机弹出应用程序已安装的界面时，单击【完成】按钮 完成 ，即可成功安装乐视视频应用，通过以上方法，即可完成使用豌豆荚下载与安装应用的操作，如图 13-19 所示。

13.3.4 在手机中直接卸载应用

在使用 Android（安卓）手机的过程中，用户可以根据实际需要将一些不需要的软件在手机中卸载。下面将以卸载“乐视视频应用”为例详细介绍在手机中卸载应用的操作方法。

图 13-20

01 单击图标

No1 在手机屏幕中单击【应用程序】图标 。

No2 在打开的【应用程序】界面中，单击【设定】图标 如图 13-20 所示。

02 打开应用程序管理器

№1 在打开的界面中，选择【一般】选项卡。

№2 在【一般】选项卡中，选择【应用程序管理器】选项。

№3 在弹出的【应用程序管理器】界面中，选择【乐视视频】选项，如图 13-21 所示。

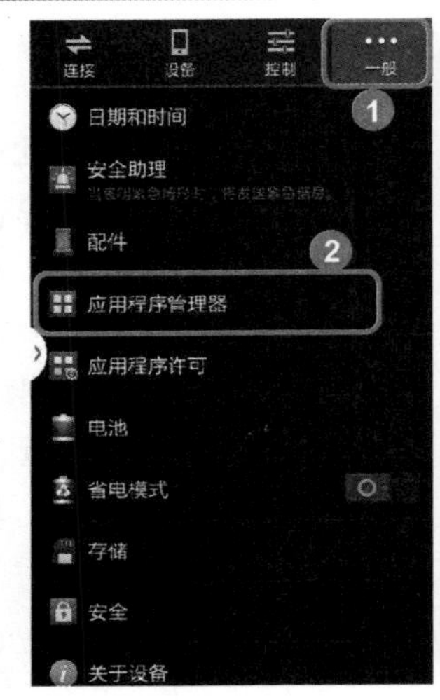

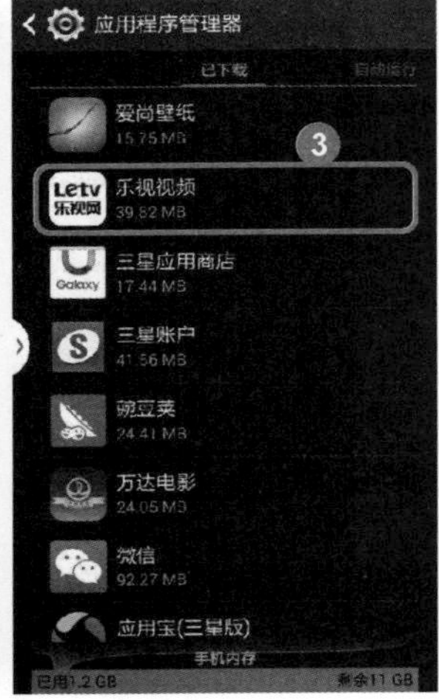

图 13-21

03 在手机中直接卸载应用

№1 在打开的【应用程序信息】界面中，单击【卸载】按钮 卸载 。

№2 即可弹出【应用程序将被卸载】对话框，在该对话框中，单击【确定】按钮 确定 ，即可完成卸载的操作，通过以上方法即可完成在手机中直接卸载应用的操作，如图 13-22 所示。

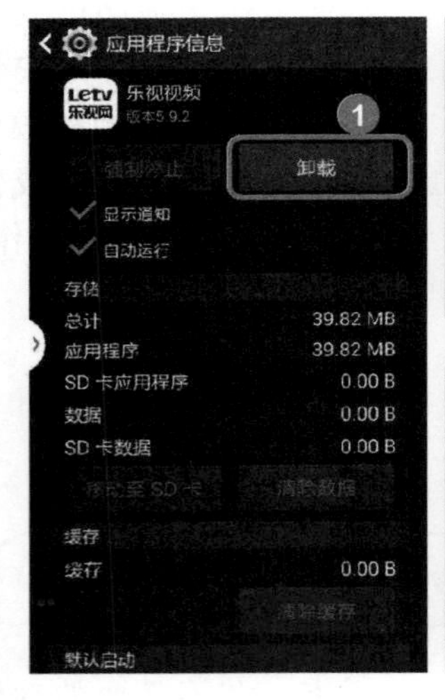

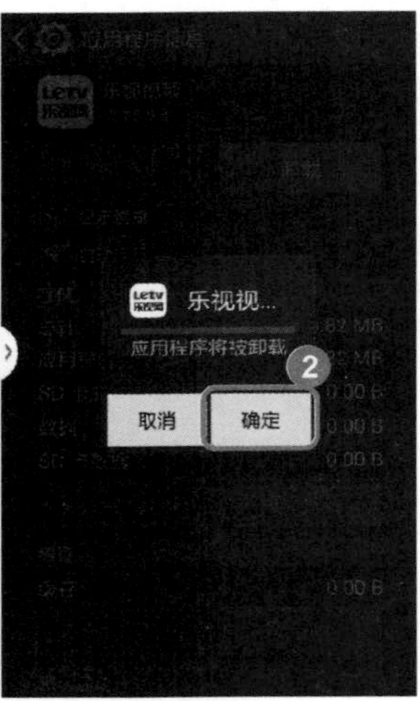

图 13-22

Section

13.4 设置个性化的手机

本节导读

现在生活中，我们费尽心机使自己与众不同，抓住一切场合展现自我个性，其实，只要利用一点小技巧，手机也可以成为彰显个性的点缀。

13.4.1 更换墙纸与铃声

在生活中，我们经常会为手机更换铃声和壁纸。下面介绍更换壁纸与铃声的操作。

1. 更换墙纸

手机屏幕跟电脑屏幕类似，都是人机交互的主界面，手机的壁纸可以随意切换成自己喜欢的图片。下面将以更换主屏“动态墙纸”为例，介绍更换墙纸的操作方法。

图 13-23

01 单击图标

No1 在手机屏幕中单击【应用程序】图标。

No2 在打开的【应用程序】界面中，单击【设定】图标如图 13-23 所示。

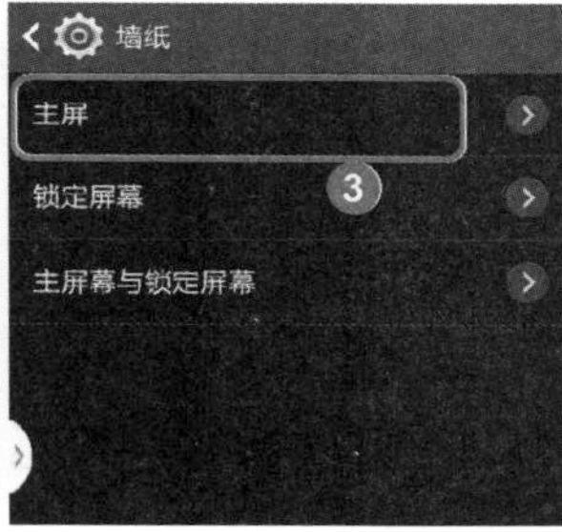

图 13-24

02 打开墙纸界面

No1 在打开的界面中，选择【设备】选项卡。

No2 选择【墙纸】选项。

No3 在弹出的【墙纸】界面中，选择【主屏】选项，如图 13-24 所示。

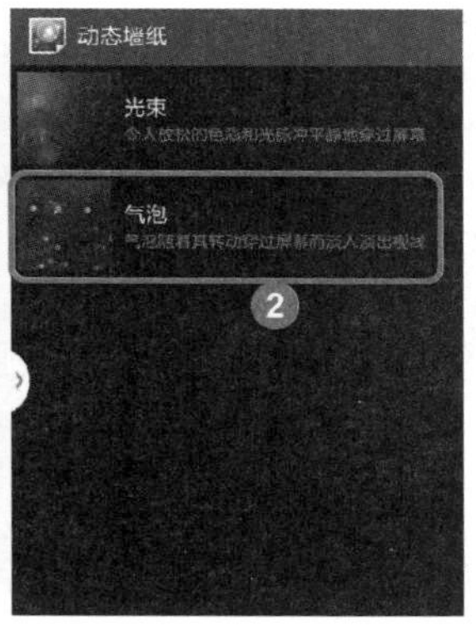

图 13-25

03 设置动态墙纸

No1 在弹出的【选择墙纸自】界面中，选择【动态墙纸】选项。

No2 在【动态墙纸】界面中，选择【气泡】选项，如图 13-25 所示。

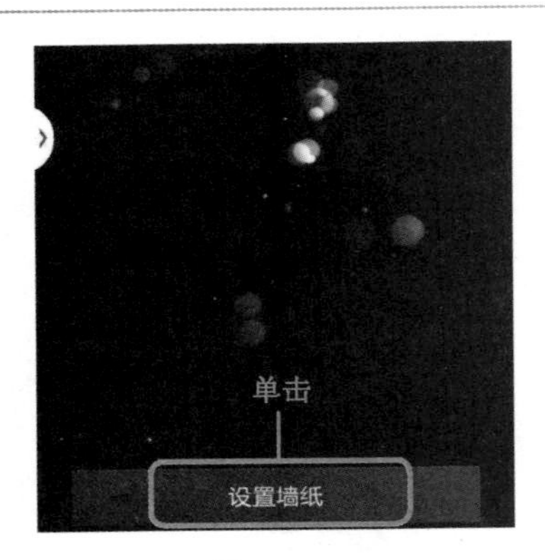

图 13-26

04 更换墙纸

当手机弹出应用程序已安装的界面时，单击【设置墙纸】按钮 设置墙纸，即可成功更换主屏的动态墙纸，如图 13-26 所示。

2. 更换手机铃声

不同类型联系人的来电可以将其设定不同声音的铃声以便区别。下面介绍更换手机铃声的操作方法。

图 13-27

01 单击图标

No1 在手机屏幕中单击【应用程序】图标。

No2 在打开的【应用程序】界面中，单击【设定】图标如图 13-27 所示。

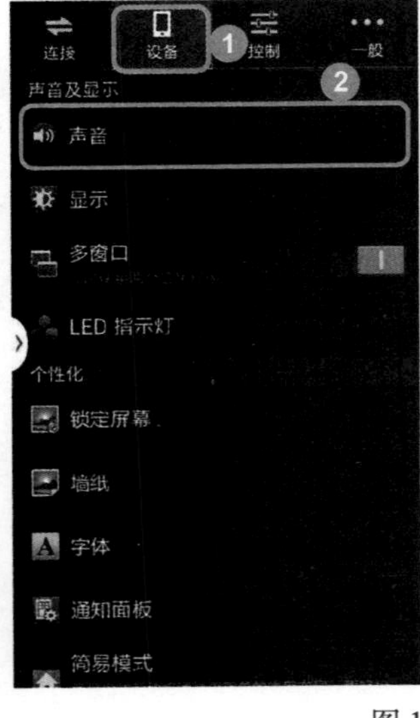

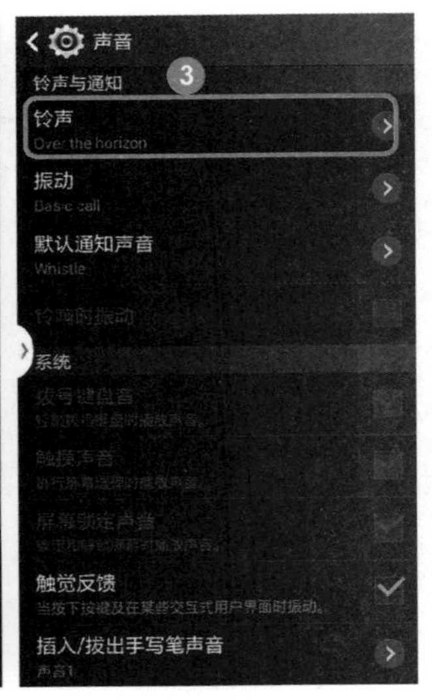

图 13-28

02

No1 在打开的界面中，选择【设备】选项卡。

No2 在【声音及显示】区域中，选择【声音】选项。

No3 在弹出的【声音】界面中，在【铃声与通知】区域中，选择【铃声】选项，如图 13-28 所示。

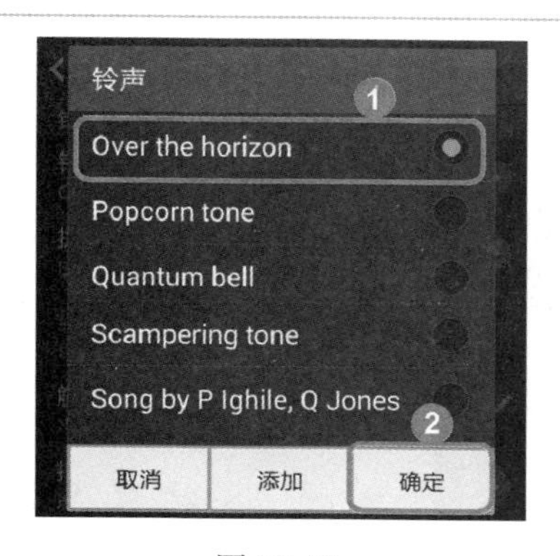

图 13-29

03

№1 即可弹出【铃声】界面，在该界面中，单击准备设置铃声的单选框。

№2 并单击下方的【确定】按钮 确定 通过以上方法，即可完成更换手机铃声的操作，如图 13-29 所示。

13.4.2 设定屏幕锁定密码

安卓手机拥有强大的功能，用户可以为手机设置一个屏幕锁定密码用来防止别人偷看自己的隐私，下面将详细介绍设定屏幕锁定密码的操作。

图 13-30

01 单击图标

№1 在手机屏幕中单击【应用程序】图标。

№2 在打开的【应用程序】界面中，单击【设定】图标如图 13-30 所示。

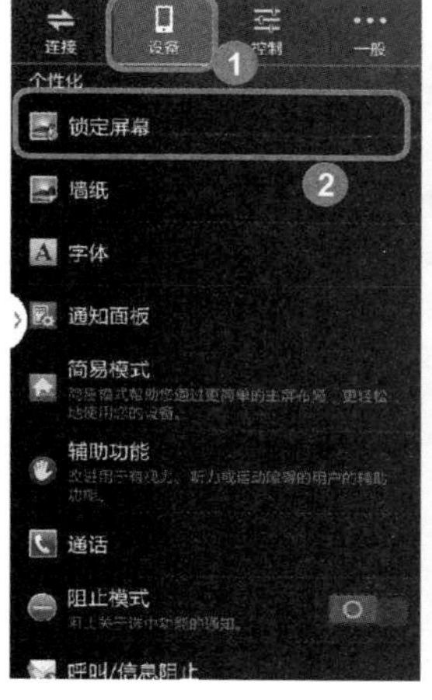

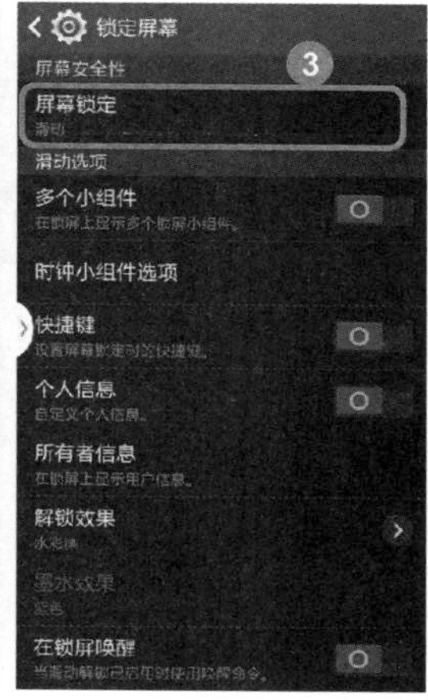

图 13-31

02 打开锁定屏幕

№1 在打开的界面中，选择【设备】选项卡。

№2 在【个性化】区域中，选择【锁定屏幕】选项。

№3 在弹出的【锁定屏幕】界面中，在【屏幕安全性】区域中，选择【屏幕锁定】选项，如图 13-31 所示。

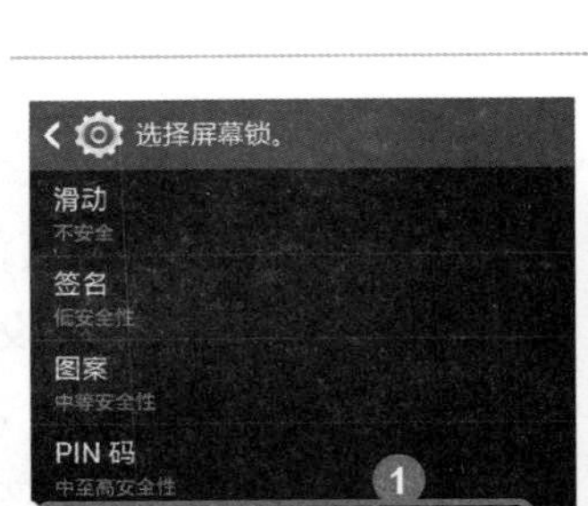

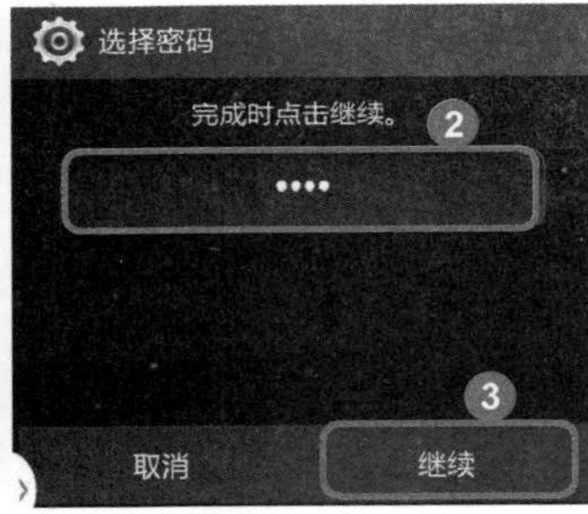

图 13-32

03 设定密码

No1 在打开的【选择屏幕锁】界面中，选择【密码】选项卡。

No2 在【选择密码】界面中，在密码文本框内，输入准备设定的密码。

No3 单击【继续】按钮，如图 13-32 所示。

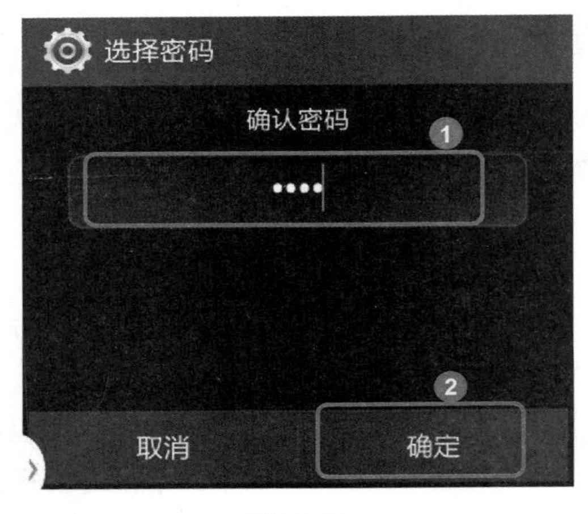

图 13-33

04 屏幕锁定密码

No1 在【选择密码】界面中，在【确认密码】文本框中，再次输入准备设定的密码。

No2 并单击下方的【确定】按钮，通过以上方法即可完成设定屏幕锁定密码的操作，如图 13-33 所示。

13.4.3 设置默认输入法

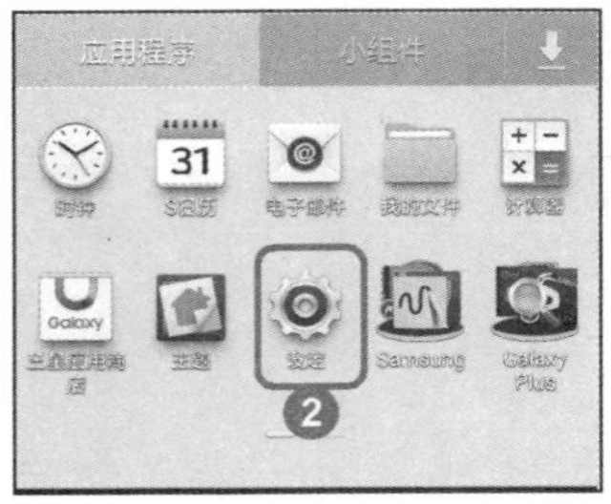

图 13-34

01 单击图标

No1 在手机屏幕中单击【应用程序】图标。

No2 在打开的【应用程序】界面中，单击【设定】图标如图 13-34 所示。

图 13-35

02 打开语言和输入界面

№1 在打开的界面中，选择【控制】选项卡。

№2 在【语音与输入法】区域中，选择【语言和输入】选项。

№3 在弹出的【语言和输入】界面中，在【键盘和输入方法】区域中，选择【默认】选项，如图 13－35 所示。

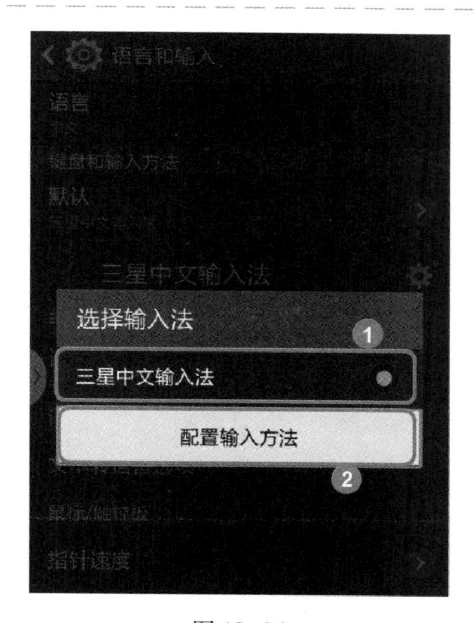

图 13-36

03 设置手机默认输入法

№1 在弹出的【选择输入法】界面中，选择准备设置成默认输入法的选项，如“三星中文输入法”。

№2 并单击下方的【配置输入方法】按钮 配置输入方法，通过以上方法即可完成设置默认输入法的操作，如图 13-36 所示。

13. 4. 4 备份手机联系人

很多朋友遇到过手机丢失、被盗或者换手机的情况，为了避免手机通讯录不会因此丢失，用户可以将手机中的通讯录导出进行备份。下面将以“将通讯录导出到 SIM 卡”为例详细介绍备份手机联系人的操作。

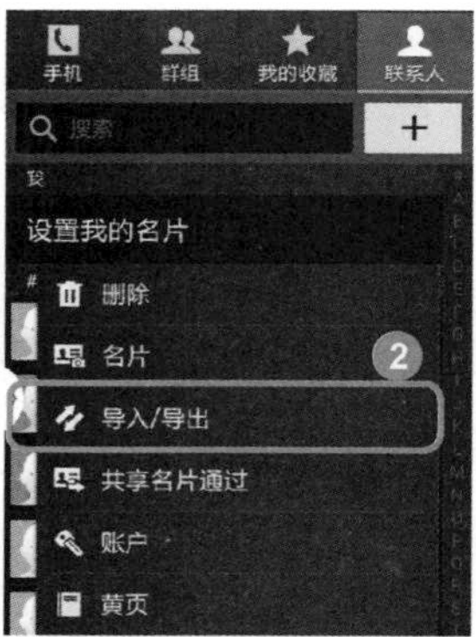

图 13-37

01 单击图标

No1 在手机屏幕中单击【联系人】图标。

No2 在打开的【联系人】界面中，单击手机上的菜单按钮，在弹出的下拉菜单中，选择【导入/导出】选项，如图 13-37 所示。

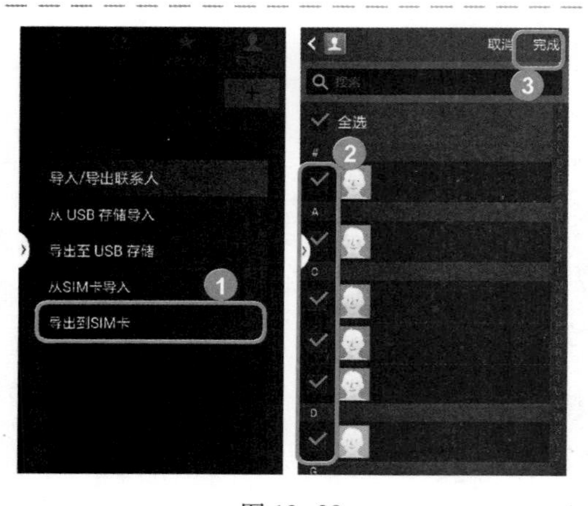

图 13-38

02 导出到 SIM 卡

No1 在弹出的【导入/导出联系人】界面中，选择【导出到 SIM 卡】选项。

No2 在弹出的界面中，勾选准备备份的联系人前面的复选框。

No3 并单击【完成】按钮 完成，如图 13-38 所示。

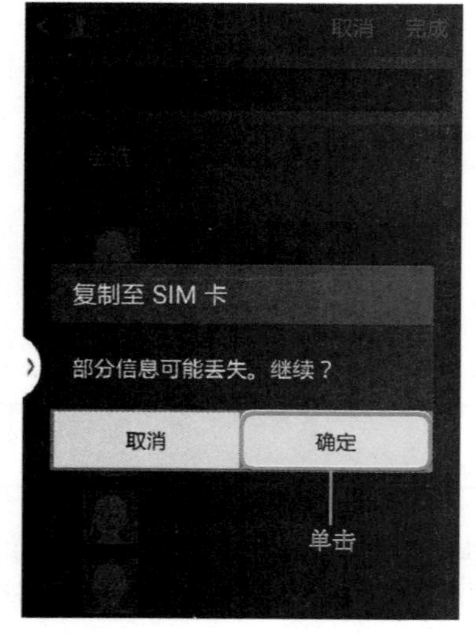

图 13-39

03 备份手机联系人

在弹出的【复制至 SIM 卡】对话框中，单击【确定】按钮 确定，即可将联系人的信息备份至 SIM 卡中，通过以上方法，即可完成备份手机联系人的操作，如图 13-39 所示。

Section 13.5 常见的手机软件应用

本节导读

本节介绍常见的手机软件应用方面的知识。

13.5.1 上网浏览新闻

移动互联网时代，用户通过手机上网就可以轻松地了解身边以及世界各地所发生的新闻。下面将详细介绍上网浏览新闻的操作步骤。

图 13-40

01 单击图标

No1 在手机屏幕中单击【互联网】图标。

No2 在打开的界面中，输入浏览的网址如“www. baidu. com”。

No3 并单击下方的【新闻】按钮，如图 13-40 所示。

图 13-41

02 上网浏览新闻

在弹出的新闻界面中，单击准备浏览的新闻页面，如“推荐”，即可弹出相应的新闻内容。如图 13-41 所示。

13.5.2 墨迹天气

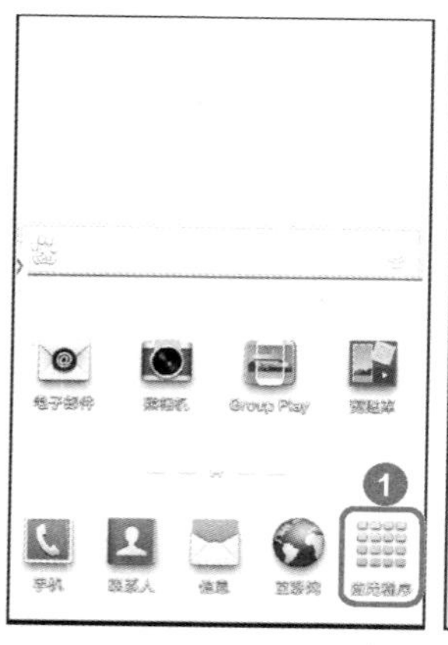

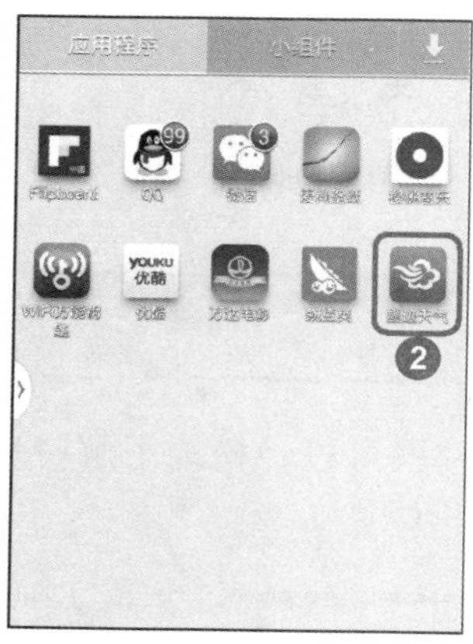

图 13-42

01 单击图标

No1 应用本章“13.3.3 使用豌豆荚下载与安装应用”的内容，在手机中安装“墨迹天气”应用，在手机屏幕中单击【应用程序】图标。

No2 在打开的【应用程序】界面中，单击【墨迹天气】图标，如图 13-42 所示。

图 13-43

02 使用墨迹天气

No1 在搜索地理位置界面中，选择相应的城市，如“北京市”。

No2 即可弹出北京市的天气信息，如图 13-43 所示。

13.5.3 高德地图

高德地图，是国内一流的地图导航产品，下面介绍使用高德地图的方法。

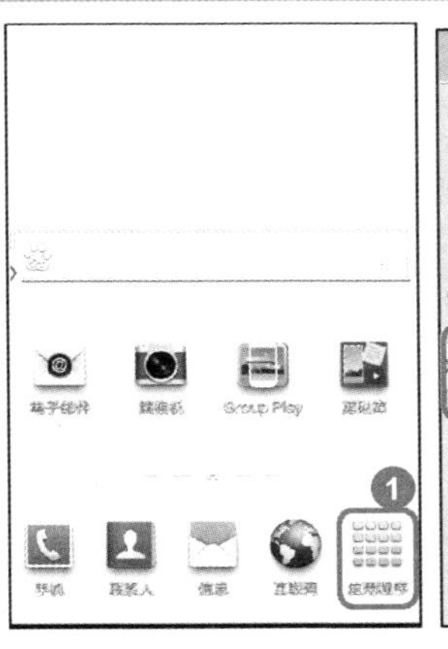

图 13-44

01 单击图标

No1 应用本章“13.3.3 使用豌豆荚下载与安装应用”的内容，在手机中安装“高德地图”应用，在手机屏幕中单击【应用程序】图标。

No2 在打开的【应用程序】界面中，单击【高德地图】图标，如图 13-44 所示。

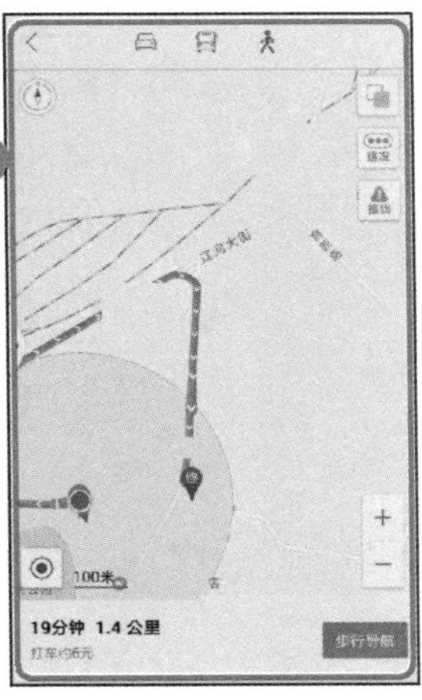

图 13-45

02 使用高德地图

No1 在弹出的界面中，在【搜索】文本框中输入准备搜索的地点，如“美食”。

No2 选择准备到达的地点名称，如“韩都韩式烤肉”选项。

No3 即可弹出去往目的地点的详细地图界面，如图 13-45 所示。

Section

13.6 实践案例与上机操作

本节导读

通过本章对智能手机上网课程的学习，用户已经掌握手机的基本应用、丰富手机桌面、手机软件管理等方面的技巧，下面通过几个实践案例进行上机操作以达到巩固学习拓展提高的目的。

13.6.1 下载并安装 QQ 聊天应用

通过本章对智能手机上网课程的详细讲解，用户可以轻松实现下载并安装 QQ 聊天应用的操作，下面将详细介绍下载并安装 QQ 聊天应用的操作方法。

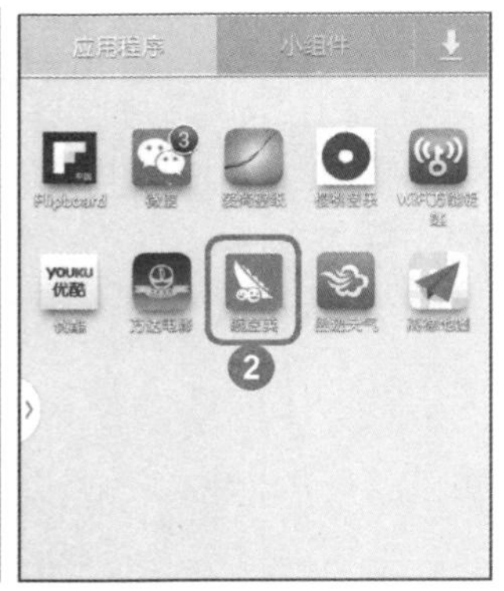

图 13-46

01 单击图标

No1 在手机屏幕中单击【应用程序】图标。

No2 在打开的【应用程序】界面中，单击【豌豆荚】图标，如图 13-46 所示。

图 13-47

02 单击按钮

No1 在豌豆荚搜索文本框中，输入“qq”。

No2 单击【搜索】按钮。

No3 在弹出的应用中，选择【QQ】选项并单击其后方的【安装】按钮。

No4 弹出【是否安装此应用程序?】界面，并单击【下一步】按钮，如图 13-47 所示。

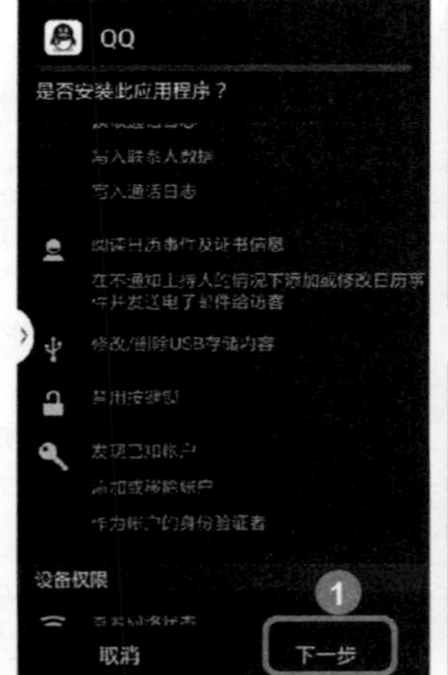
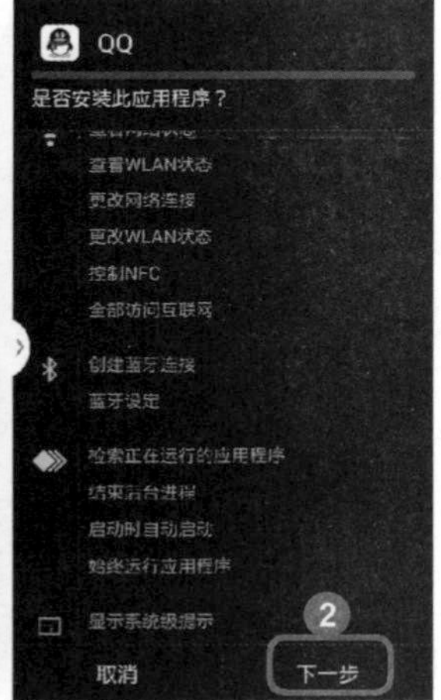

图 13-48

03 单击按钮

No1 在弹出【是否安装此应用程序?】界面，并单击【下一步】按钮。

No2 在弹出【是否安装此应用程序?】界面，并单击【下一步】按钮，如图 13-48 所示。

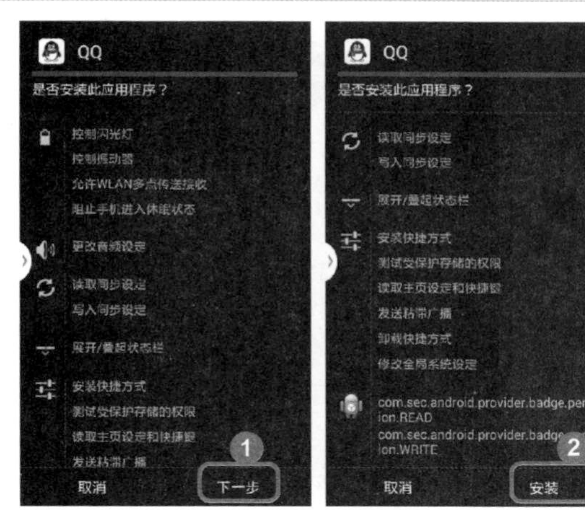

图 13-49

04 单击按钮

No1 在弹出【是否安装此应用程序?】界面，并单击【下一步】按钮下一步。

No2 在弹出【是否安装此应用程序?】界面，并单击【安装】按钮安装，如图 13-49 所示。

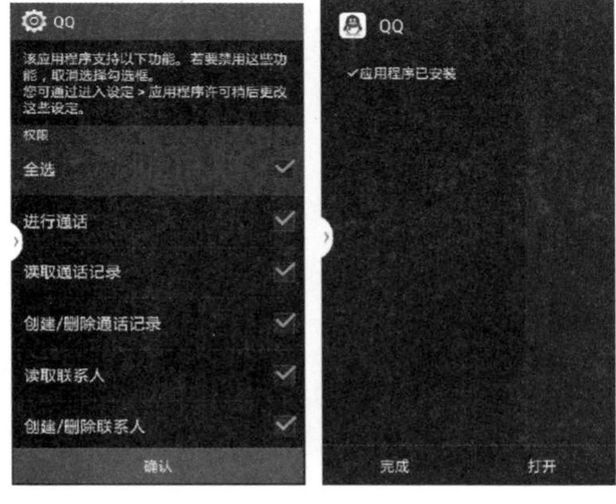

图 13-50

05 下载并安装 QQ 应用

No1 在弹出的 QQ 界面中，单击【确认】按钮确认。

No2 即可弹出【应用程序已安装】的界面，在该界面中单击【完成】按钮完成，通过以上方法即可完成下载并安装 QQ 应用的操作，如图 13-50 所示。

13.6.2 使用微信聊天工具

通过本章对智能手机上网课程的详细讲解，用户可以轻松使用微信聊天工具，下面将详细介绍使用微信聊天工具的操作方法。

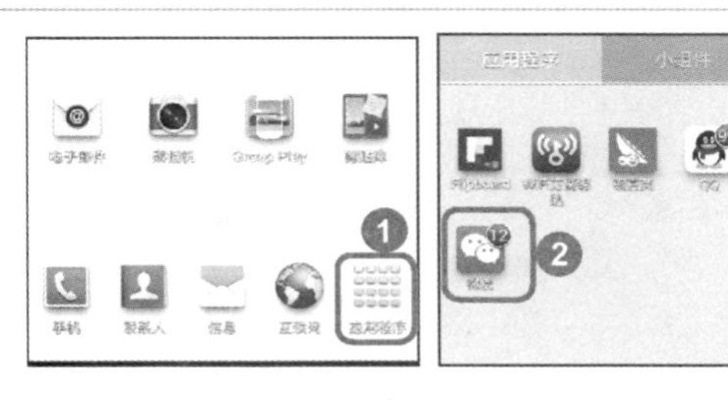

图 13-51

01 单击图标

No1 在手机屏幕中单击【应用程序】图标。

No2 在打开的【应用程序】界面中，单击【微信】图标如图 13-51 所示。

图 13-52

02 打开通讯录

No1 在打开的微信界面中，单击下方的【通讯录】图标。

No2 即可打开通讯录界面，在通讯录中，单击准备聊天的对象，如图 13-52 所示。

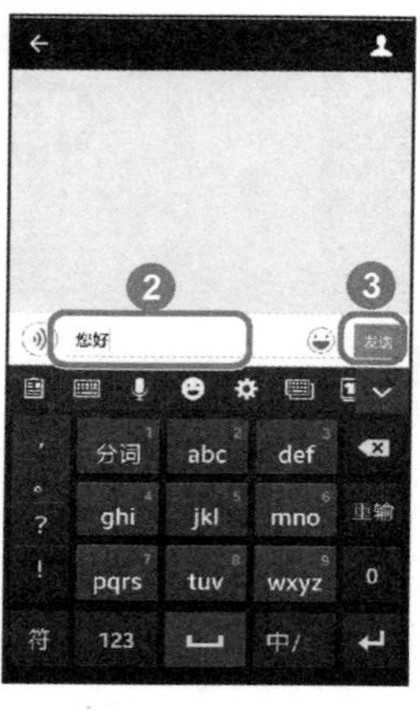

图 13-53

03 使用微信聊天

No1 即可弹出【详细资料】界面，在该界面中，单击【发消息】按钮。

No2 可弹出聊天界面，在该界面的聊天文本框内，输入相应的聊天内容，如“您好”。

No3 并单击【发送】按钮，如图 13-53 所示。

13.6.3 下载并安装淘宝应用

图 13-54

01 单击图标

No1 在手机屏幕中单击【应用程序】图标。

No2 在打开的【应用程序】界面中，单击【豌豆荚】图标，如图 13-54 所示。

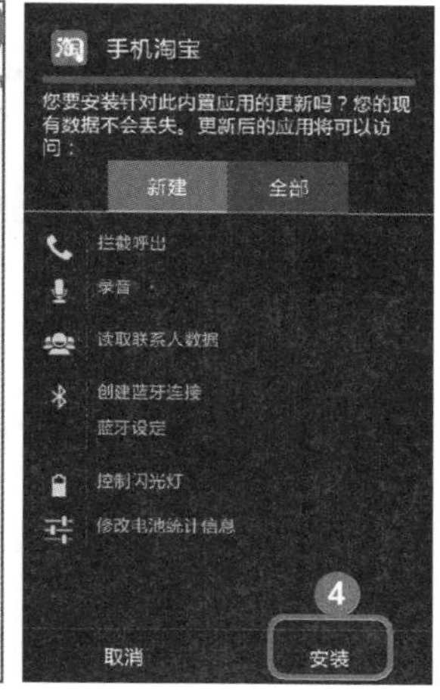

图 13-55

02 安装淘宝应用

№1 在豌豆荚搜索文本框中，输入“淘宝”。

№2 单击【搜索】按钮。

№3 在弹出的应用中选择【淘宝】选项并单击其后方【安装】按钮 安装 。

№4 弹出【是否安装此应用程序?】界面，并单击【安装】按钮 安装 ，如图 13－55 所示。

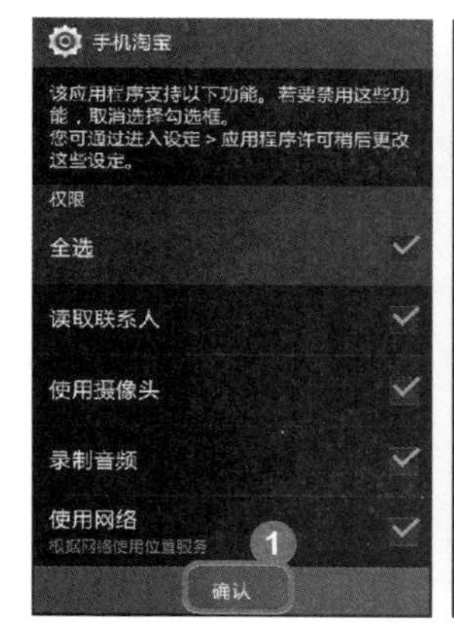

图 13-56

03 单击按钮

№1 在弹出的【手机淘宝】界面中，单击【确认】按钮 确认 。

№2 即可弹出【手机淘宝】界面，提示“应用程序已安装”，并单击【打开】按钮 打开 ，如图 13-56 所示。

图 13-57

04 下载并安装淘宝

即可弹出淘宝的搜索界面，在搜索框中输入相应信息即可在淘宝中进行搜索，如图 13－57 所示。